21世纪全国高等院校旅游管理系列实用规划教材
普通高等教育旅游专业"十三五"规划教材
中国策划学会、中国策划学院旅游策划师认证培训指定教材

旅游策划理论与实务

（第2版）

主　编　王衍用　曹诗图
副主编　孙丽坤　张建忠　王双全

中国林业出版社

内 容 提 要

本教材将理论与实践紧密结合，根据本科教学实际，阐述了旅游策划的基础知识、基本理论和具体方法。教材内容包括旅游策划概述、旅游发展战略策划、旅游形象策划、旅游产品策划、旅游景观策划、旅游商品策划、旅游线路策划、旅游营销策划、文化与旅游策划等章节。侧重理论指导下的策划实务与运作，教材简洁实用、形象生动、理论联系实际，在作者所做的两百余项旅游规划与旅游策划的基础上进行提炼，案例丰富，学以致用。

本教材主要适合旅游管理专业本科学生教学使用，也可以作为旅游管理专业研究生和市场营销专业本科生教学参考用书。

图书在版编目（CIP）数据

旅游策划理论与实务/王衍用，曹诗图主编. —2版. —北京：中国林业出版社，2016.1（2021.6重印）

ISBN 978-7-5038-8325-5

Ⅰ.①旅… Ⅱ.①王…②曹… Ⅲ.①旅游业 - 策划 - 高等学校 - 教材 Ⅳ.①F590.1

中国版本图书馆 CIP 数据核字（2015）第 311210 号

国家林业和草原局生态文明教材及林业高校教材建设项目

中国林业出版社·教育出版分社

策划、责任编辑：许 玮
电　　话：(010)83143559　　　　　传　真：(010)83143516

出版发行	中国林业出版社(100009　北京市西城区德内大街刘海胡同7号)
	E-mail：jiaocaipublic@163.com　电话：(010)83143500
	网　址：http：//lycb.forestry.gov.cn
经　销	新华书店
印　刷	北京中科印刷有限公司
版　次	2008年2月第1版（共印2次）
	2016年1月第2版
印　次	2021年6月第3次印刷
开　本	787mm×1092mm　1/16
印　张	14
字　数	336千字
定　价	36.00元

未经许可，不得以任何方式复制或抄袭本书之部分或全部内容。

版权所有　侵权必究

21世纪全国高等院校旅游管理系列实用规划教材
普通高等教育旅游专业"十三五"规划教材
中国策划学会、中国策划学院旅游策划师认证培训指定教材

旅游策划理论与实务(第2版)
编写人员名单

主　　　编　　王衍用　曹诗图
副 主 编　　孙丽坤　张建忠　王双全
编写人员名单　（按姓氏笔画排序）
　　　　　　　王双全（中国策划学院）
　　　　　　　王衍用（北京交通大学旅游系）
　　　　　　　王淑芳（河南理工大学经济管理学院）
　　　　　　　叶仰蓬（九江学院旅游学院）
　　　　　　　孙丽坤（大连民族学院旅游管理系）
　　　　　　　张建忠（晋中学院旅游管理学院）
　　　　　　　张要民（河南城建学院工商管理系）
　　　　　　　郑宇飞（三峡大学经济与管理学院）
　　　　　　　郑春霞（闽南师范大学管理学院）
　　　　　　　袁　成（武夷学院旅游系）
　　　　　　　曹诗图（武汉科技大学管理学院）

第 2 版前言

当今时代是一个智慧领先的时代。策划是智慧的结晶,是制胜的利器,是点石成金的艺术,是决胜千里的谋略。

我们所处的时代离不开策划,我们生活的世界需要科学性的策划、艺术性的策划。旅游是一项求美、求新、求异的社会生活方式,旅游业是一个需要不断创新和策划的产业。

策划是旅游业的第一要义和最大生产力,然而,策划却是我国旅游行业普遍存在的"软肋",许多旅游景区和旅游企业经营失败都与策划的缺失有关。目前我国旅游企业中非常缺乏合格的旅游策划人才。遗憾的是,我国大学旅游专业中很少开设旅游策划课程,较高质量的《旅游策划》教科书更是凤毛麟角。

旅游策划不仅是一门科学,更是一门艺术,它需要创造性的劳动,需要点石成金的本领和架桥渡津的能力。当然,合格的旅游策划者更需要经过良好的学习和培养。旅游高等教育有责任、有义务培养合格的旅游策划人才。为适应我国旅游业人才的需求和旅游高等教育培养人才的需要,我们编写了这本《旅游策划理论与实务》教材。

本教材将理论与实践紧密结合,根据本科教学实际,阐述了旅游策划的基础知识、基本理论和具体方法。教材编写追求简明扼要、深入浅出、通俗生动、务实求真。书中不少内容是编写者长期从事旅游规划和旅游策划的经验总结,并参考了不少同行专家的理论总结和一些经典案例,由于我们的学识有限,本书的内容和质量可能存在一些问题。欢迎广大读者对本书提出批评和建设性的意见。

《旅游策划理论与实务》的教学,可以根据各学校的实际,既可以作为专业课程也可以作为选修课程,以安排32～40个学时比较合适。

本书由王衍用、曹诗图任主编并负责策划与统稿,孙丽坤、张建忠、王双全任副主编,参编者有郑宇飞、郑春霞、张要民、王淑芳、叶仰蓬、袁成。教材编写的具体分工是:第1章旅游策划概述由王衍用、曹诗图编写,第2章旅游战略策划由曹诗图、张建忠编写,第3章旅游形象策划由孙丽坤、曹诗图编写,第4章旅游产品策划由王衍用、王双全、郑宇飞编写,第5章旅游景观策划由曹诗图、王衍用编写,第6章旅游商品策划由郑春霞、袁成编写,第7章旅游线路策划由张建忠、叶仰蓬、王淑芳编写，第 8 章旅游营销策划由张要民、王双全、曹诗图编写，第 9 章文化与旅游策划由曹诗图、孙丽坤编写。研究生胡晶晶、胡书玲、闫秦勤、鲁莉、荀志欣、杨丽斌、许黎、范安铭帮助进行了部分资料的收集和整理工作。

孙天胜、黄昌富、董奇希、王琼海、黄华、冯耕耘诸位老师对本书提出了宝贵的修改意见。北京交通大学旅游系、武汉科技大学管理学院、三峡大学经济与管理学院等单位的领导对本书的编写和出版予以了大力支持，在此一并表示感谢！

编 者
2015 年 8 月

第 1 版序

　　1845 年，托马斯·库克成立世界上第一家旅行社，标志着世界旅游业的出现。但是作为真正意义上的现代旅游业，则始于 20 世纪 50 年代的欧美。从那时至今，旅游从少数上层阶层所能享受的活动发展到现今大众旅游和社会旅游时代，仅经历了 50 多年的时间。在这短短 50 多年的历程中，世界旅游业发展大大超出世界经济总体发展速度，成为世界上最大的产业之一。世界旅游组织的统计数字显示，2005 年国际旅游人数首次突破 8 亿人次，全球平均增长率高达 5.5%。世界旅游组织预测，到 2010 年，全世界每年将有 10 亿多人出国旅游。旅游不仅对世界各国的经济发展产生积极而深远的影响，同时它已成为人们生活中的一部分，还是影响人们生活方式和生活观念的一个重要因子。

　　中国是一个旅游资源大国，有着得天独厚的自然旅游资源和人文景观优势。上下几千年的文明沉淀，方圆 960 万平方千米的国土，使中国的旅游资源在世界上无与伦比。尽管我国旅游业起步于 20 世纪 80 年代初，但经过 30 余年的发展，中国正从一个旅游资源大国走向旅游接待大国，旅游业在国民经济中的地位和作用日益凸显，其强劲的发展势头为世界所关注。2006 年，我国国内旅游人数 13.94 亿人次，入境旅游人数 12 494 万人次，全国旅游外汇收入 339.49 亿美元，出境旅游总人数为 3452.36 万人次。世界旅游组织预测，到 2015 年，中国将成为世界上第一大入境旅游接待国和第四大出境旅游客源国。届时中国入境旅游人数可达 2 亿人次，国内旅游人数可达 26 亿人次以上，出境旅游人数可达 1 亿人次左右，游客市场总量可达 30 亿人次左右，居民人均出游可达 2 次，旅游业总收入可达 2 万亿元人民币左右。"十一五"期间，中国旅游业将每年新增直接就业 70 万人、带动间接就业 350 万人。到 2015 年，中国旅游直接拉动和间接就业总量将达 1 亿人左右。《国务院关于促进旅游业改革发展的若干意见》中提出，到 2020 年，境内旅游总消费额达到 5.5 万亿元，城乡居民年人均出游 4.5 次，旅游业增加值占国内生产总值的比重超过 5%。

　　蓬勃发展、无限生机的旅游业，给旅游教育，尤其是高等旅游教育带来了巨大的机遇和挑战。旅游管理是管理学下面的一个分支学科，却面向的是大产业，如何使旅游学科做大做强，更好地为旅游产业服务，为 21 世纪旅游业发展培养所需各类人才，是每一个旅游教育工作者所要思考的问题。做大做强旅游学科，使旅游教育与旅游产业的发展同步，就必须加大旅游学科建设的力度，其中之一就是要搞好旅游教材的建设，因为，教材是体现教学内容和教学方法的知识载体，是进行教学的基本工具，也是深化教育教学改革、全面推进素质教育、培养创新人才的重要保证。中国林业出版社组织全国部分高校编写"21世纪全国高等院校旅游管理系列实用规划教材"就是推动旅游教学改革与教材建设的重要举措。

在本套教材的编写过程中,我们力求系统地、科学地介绍旅游管理专业的基本理论、基本知识和基本技能("三基"),同时也力求将以下理念融入教材的编写中:一是教育创新理念。即把培养创新意识、创新精神、创新思维、创造力或创新人格等创新素质以及创新人才为目的的教育活动融入其中。二是现代教学观理念。传统的教学观以师生对教材的"服从"为特征,由此而生成的对教学矛盾的解决方式表现为"灌输式"的教学关系。现代教材观是以教材"服务"师生,即将教材定义为"文本"和"材料",提供了编者、教师、学生与知识、技能之间的跨越时空的对话,为师生创新提供了舞台。三是培养大学生"四种能力"的理念。教材的编写充分体现强化学生的实践能力、创造能力、就业能力和创业能力的需要,以适应旅游业的快速发展对旅游人才的新要求。四是教材建设服从于精品课程建设的理念。精品课程是具有一流教师队伍、一流教学内容、一流教学方法、一流教材、一流教学管理等特点的示范性课程。精品课程建设是高等学校教学质量与教学改革工程的重要组成部分。本套教材的编写力求为精品课程建设服务,能够催生出一批旅游精品课程。

本套教材不仅是全国高等院校旅游管理专业教育教学的专业教材,而且也可作为旅游管理部门、旅游企业专业人员培训及参考用书。我们希望本套教材能够为培养21世纪旅游创新人才做出贡献。

最后,借此机会感谢北京大学吴必虎教授、青岛大学旅游学院马波教授对本套教材的指导,感谢中国林业出版社对本套教材所付出的辛勤劳动以及各位参与编写的专家和学者对本套教材所付出的心血!

2007年10月

第1版前言

当今时代是一个智慧领先的时代。策划是智慧的结晶,是制胜的利器,是点石成金的艺术,是决胜千里的谋略。

我们所处的时代离不开策划,我们生活的世界需要科学性的策划、艺术性的策划。旅游是一项求新求异的社会生活方式,旅游业是一个需要不断创新的产业。

策划是旅游业的第一要义和最大生产力,然而,策划却是我国旅游行业普遍存在的"软肋",许多旅游景区和旅游企业经营失败都与策划的缺失有关。目前我国旅游企业中非常缺乏合格的旅游策划人才。遗憾的是,我国大学旅游专业中极少开设旅游策划课程,较高质量的《旅游策划》教科书更是凤毛麟角。

旅游策划不仅是一门科学,更是一门艺术,它需要创造性的劳动,需要点石成金的本领和架桥渡津的能力。当然,合格的旅游策划者更需要经过良好的学习和培养。旅游高等教育有责任、有义务培养合格的旅游策划人才。为适应我国旅游业人才的需求和旅游高等教育培养人才的需要,我们编写了这本《旅游策划理论与实务》教材。

本教材将理论与实践紧密结合,根据本科教学实际,阐述了旅游策划的基础知识、基本理论和具体方法。教材编写追求简明扼要、深入浅出、通俗生动、务实求真。书中不少内容是编写者长期从事旅游规划和旅游策划的经验总结,并参考了不少同行专家的理论总结和一些经典案例,由于我们的学识有限,本书的内容和质量可能存在问题。欢迎广大读者对本书提出批评和建设性的意见。

《旅游策划理论与实务》的教学,可以根据各学校的实际,既可以作为专业课程也可以作为选修课程,以安排32~40个学时比较合适。

本书由王衍用、曹诗图任主编并负责策划与统稿,孙丽坤、叶仰蓬任副主编,参编者有郑宇飞、郑春霞、张要民、王淑芳、袁成。教材编写的具体分工是:第1章旅游策划概述由王衍用、曹诗图编写,第2章旅游战略策划由曹诗图、王衍用编写,第3章旅游形象策划由孙丽坤、曹诗图编写,第4章旅游产品策划由王衍用、叶仰蓬、郑宇飞编写,第5章旅游景观策划由曹诗图、王衍用编写,第6章旅游商品策划由郑春霞、袁成编写,第7章旅游线路策划由叶仰蓬、王淑芳编写,第8章旅游营销策划由张要民、曹诗图编写,第9章文化与旅游策划由曹诗图、孙丽坤编写。研究生胡晶晶、胡书玲、闫秦勤、鲁莉、荀志欣帮助进行了部分资料的收集和整理工作。

　　黄昌富教授、董奇希副教授、王琼海讲师、黄华讲师、冯耕耘讲师对本书提出了宝贵的修改意见。北京交通大学旅游系、武汉科技大学管理学院、三峡大学经济与管理学院等单位的领导对本书的编写和出版予以了大力支持，在此一并表示感谢！

编　者

2007 年 9 月

目 录

第2版前言
第1版序
第1版前言

第1章 旅游策划概述 (1)
1.1 策划与旅游策划的概念 (1)
1.1.1 策划的概念 (1)
1.1.2 旅游策划的概念 (3)
1.2 旅游策划的原则、原理与理念 (5)
1.2.1 旅游策划的原则 (5)
1.2.2 旅游策划的原理 (6)
1.2.3 旅游策划的理念 (6)
1.3 旅游策划的步骤或程序 (6)
1.4 旅游策划的方法论与主要方略 (7)
1.4.1 头脑风暴法 (7)
1.4.2 策划树法 (7)
1.4.3 逆向策划法 (7)
1.4.4 纲举目张法 (8)
1.4.5 "跳出地球看地球"法 (8)
1.4.6 珍珠串联法 (8)
1.4.7 四重奏法 (8)
1.4.8 重点击破法 (8)
1.4.9 文化包装法 (9)
1.5 旅游策划的战术 (9)
1.5.1 一字共振术 (9)
1.5.2 衍生发散术 (9)
1.5.3 另辟蹊径术 (9)
1.5.4 反弹琵琶术 (10)

  1.5.5 无中生有术 ……………………………………………………………… (10)
  1.5.6 推陈出新术 ……………………………………………………………… (10)
 1.6 旅游策划人员的素质 ………………………………………………………… (10)
  1.6.1 超常的思维能力 ………………………………………………………… (11)
  1.6.2 高度的概括能力或提炼能力 …………………………………………… (15)
  1.6.3 较高的文化修养和策划技能 …………………………………………… (15)
  1.6.4 良好身心素质 …………………………………………………………… (15)
  1.6.5 具有战略眼光和大局观念 ……………………………………………… (15)
  1.6.6 扎实的专业基础 ………………………………………………………… (16)
  1.6.7 渊博的知识 ……………………………………………………………… (16)
  1.6.8 锐于创新 ………………………………………………………………… (16)
  1.6.9 善于团结合作 …………………………………………………………… (17)
  1.6.10 富有社会责任感和人文精神 ………………………………………… (17)
  1.6.11 目光敏锐 ………………………………………………………………… (17)
  1.6.12 善于沟通 ………………………………………………………………… (18)

第2章 旅游发展战略策划 ……………………………………………………… (19)
 2.1 战略和战略策划解读 ………………………………………………………… (19)
 2.2 旅游发展战略策划的概念 …………………………………………………… (20)
 2.3 旅游发展战略策划的程序 …………………………………………………… (21)
 2.4 旅游区域发展战略条件分析 ………………………………………………… (21)
  2.4.1 旅游业发展的区位条件评价 …………………………………………… (21)
  2.4.2 旅游资源条件 …………………………………………………………… (22)
  2.4.3 旅游市场条件 …………………………………………………………… (23)
  2.4.4 历史背景（文脉）评价 ………………………………………………… (23)
 2.5 旅游发展战略策划应重点解决的问题 ……………………………………… (23)
 2.6 旅游发展战略策划的思想方法 ……………………………………………… (24)
 2.7 旅游发展战略策划的常用方法 ……………………………………………… (25)
  2.7.1 **SWOT** 分析法 ………………………………………………………… (25)
  2.7.2 区域分析法 ……………………………………………………………… (26)
  2.7.3 三重法 …………………………………………………………………… (26)
  2.7.4 三力法 …………………………………………………………………… (27)
  2.7.5 三看法 …………………………………………………………………… (27)
  2.7.6 六定法 …………………………………………………………………… (28)
 2.8 旅游发展战略策划的常用战略 ……………………………………………… (28)

第3章 旅游形象策划 (33)
3.1 旅游形象和旅游形象策划的概念 (33)
3.2 旅游形象策划的内容构架 (34)
3.3 文脉与旅游形象策划的关系 (36)
3.4 旅游地形象策划实务工作 (38)
3.4.1 实态调查（形象诊断） (38)
3.4.2 旅游地形象策划 (38)
3.4.3 旅游地形象推广 (41)
3.5 旅游企业形象策划 (41)
3.5.1 旅游企业导入 CIS 的目的 (41)
3.5.2 旅游企业导入 CIS 的一般原则 (43)
3.5.3 旅游企业导入 CIS 的基本程序 (45)
3.5.4 旅游企业形象策划的主要内容 (47)

第4章 旅游产品策划 (71)
4.1 旅游产品与旅游产品策划概念 (71)
4.1.1 旅游产品的概念 (71)
4.1.2 旅游产品策划的概念 (72)
4.2 旅游产品策划与开发的主要依据和原则 (72)
4.2.1 旅游产品策划的主要依据 (72)
4.2.2 旅游产品策划的原则 (73)
4.2.3 旅游产品策划案例 (76)
4.3 旅游产品策划的基本方法 (76)
4.3.1 文化包装法 (76)
4.3.2 情景实化法 (77)
4.3.3 突出差异法 (78)
4.3.4 整合提升法 (79)
4.3.5 愿望填充法 (79)
4.3.6 避实击虚法（另辟蹊径法） (80)
4.3.7 突出主题法 (81)
4.4 旅游产品的策划要领 (83)
4.4.1 从旅游的本质——异地身心自由的愉悦体验出发 (83)
4.4.2 全方位开发 (86)
4.5 主要类别旅游产品策划 (87)
4.5.1 观光类旅游产品策划 (87)
4.5.2 休闲度假类旅游产品策划 (87)

  4.5.3 娱乐类旅游产品策划 …………………………………… (89)
  4.5.4 生态类旅游产品策划 …………………………………… (90)
  4.5.5 文化类旅游产品策划 …………………………………… (92)
  4.5.6 科普教育类旅游产品策划 ……………………………… (93)
  4.5.7 康体与养生类旅游产品策划 …………………………… (95)
  4.5.8 奇异类旅游产品策划 …………………………………… (97)
  4.5.9 节庆类旅游产品策划 …………………………………… (98)
  4.5.10 现代人造景观类旅游产品策划 ……………………… (101)
  4.5.11 餐饮类旅游产品策划 ………………………………… (102)
  4.5.12 住宿类旅游产品策划 ………………………………… (105)
  4.5.13 交通类旅游产品策划 ………………………………… (107)

第5章 旅游景观策划 ……………………………………………… (119)
 5.1 旅游景观策划的主要原则与思想方法 ……………………… (120)
  5.1.1 旅游景观策划的主要原则 …………………………… (120)
  5.1.2 旅游景观策划的思想方法 …………………………… (121)
 5.2 旅游景观策划的主要任务与重点 …………………………… (122)
  5.2.1 旅游景观策划的主要任务 …………………………… (122)
  5.2.2 旅游景观策划的重点 ………………………………… (122)
 5.3 现代景观策划理念 …………………………………………… (124)
  5.3.1 继承、融合、发展古典园林设计思想 ……………… (124)
  5.3.2 运用现代景观建设项目策划的新理念 ……………… (124)
 5.4 旅游景观建设项目的策划方法 ……………………………… (125)
  5.4.1 旅游景观建设项目策划的常用手法 ………………… (125)
  5.4.2 景观建设项目的构景方法 …………………………… (131)
 5.5 旅游景观策划的手法与技巧 ………………………………… (131)
  5.5.1 提炼主题,进行剪裁 ………………………………… (131)
  5.5.2 点景引人 ……………………………………………… (132)
  5.5.3 充实丰富自然景色 …………………………………… (132)
  5.5.4 协调环境,烘托景物 ………………………………… (132)
  5.5.5 夸张、强化自然美 …………………………………… (133)
  5.5.6 创造性运用各种方法进行构景 ……………………… (133)
  5.5.7 巧妙利用错觉原理组景 ……………………………… (134)
  5.5.8 化平凡为非凡 ………………………………………… (134)
 5.6 旅游景观建筑选址 …………………………………………… (135)
  5.6.1 山巅 …………………………………………………… (135)

5.6.2　山脊 …………………………………………………………………… (136)
　　5.6.3　山坡 …………………………………………………………………… (137)
　　5.6.4　山间盆地 ……………………………………………………………… (137)
　　5.6.5　山麓 …………………………………………………………………… (137)
　　5.6.6　峭壁 …………………………………………………………………… (138)
　　5.6.7　水体 …………………………………………………………………… (138)
　5.7　引景空间和景观廊道的策划 ………………………………………………… (140)
　　5.7.1　引景空间的策划 ……………………………………………………… (140)
　　5.7.2　景观廊道的策划 ……………………………………………………… (142)
　5.8　旅游景观策划与设计中的花木配置 ………………………………………… (142)
　　5.8.1　花木在景点建设中的作用 …………………………………………… (142)
　　5.8.2　花木种类 ……………………………………………………………… (143)
　　5.8.3　花木配植方式 ………………………………………………………… (144)
　　5.8.4　花木配植技巧 ………………………………………………………… (145)
　　5.8.5　花木选择与观赏应注意的问题 ……………………………………… (146)
　5.9　旅游景观策划与设计应注意的问题 ………………………………………… (146)

第6章　旅游商品策划 …………………………………………………………………… (148)
　6.1　旅游商品概述 …………………………………………………………………… (148)
　　6.1.1　旅游商品的含义 ……………………………………………………… (148)
　　6.1.2　旅游商品的分类 ……………………………………………………… (149)
　　6.1.3　旅游商品的特点 ……………………………………………………… (149)
　　6.1.4　影响旅游商品需求的主要因素 ……………………………………… (150)
　6.2　我国旅游商品开发中存在的主要问题 ……………………………………… (151)
　6.3　旅游商品开发策划 …………………………………………………………… (152)
　　6.3.1　旅游商品开发策划的原则 …………………………………………… (152)
　　6.3.2　旅游商品开发策划应注意的问题 …………………………………… (152)
　　6.3.3　旅游商品开发策划的计策 …………………………………………… (154)

第7章　旅游线路策划 …………………………………………………………………… (156)
　7.1　旅游线路策划的指导思想与总体思路 ……………………………………… (156)
　7.2　旅游线路策划与设计的原则 ………………………………………………… (157)
　7.3　旅游线路策划与设计应考虑的因素 ………………………………………… (159)
　　7.3.1　目的地的选择 ………………………………………………………… (159)
　　7.3.2　空间的合理组织 ……………………………………………………… (160)
　7.4　旅游线路策划与设计的组合方式、组合类型、组织模式 ………………… (161)

  7.4.1 组合方式 …………………………………………………………… (161)
  7.4.2 组合类型 …………………………………………………………… (161)
  7.4.3 组织模式 …………………………………………………………… (162)
 7.5 旅游线路的策划与设计程序、技术方法 …………………………………… (162)
  7.5.1 旅游线路的策划与设计程序 …………………………………… (162)
  7.5.2 旅游线路策划与设计的技术方法 ……………………………… (163)
 7.6 游览线路的策划与设计 ………………………………………………………… (163)
  7.6.1 游览线路的策划与设计原理——组景 ………………………… (163)
  7.6.2 游览线路的策划与设计 ………………………………………… (164)
  7.6.3 不同类型游览线路的策划与设计 ……………………………… (164)
  7.6.4 游览线路的策划与设计手法和游览方式的组织 ……………… (165)

第8章 旅游营销策划 …………………………………………………………… (168)
 8.1 旅游市场营销的要义与基本理念 …………………………………………… (170)
  8.1.1 旅游市场营销的本质 …………………………………………… (170)
  8.1.2 旅游市场营销的特点 …………………………………………… (170)
  8.1.3 旅游市场营销的对象 …………………………………………… (170)
  8.1.4 旅游市场营销的任务 …………………………………………… (170)
  8.1.5 旅游市场营销的内容 …………………………………………… (170)
  8.1.6 旅游市场营销的核心 …………………………………………… (170)
  8.1.7 旅游市场营销的方略 …………………………………………… (171)
  8.1.8 旅游市场营销策划要点 ………………………………………… (172)
 8.2 旅游市场分析与项目市场细分 ……………………………………………… (172)
  8.2.1 旅游市场现状分析 ……………………………………………… (172)
  8.2.2 旅游市场需求发展趋势 ………………………………………… (172)
  8.2.3 旅游市场环境分析 ……………………………………………… (173)
  8.2.4 项目市场细分 …………………………………………………… (175)
 8.3 旅游目的地促销原则与策略 ………………………………………………… (177)
  8.3.1 促销原则 ………………………………………………………… (177)
  8.3.2 促销策略 ………………………………………………………… (178)
 8.4 旅游目的地常用的促销方式 ………………………………………………… (179)
 8.5 旅游广告策划 ………………………………………………………………… (181)
  8.5.1 旅游广告的内涵 ………………………………………………… (181)
  8.5.2 旅游广告的发展阶段 …………………………………………… (182)
  8.5.3 广告决策 ………………………………………………………… (183)
  8.5.4 旅游广告策划原则 ……………………………………………… (184)

8.6 旅游公共关系策划 …………………………………………… (186)
　8.6.1 旅游公共关系的界定 ……………………………………… (186)
　8.6.2 旅游公共关系的主要活动 ………………………………… (186)
　8.6.3 旅游公共关系活动过程 …………………………………… (187)

第9章 文化与旅游策划 ………………………………………… (193)
9.1 文化与旅游策划概述 ………………………………………… (193)
9.2 文化在旅游策划中应用的基本问题 ………………………… (194)
9.3 文化在旅游策划中的应用领域 ……………………………… (194)
　9.3.1 旅游资源开发 ……………………………………………… (194)
　9.3.2 旅游地形象设计与塑造 …………………………………… (195)
　9.3.3 旅游景观设计 ……………………………………………… (196)
9.4 不同类型旅游地的文化策划 ………………………………… (196)
　9.4.1 自然风光旅游地的文化策划 ……………………………… (196)
　9.4.2 人文景观旅游地的文化开发 ……………………………… (197)
9.5 旅游区域的文化策划 ………………………………………… (198)
　9.5.1 特色发掘与主题定位 ……………………………………… (199)
　9.5.2 文化资源转化的可行性识别 ……………………………… (199)
　9.5.3 文化旅游产品的开发策划 ………………………………… (199)
　9.5.4 旅游区域整体形象的塑造 ………………………………… (199)
　9.5.5 旅游区域文化品牌的打造 ………………………………… (200)

参考文献 …………………………………………………………… (203)

第 1 章　旅游策划概述

【本章概要】
　　本章阐述了策划与旅游策划的概念、旅游策划的原则与理念；介绍了旅游策划的步骤或程序、旅游策划的方法论与主要方略；指出了旅游策划人员的素质要求。

【教学目标】
　　掌握策划与旅游策划的概念；了解旅游策划的基本原则与理念、步骤或程序、方法论与主要方略，以及旅游策划人员的素质要求。

【关键性术语】
　　策划；旅游策划；理念；方法论；素质

1.1　策划与旅游策划的概念

1.1.1　策划的概念

　　关于策划的概念，学术界至今还没有统一的看法，存在不同的学术观点，可谓"仁者见仁，智者见智"。
　　例如，持"事前设计说"观点的学者认为，策划是为实现特定的目标，在行动之前所要实施的行动设计。
　　持"管理行为说"观点的学者认为，策划与管理是密不可分的整体，策划是管理的内容之一，是一种有效的管理方法。
　　持"选择决定说"观点的学者认为，策划是一种决定，是在多个计划、多个方案中寻找最佳的计划或方案，在选择中做出决定。
　　持"思维程序说"观点的学者认为，策划是人们的一种思维活动，是人类通过思考而设定目标及为达到目标而进行的最基本、最自然的思维活动。
　　中国策划学会副会长兼秘书长、中国策划学院副院长王双全认为，策划就是为达到以最低的投入、最小的代价，让策划对象赢得更高的经济效益、社会效益的前提下，策划人为实现上述目标在科学调查研究的基础上，运用新颖超前的创意和跨越式思维及掌握的策划技能，对现有及可利用资源进行优化整合，并进行全面、细致的构思谋划，从而制定详细、可操作性强的，并在执行中可以进行完善的方案过程。

策划专家[美]苏姗在综合比较了从各个角度对策划所做的定义之后，对策划的概念做出了如下解释：策划是人们事先的筹谋、计划、设计的社会活动过程，即是在综合运用各方面信息的基础上，思维主体（包括个体思维或群体思维）运用自身的知识和能力，遵循一定的程序，并利用现代科学方法手段，为了特定目标的实现而事先进行系统、全面的思考、运筹，从而制订和选择具有合理性的、现实可行的、能够达到最佳成效的实施方案，并根据目标的要求和环境的改变对方案进行调整的一种创造性、思维性的活动过程。

对策划的上述理解包含以下几层含义：
- 策划是以一定的策划对象为立足点，为一定的策划目标服务的；
- 信息是策划的素材，必须全方面地占有各类信息为策划所用；
- 策划必须以现代的科学方法论为基础；
- 策划是前瞻性、创造性、现实可行性的统一；
- 成功的策划必须是事半功倍，以追求最佳成效为目标；
- 策划包括制订方案、选择方案和调整方案，策划是一个持续的过程，要根据条件的改变随时调整和完善。

策划是"道"与"术"的结合。"道"是策划的方向、定位；"术"是指策划过程中所采用的招数、套路或手段。策划者要根据不同的形势和时机，准确定位，采用不同的招数和手段来达到策划的目标。优秀的策划是"道"与"术"的有机结合。

策划专家王志刚认为，创新是策划之灵魂，预见是策划之源泉，整合是策划之血脉。

策划专家陈放对策划的学科性质、本质、基本原则、内在原理、必备条件做过如下论述。

策划是一门综合性很强的边缘学科，策划综合运用了哲学、物理科学、数学、文化、历史、经济、军事等学科的知识和方法。

策划的本质是刻意创新、锐意求变。

策划具有十大基本原则：即信息原则（成功的策划是建立在有效信息处理基础之上的）、创意原则、出奇创新原则、目标原则、运筹原则（时间运筹、空间运筹）、满意性与梦想原则、简单性与可行性原则、智能放大原则、集中性原则（集中优势兵力）、权变原则（因地制宜、因时制宜、因人制宜、灵活善变）。

策划具有5条内在原理：即综合择优原理——在策划过程中能从众多选择中综合择优，使策划整体功能最优化；组合原理——创造性就在于系统要素的重新组合之中；裂变原理——创意智慧可以裂变产生更多智能；移植原理——从大量相似中找到为己可用之处；逆反原理——懂得运用逆反思维看待事物，创出自己的特色。

策划应具备10个条件：即"即刻反应"能力、丰富的情报量、"战略构造"能力、丰富的感性经验、敏锐的"关联性"反应力、卓越的图形感觉、清晰的系统思路、"概念化"能力、丰富的想象力、"多角度"的思考。

【延伸阅读】

中国策划学院简介

中国策划学院是在 2003 年经中国政府部门登记注册的教育机构，是中国第一家专业从事策划人才培养、学术研究、教学交流、企业服务、市场开发和策划咨询的权威机构，是中国策划人开展理论研究、实践探索、学术交流、服务企业的最佳平台。中国策划学院目前已在美国、香港、北京、广州、上海、成都、河南、重庆、贵州、云南、厦门、陕西、浙江、海南、河北、山西、山东、吉林、西藏等地设立了分支机构与合作机构。中国策划学会和中国策划学院是目前国内唯一出台《策划师资格认证标准》和《策划师资格认证工作规程》的机构，其认证体系受国家知识产权保护(2005-A-03785 号文)。

中国策划学院下设学术委员会、资质认证评审委员会(策划师资格认证中心)、教学部、培训部、科研部、项目部、市场部、《策划人》杂志社、中国策划人才网、中国策划专家团等十多个部门。

2005 年 9 月 6 日由中国策划学会和中国策划学院颁布的《策划师资格认证标准及工作规程》和《策划机构资质认证标准及工作规程》是国内策划行业唯一获得国家知识产权局批准登记的权威合法机构，其认证体系受国家知识产权保护。中国策划学会和中国策划学院联合认证的"策划师"资格，符合世界贸易组织 153 个国家和地区的有关规定，颁发的中国策划师资格证书国际、国内通用。

由中国策划学会、中国策划学院联合颁布的《策划师资格认证标准》《策划师资格认证工作规程》在 2005 年已经得到国家知识产权局的批准登记，标准和规程颁布目的就是要改变策划师培训混乱的这种现状，打造策划人学习与拓展事业的平台和家园，系统提高策划人员的综合素质，整合策划界的人才、信息、智慧资源，打破策划人各自为政的局面，使之产生凝聚力，相互学习、相互沟通、激发潜能、思维碰撞。这对促进中国社会经济的发展和规范中国策划行业行为具有深远和积极的意义，将标志着中国策划业的发展进入一个新的里程碑。

1.1.2 旅游策划的概念

旅游策划是以旅游资源为基础，通过创造性的思维分析旅游资源和旅游市场、设计旅游产品，实现旅游产品与旅游市场对接并同时实现旅游业发展目标的运筹过程。其核心是通过创造性思维，将各种资源根据市场的需要进行整合，找出资源与市场间的结合点，建构可采取的最优途径，形成可直接实施的明确方案，并对近期的行动进行系统安排，从而打造出具有核心竞争力的旅游产品，实现旅游者的完美体验。

根据以上对旅游策划的基本认识，旅游策划的科学内涵可以概括为如下几点：旅游策划的实质是对未来旅游产品开发、营销和旅游业发展的谋划与安排；旅游策划的任务是以最低的成本去实现策划目标；旅游策划的依据是旅游资源、市场需求与相关信息；旅游策划的核心是运用智慧进行谋划；旅游策划的灵魂是新颖、实用的创意。

旅游策划具有谋略性、创新性、科学性、艺术性和可操作性等特点。

旅游策划在旅游规划中的作用与意义：无论是总体规划还是详细规划都应贯穿策划理念，贯穿透彻，创意到位，旅游规划才能出彩，才能高人一筹。旅游策划是旅游规划的灵魂，但也是目前旅游规划的软肋。由此可见旅游策划在旅游规划中的重要作用与特殊意义。

在旅游开发的实践中，要理解并处理好旅游策划与旅游规划之间的关系。

旅游规划是一个地域综合体内旅游系统的发展目标和实现方式的整体部署过程。规划要求从系统的全局和整体出发，着眼于规划对象的综合的整体优化，正确处理旅游系统的复杂结构，从发展和立体的视角来考虑和处理问题。因此，规划必然要站在高屋建瓴的角度统筹全局，为旅游开发提供指导性的方针。

从旅游策划与旅游规划概念来看，二者在理念、任务、目的等方面存在着明显差异。

在理念方面，旅游规划是一套法定的规范程序，是对目的地或景区长期发展的综合平衡、战略指引与保护控制，从而使其实现有序发展的目标。规划是为旅游发展设计的一个框架，所以这个框架必须是长期的、稳定的、必要的；而旅游策划是从创造性思维的角度出发，以资源与市场对接为目标，用独特、创新的方法解决旅游吸引力、产品、开发过程、营销等方面的独特性与操作性问题；围绕旅游吸引力、商业感召力、游憩方式、营销方式、商业模式等问题的解决，旅游策划必须具有创新性、可操作性。

在任务目的方面，旅游规划的基本任务是：通过确定发展目标，提高吸引力，综合平衡游览体系、支持体系和保障体系的关系，拓展旅游内容的广度与深度，优化旅游产品的结构，保护旅游赖以发展的生态环境，保证旅游地获得良好的综合效益并促进地方社会经济的可持续发展；而策划的基本任务则是针对明确而具体的目标，通过各种创造性思维和操作性安排，谋划游憩方式、产品内容、主题品牌、商业模式，从而形成独特的旅游产品，建构有效的营销促销方案，并促使旅游地在近期内获得良好的经济效益和社会效益。

从二者的联系看，旅游策划活动始于旅游规划之前，同时也是规划完成之后，实现旅游规划目的的关键手段，从而成为旅游开发过程不可或缺的环节。

一方面，旅游策划是旅游规划的前奏，即在旅游规划之前要有策划活动的介入。策划先行的规划能从根源上避免规划中存在的战略目标依据不足、客源市场分析不够详细、形象设计不到位等问题，促使规划与当地实际情况结合更为紧密，使规划变得更具时效性和指导性。

另一方面，旅游规划完成后，还需对其相关部分进行深度策划。一个好的旅游规划，必然要高屋建瓴，高瞻远瞩，但由于规划的任务在于把握规划地长期的发展目标，涉及产业配套、用地控制与平衡等方向性的大问题，存在操作性上的空缺。这时需要进一步进行策划，将规划理念转变为产品、项目、行动计划。而依托策划方案，就可进行项目建设或运作，由此衍生规划后的旅游目的地或景区营销策划、招商策划、融资策划等。

由此可见，旅游规划实施的可操作性应被各种单项策划通过分解来一步一步实施。旅游策划作为可直接付诸现实的方案，对规划进行细化、分解，将规划的内容变成可以直接实施的工作，将无形的东西变成有形的东西，将蓝图变成现实，配合规划成为指导旅游业发展的实实在在的工作。

总之，旅游策划与旅游规划关系密切。二者相同或联系之处是：旅游策划与旅游规划的内容是相互渗透的（无论是总体规划还是详细规划都应贯穿策划理念），主体是相通的，客体是相同的，理论是共用的。二者不同或区别之处是：相对而言，旅游规划是宏观的，旅游策划是微观的；旅游规划是全局的，旅游策划是局部的；旅游规划是长期的，旅游策划是短期的；旅游规划是统筹的，旅游策划是创新的；旅游规划是指导方针，旅游策划是实操方案；旅游规划形式规范，旅游策划形式灵活；旅游规划重战略研究，旅游策划重创意生成；旅游规划偏重于逻辑思维，旅游策划偏重于创造性思维；旅游规划侧重技术，旅游策划侧重艺术；旅游规划应"高、大、全"，旅游策划应"亮、奇、活"。

1.2 旅游策划的原则、原理与理念

1.2.1 旅游策划的原则

可行性原则 "实践是检验真理的唯一标准"，策划就是"把脉诊断""开药方"，要能够指导实践，解决实际问题。因此，在进行旅游策划时必须考虑其可行性，包括在经济上、技术上、社会文化上和环境上的可行性。旅游策划要保证项目能"落地"。

创新性原则 创新是事物得以发展的动力，是人类赖以生存和发展的主要手段。创新是旅游发展的翅膀，创新是旅游策划的灵魂。缺乏创新的旅游策划方案与旅游产品不可能具有竞争力和生命力。

信息性原则 在信息时代的今天，谁拥有更多的信息谁就拥有更多成功的机会。作为旅游策划，它本身就是一种信息收集和信息加工，同时也是将旅游产品传达给旅游者的信息。

特色原则 这是旅游策划的中心原则，要做到"你无我有；你有我优；你优我新；你新我奇；你奇我变"。鲜明的特色和个性往往能减少与其他旅游产品的雷同和冲突，使旅游者产生深刻的印象且难以忘怀，因而更有吸引力。突出个性和特色、求新求变已成为现代旅游竞争中的制胜法宝。

弹性原则 又称留白原则。旅游需求是随着时间的变化而不断变化的，因此，旅游策划必须保持一定的弹性，为以后的后续开发和后续策划留有余地。

大旅游产品原则 旅游产品的策划要根据现代旅游产业高度关联性和高度依附性的特点，促进旅游产业与相关产业的融合发展，形成产业链与产业集群。同时考虑旅游产品内外各种因素，树立"大旅游产品"的观念和良好的旅游形象，努力策划出高品位、高市场占有率、高效益的特色旅游产品，为优化产业结构做出贡献。

可持续发展原则 旅游策划要重视对旅游资源的合理开发与利用和环境的保护，在保证满足旅游者需求的同时，实现旅游业的可持续发展。

1.2.2 旅游策划的原理

体验原理 旅游的本质是旅游者异地身心自由的愉悦体验。旅游策划应抓住旅游的本质，在提高游客体验质量上下工夫。

主题原理 主题决定方向。旅游策划应确立旅游开发的主题，做到纲举目张。

"两抓"原理 旅游策划应坚持软件、硬件两手抓，使旅游竞争力的硬实力与软实力并俱。

两态原理 旅游策划在旅游项目设计上应做到动态与静态相结合。

创意原理 创意是旅游策划的灵魂或生命线，是旅游策划者的刻意追求。

品牌原理 品牌是旅游竞争制胜的法宝，旅游策划应在品牌打造上狠下工夫。

1.2.3 旅游策划的理念

以人为本 这里所讲的"人"主要是指游客和旅游社区居民。策划者不能仅仅站在开发业主和地方官员的立场上。按策划专家王志纲先生的话说："我们既不是甲方，也不是乙方，而是丙方。"

文化为魂 文化是旅游的灵魂。旅游策划一定要抓住文化这个灵魂。在旅游项目和旅游产品的策划中融入具有民族文化和地域文化色彩的内容，以浓厚的文化气息吸引游客的注意和参与。如宜昌车溪的旅游开发，在项目策划中很好地融入了古老的农耕文化和浓郁的土家民族文化，充分让游客参与，取得了巨大的成功。

合理定位 定位是旅游策划的关键内容。所谓定位，简单而通俗地讲，就是"我是什么？我在哪里？我向何处去？"定位是否合理，决定着旅游策划的成败。旅游策划者应根据旅游资源特点和旅游市场需求，对旅游项目和旅游产品进行合理的定位。

善假于物 "好风凭借力，送我上青云"。旅游策划要善于运用借景原理，巧借资源，巧借力量，善假于物。

善于创新 认真研究游客心理行为，遵循旅游经济规律，提高旅游文化品位，以品牌整合资源，以智慧创造财富，创新旅游经历或旅游体验，打造有竞争力的旅游产品。一个地域的旅游产品不能雷同，要以特色取胜，每项旅游策划都是对旅游策划者的挑战，要求旅游策划者具有创新理念和创新能力。

1.3 旅游策划的步骤或程序

要想成功地进行旅游策划，首先必须充分地了解和把握旅游策划的步骤，按程序进行工作。

旅游策划牵涉的范围很广，但可以简要地划分为以下4个阶段。

第一阶段：首先确定旅游策划的对象范围，明确主题。在充分调查研究的基础上，选择一个主题明确、意义重要而且合乎实际的对象后，进行旅游策划作业。范围不清楚，主题不明确，就好比汽车行驶没有方向盘，策划将会误入歧途甚至前功尽弃。

第二阶段：集中集体智慧，寻找策划线索，理清繁复的思路以产生构想，精心构思旅游策划方案。

第三阶段：将旅游策划方案中的构想，拟定为有系统的旅游策划书（提案书）。在拟定的过程中，可以一面修改旅游策划书的内容，一面评估其实行的方法，并做适当的选择与取舍。

第四阶段：提出旅游策划方案，争取旅游策划方案付诸实行的机会。具体实施后，应检验其结果，并对不当之处做出修正和完善，同时作为日后新策划方案的参考和借鉴。

上述4个阶段包括旅游策划的形成、实现和完成的整个过程。旅游策划者应按步骤有序地进行旅游策划工作。

1.4 旅游策划的方法论与主要方略

方法论是一种动态的、复合的、辩证的思维方式。比较常用的旅游策划方略主要有以下9种。

1.4.1 头脑风暴法

头脑风暴法是一种专家会议形式，是在一种非常融洽和轻松的气氛下进行的，人们可以畅所欲言地发表自己的看法。其心理基础是通过一种集体自由联想而获得创造性设想的方法，它可以创造知识互补、思维共振、相互激发、开拓思路的条件，因此，可收到扩展视野和活跃思维的效果。头脑风暴法是产生创造性思维火花的好方法，但需要对各种观点和意见进行理性梳理和甄选、总结。

1.4.2 策划树法

策划树就是从一个基点出发，将各种可能性全部标注在一个树状的图示中，从而对在旅游策划过程中由于主观或客观条件所造成的各种可能性进行分析，在此基础上再对最终的策划方案做出选择。该方法适用于旅游策划过程中带有不确定性的风险型问题的策划分析。

1.4.3 逆向策划法

这种方法采用与已有的思维对象、思维过程、思维结论相反的方向进行思维，从世界的另一端看看，常常能导致新的发现。在经营管理上，逆向策划常被企业家推崇为"成功之道"。福特汽车公司的总经理福特认为，一个人按常规办事，在生活上是许可的，但在经营上是注定要失败的。丰田公司总经理丰田章一郎指出，他的成功之道就在于：什么问题都爱倒过来思考。丰田公司所推行的"三及时"原则（时间及时、品种及时、数量及时）明确规定：后道工序在需要时可向前道工序索要所需数量的零件，这样做便一反常规，改变了后道工序的被动地位，强化了科学管理，使企业在国内外激烈的竞争中取得了成功。旅游开发需要出奇制胜，在旅游策划中往往更需要逆向思维和逆向策划方法。

1.4.4 纲举目张法

对于旅游开发来说，旅游策划主要就是在千头万绪中"理脉络、找线索"，主要就是"牵牛鼻子"，搞好"定位"。这是旅游策划的实质性工作。而"理脉络、找线索""定位""牵牛鼻子"就是抓住那个"纲"，"纲"抓不住，一切作为都无异于盲人摸象。旅游策划者要像纺织女工一样，善于在千头万绪中理出脉络，穿针引线，使散落的珍珠形成一条璀璨的项链。只有高屋建瓴，透过现象看本质，抓住了旅游定位的"纲"，旅游发展的"目"才会张。如成都旅游策划定位"休闲之都"，湖北建设的野三峡（原野三河）旅游区旅游策划定位"野"，石门古风旅游区旅游策划定位"古"，就是"纲举目张"的例证。

1.4.5 "跳出地球看地球"法

中国有句古诗"不识庐山真面目，只缘身在此山中"。旅游策划特别是区域旅游发展战略的策划，需要用"跳出地球看地球"的方法。如王志纲工作室在策划西安市曲江旅游发展时就是采用这种方法——"跳出曲江做曲江"，他们策划的标杆是"欲策划曲江，先了解西安，欲了解西安，先了解中国"。在宏观大背景下考量曲江旅游的发展，最终拿出了"腾笼换鸟双城记"的高招。

1.4.6 珍珠串联法

主要有3种串联方法。一是主题串联法，如旅游景区开发，首先应确定一个文化主题，然后景区的"游、购、娱、吃、住、行"等活动都围绕这个文化主题去设计。如王衍用在山东梁山旅游规划中提出建设主题文化酒店的策划方案：水浒宾舍大厅布置水浒巨著雕塑，主体客房设计人物客房（如宋江客房、林冲客房、孙二娘客房，等等），主体餐厅为场所餐厅（如野猪林、祝家庄，等等）。又如曹诗图在湖北宜都奥陶纪石林景区策划中提出建设"地质文化宾馆"，其餐厅是以地质年代命名的（如寒武纪厅、奥陶纪厅、白垩纪厅等，厅内的装饰画以反映地史面貌为特色）。二是空间串联法，如旅游线路的设计中将相关旅游景点有机串联。三是时间串联法，如旅游景区四季旅游产品、日间与夜间产品的开发。

1.4.7 四重奏法

旅游策划和旅游规划不要"单人舞"，按策划专家王志纲先生的话说，作为策划者（或规划者）应妥善处理好与"三老"的关系，即与"老头子"（地方政府）、"老板"（旅游开发商）、"老百姓"（社区居民）的关系，协调好他们之间的利益，充分发挥他们的作用。通过科学有效的路径，为各方"换芯片""调频道"，找准各方利益的"平衡点"，使之互动互利又相互制约。当然，在这"四重奏"中，旅游策划者起主导作用，是"音乐指挥家"。

1.4.8 重点击破法

旅游策划应注意突出重点，对关键问题、瓶颈问题重点分析，致力解决重大实际问题，要"针灸式"策划，不要"按摩式"策划。旅游策划不是废话，旅游策划不是空话。旅游策划与旅游开发最怕的是那种面面俱到的不解决重点问题和实际问题的旅游策划。如王衍用在贵州省旅游发展战略策划时，提出"一个致命瓶颈（景观风情同质化），四大制胜法宝（差异制胜、品牌制胜、环境制胜、营销制胜）"的观点，对解决贵州旅游开发的发展战略问题有很大帮助。

1.4.9 文化包装法

文化是旅游的灵魂。文化在旅游项目策划中可以起到画龙点睛的作用。有些旅游产品缺乏品位和内涵，可以挖掘文脉，用文化去充实，让产品厚重起来。有些旅游产品给人的感觉比较压抑和沉闷，可以用文化的手段进行包装，让产品鲜活起来。例如，为了更好地展示乾陵的文物价值和增强乾陵的旅游吸引力，乾陵博物馆和乾陵旅游开发公司不断挖掘景区文化内涵，进行深度包装。如在纪念入葬乾陵1300周年的"十一"黄金周期间，乾陵博物馆推出了《乾陵唐风文化发展》系列活动：一是唐代服饰表演。以乾陵墓壁画和唐陵石刻、三彩文物为蓝本，结合有关文献资料进行设计、制作并编排了"唐服秀"。现场中唐诗的浑然大气、唐乐的悠扬动人、唐舞的婀娜风情、唐装的飘逸妩媚，无不彰显出唐朝容纳百川的浩大气概，将唐风唐韵演绎得淋漓尽致。二是中国第一个以帝王陵寝作为文化主题的大型综合虚拟现实数字作品《神游乾陵》，黄金周期间全天免费滚动放映。恢宏大气的数字电影《神游乾陵》采用三维技术揭示乾陵地宫奥秘，并对乾陵的地理地貌、建筑、石刻、文物遗存、地宫预想方案等进行了数字化的复原与研究。而数字影片为游人的倾情呈现，更是让整个景区的游览生动起来。旅游产品比其他产品更需要文化包装，因此文化包装法是旅游策划中普遍运用的方法。

1.5 旅游策划的战术

1.5.1 一字共振术

通过提炼出一个具有主题意义的某字，把景区的形象、项目、产品等紧密地联系在一起，使之一脉相承、和谐共振。如湖北的神农架景区突出"神"字，武当山景区突出"灵"字，石门古风景区突出"古"字。

1.5.2 衍生发散术

旅游策划中应善于围绕旅游开发的主体进行衍生、发散，如王衍用等在山东枣庄进行"铁道游击队"旅游项目策划时设计了"国际反法西斯战争主题公园"。这种方法有利于丰富旅游内容，形成系列产品。

1.5.3 另辟蹊径术

目前旅游产品的同构竞争现象非常普遍。要想在日趋激烈的竞争中脱颖而出，旅游策划有时应另辟蹊径，剑走偏锋，注意寻找与众不同的卖点和诉求点。如王衍用教授策划山东邹城旅游定位——将孟子让位给孟母：避开曲阜孔子高大的身影，不主打孟子牌而打孟母牌，推出"天下第一母亲在邹城"的宣传口号。又如沈祖祥策划浙江湖州孟郊故里旅游做"诗"不做"人"。在某种角度和意义上讲，策划避实击虚。

1.5.4 反弹琵琶术

"反弹琵琶"给人以新的感觉。在旅游策划中就是运用逆向思维解决问题。在某种角度上讲，策划就是颠覆，由"山重水复"到"柳暗花明"。如"××国际旅游节"进行"本土化"策划，宁夏旅游策划"出卖荒凉"。

1.5.5 无中生有术

是指那些没有强势旅游资源为依托的旅游目的地，通过创意创造特色项目或特色产品，从而带动当地旅游产业的发展。这在旅游资源贫乏的地区较为适合。如深圳的"锦绣中华"等主题公园的建设，威海的"神游华夏"大型旅游演艺产品的打造等。但这种策划最好能生成无法复制的"文化"符号。

1.5.6 推陈出新术

这主要是在旅游项目策划中将传统与现代有机结合。例如，浙江宁波的梁祝文化公园的旅游策划，将现代爱情文化活动有机融入。

此外，还有流程再造术、大同小异术、大题小做术（着眼于大局，着力于精致）、小题大做术、先声夺人术、借景生辉术等。

1.6 旅游策划人员的素质

旅游策划人员的素质直接关系到旅游策划成果的水平和质量，从而影响旅游景区（点）的经营和旅游地旅游产业的发展。目前，我国旅游策划人员的素质普遍不高。专业基础相近、起步较早的人，有些已经成为真正的旅游策划和旅游规划专家。但确有一大批转行的"专家"，其理论素养和实际技能远未达到应有的高度。而且有些人根本就不适合搞旅游策划工作。旅游策划究竟需要什么样的人才，具有怎样素质的人才才能称为合格的旅游策划师呢？

策划是人们超常规的智力活动，因此策划人的素质和能力对于策划是否能够成功至关重要。与一般策划相比，旅游策划涉及的内容更广，对人才素质的要求更高。国内现在千军万马在搞旅游策划，因此并不缺懂得一般操作程序的旅游策划人士和旅游规划人士，缺的是基础厚、复合型、勇于创新的旅游策划师、旅游规划师。真正能适应未来发展的旅游策划师、旅游规划师，应该是多门学科的集大成者，是"创新型"综合人才。

著名策划专家王志纲曾经说"策划是下地狱的活儿，是挑战智慧极限的活儿"。旅游策划者需要具备特殊的素质，即超常的思维能力、丰富的联想能力与想象能力、良好的审美能力、强烈的敬业精神、高尚的职业道德、富有责任感与合作精神、较强的科学精神与人文精神等。

1.6.1 超常的思维能力

旅游策划是兼具理性思考与艺术灵感的旅游产品创作，是融科学性、前瞻性、可操作性、创新性于一体的对旅游项目未来发展蓝图的勾勒，以及经过一系列选择来决定未来的行动，是一个动态的、反馈的过程。在新经济时代，"智慧就是力量"，而思维能力是智慧（或智力）的核心，缺乏科学思维和超常思维的旅游策划，不可能成为好的旅游策划。旅游策划不同于其他策划那样只需强调逻辑思维，它还必须强调形象思维、直觉思维、辩证思维、逆向思维、灵感思维、立体思维、组合思维、类比思维等创新思维。一般来讲，旅游策划者需要具备如下超常的创造性的思维素质。

（1）形象思维

形象思维就是把抽象的内容通过自己的思维和想象，转化成形象的内容，并用最形象的语言表述出来的思维方法。

人在思考问题的时候，往往是比较抽象的。如果你能进行形象思维并多运用形象信息来表述你的思维过程，就比较容易被别人理解和接受。运用形象思维首先要对内容有深刻的了解，其次，要善于想象并擅长形象地表述想要表达的内容。

旅游产品的可观赏性、审美艺术性和愉悦体验性，决定了旅游策划者必须具备丰富的形象思维能力。

（2）模仿思维

模仿思维是指人对自然界和社会各种事物和现象进行模仿求新的思维方法。

模仿思维包括原理模仿、结构形态模仿和外表模仿。通过模仿别种事物和机制原理来创造另一种事物的思维方法就是原理模仿思维法；通过模仿其他事物的结构形态产生新事物的思维方法就是结构形态模仿思维法；通过模仿其他事物的外表产生新事物的思维方法就是外表模仿思维法。正确的模仿绝不能仅仅学习表面的东西，更要学习的是要领与内涵。当然，模仿需要加入自己的思维，通过自己的领悟才能取得成就。盲目地模仿就会适得其反，比如，东施效颦、邯郸学步，就是盲目模仿的后果。

旅游策划需要模仿思维和模仿能力，但不能盲目模仿。这方面是有深刻教训的。例如，像宜昌"三峡集锦"主题公园将数千万人民币打水漂的事例在我国旅游开发中屡见不鲜。

（3）求易思维

思维定势是一种根据经验来推断或者受制于常规思维的一种思维方法。人有时候容易犯思维定势的毛病，一件很简单的事情往往会想得过于复杂。经验有时候确实可以帮助我们进行思维，但是，许多经验却会限制思维的广度和灵活性。有时候，事实并没有想象的那么复杂，只要想一想简单的方法，问题就会解决了。旅游策划往往面对的是复杂纷繁的事物，需要化繁为简的思维能力。真正有水平的旅游策划者是善于将复杂的问题简单化，而不是将简单的问题复杂化。

（4）联想思维

联想思维就是在头脑中将一种事物的形象与另一种事物的形象连接思考，探索它们之间共同的或类似的规律的思维方法。联想思维能力与想象能力密切相关。爱因斯坦说：想象力比思想更重要，因为想象力是无穷无尽的，而想象力在很大程度上离不开联想思维能力。对于创新人才和旅游策划人才来说需要丰富的联想能力与想象能力。

当一个人对某个待解决的问题经过长时间反复思考而仍得不到解决，有时却会在某个外界事物的触发下，引起联想，跳出现有圈子而产生新设想。联想思维包括接近联想、相似联想、对比联想、因果联想。接近联想就是指在时间上和空间上相互接近的事物之间形成的联想；相似联想就是在性质上或形式上相似的事物之间所形成的联想；对比联想就是指具有相反特征的事物或相互对立的事物之间所形成的联想；因果联想是对具有因果关系的事物所形成的联想。旅游策划特别是旅游形象策划、旅游产品策划、旅游项目策划、旅游营销策划对策划者的联想思维能力要求较高，否则就难于产生灵感和"点子"。

(5) 发散思维

发散思维又称扩散思维、多向思维或辐射思维。它是从同一思维出发探求多种不同答案的思维过程和方法。发散思维的特征就是在思维过程中充分发挥人的想象力，突破原有的知识圈，从一点向四面八方扩散，沿着不同方向、不同角度进行思考，通过知识、观念的重新组合，找出更多更新的可能的答案、设想或解决办法。

进行扩散思维训练首先要找到扩散点。扩散点主要有材料、功能、结构、形态、组合、方法、因果、关系8个方面。找准"扩散点"后，就可以进行多端、灵活、新颖的扩散训练，以开发创造性思维的能力。

材料扩散就是以某个物品作为"材料"，以此为扩散点，设想它的多种用途；功能扩散就是以某种事物的功能为扩散点，设想出获得该功能的各种可能性；结构扩散就是以某种事物的结构为扩散点，设想出利用该结构的各种可能性；形态扩散就是以事物的形态为扩散点，设想出利用某种形态的各种可能性；组合扩散就是从某一事物出发，以此为扩散点，尽可能多地设想与另一事物（或一些事情）联结成具有新价值（或附加价值）的新事物的各种可能性；方法扩散就是以人们解决问题或制造物品的某种方法为扩散点，设想出利用该种方法的各种可能性；因果扩散就是以某个事物发展的结果为扩散点，推测造成此结果的各种原因，或以某个事物发展的起因为扩散点，推测可能发生的结果；关系扩散就是从某一事物出发，以此为扩散点，尽可能多地设想出其他事物的各种联系。

旅游需要丰富多彩的旅游产品与旅游活动项目，旅游产品策划很需要策划者利用发散思维，设计出各具特色的系列产品和活动项目。

(6) 横向思维

横向思维就是通过借鉴、联想、类比，充分地利用其他领域中的知识、信息、方法、材料等和自己头脑中的问题联系起来，从而创造性地想出解决问题的方法的思维过程。

横向思维的关键是要善于运用其他领域的知识或进行知识迁移，这就需要平常多积累知识，在思考问题的时候才能做到旁征博引，融会贯通。

(7) 侧向思维

侧向思维又称为"旁通思维"，它是人们习惯性地沿着某一思路无法解决问题时，在正向思维的旁侧开拓出新的思路，运用侧向移入、侧向移出和侧向转换的方法提出创造性的设想。如曹冲称象、文彦博树洞取球、司马光砸缸、孟母断机等故事就反映了侧向思维的神奇作用。侧向思维的特点是思路随机应变，善于联想推导。在运用这一方法时，应善于观察，留心那些表面上似乎与思考问题无关的事物与现象，注意其他一些偶然看到的或事先预料不到的现象，因为它可能是侧向移入、移出和转换的重要对象或线索，他山之石可以攻玉。

（8）类比思维

类比思维是从客观事物联系中寻找事物构成上的相似、要素上的相似、外表形象或功能上的相似性的思考方法。运用类比法常会产生新的发现和发明。将两个以上的事物或信息进行对照、交合类比，双方可以是同类的，也可以是不同类的，甚至看起来是"风马牛不相及"，但在两种事物的交界边缘上可能会取得创造性的突破。

类比思维包括形式类比、功能类比和原理类比。形式类比包括形象特征、结构特征和运动特征等几个方面的类比；功能类比是把一个事物的功能应用于其他事物上，从而提出新的思维结果；原理类比是指把一个事物的原理应用在其他事物上，从而产生积极结果的思维方法。

（9）质疑思维

质疑思维是指对于各种问题都要持好奇、怀疑、反思的态度进行思考的方法。

意识到问题的存在是思维的起点，没有问题的思维是肤浅的思维。有了问题才会思考，思考才能找出解决问题的方法。只有当你感到需要问个"为什么""是什么""该怎么办"时，思维才是主动的，才能真正深入思考。旅游策划需要质疑思维，否则就很难发现问题，解决问题。对旅游问题进行深层次的哲学思考，特别需要质疑思维。

（10）逆向思维

逆向思维或称反向思维法，通俗地讲，就是倒过来想问题。它要求突破思维定势，从对立、颠倒的、相反的角度去思考问题。例如，在旅游策划中可以做"失败"的设想，旅游策划方案提出导致失败的种种可能，防患于未然，这就是旅游策划中的逆向思维。

事物发展变化有一定的因果联系，既可以由因及果，也可以由果及因，具有顺推和反推的交换作用，突破习惯思维定势的束缚，就可以获得认识上的自由。逆向思维要从结果入手，反向思考，步步深入，直到得出正确答案。

逆向思维包括反转型逆向思维、转换型逆向思维。反转型逆向思维是指从已知事物的相反方向进行思考，从事物的功能、结构、因果、状态关系等方面做反向思维；转换型逆向思维是指在思考一个问题时，由于解决问题的手段受阻，因而从转换思考角度来提出解决问题的手段的思维方法。

（11）求异思维

求异思维就是运用与常人不同的思维方式，突破、跳出传统观念和习惯势力的禁锢，不受任何框架、任何模式的约束，从新的角度认识问题，以新的思路、新的方法进行思考的方法。求异思维的主要规律和方法是对比联想，找出两个事物之间的关系，在差异点上进行突破。旅游的主要动机是寻求新异，创新是旅游策划的灵魂，旅游策划最需要求异思维。

（12）逻辑思维

逻辑思维就是借助概念、判断、推理等思维形式所进行的思维方法，是一种有条件、有步骤、有根据、渐进式的思维方式。旅游策划不仅需要形象思维，也需要逻辑思维，否则是异想天开，胡思乱想。

（13）辩证思维

辩证思维就是凡事都要一分为二，要面对事情正反两个方面，从不同的角度辩证地来思考事情。旅游策划中，在分析评价旅游资源和旅游业发展条件时，特别需要辩证思维，如SWOT分析等。

辩证思维方法包括颠倒思维法和中间融合法。颠倒思维法就是指凡事都有好的一面，也有不好的一面，这时候要善于颠倒，从另一方面来思考问题；中间融合法就是指好与坏是对立的，那么能不能折中一下呢？旅游策划和旅游规划在处理各种利益关系时，往往需要折中、调和。

（14）集中思维

把不同的思想综合归纳成一个思想的思维方式就是集中思维。集中思维是有方向、有范围的，它具有封闭性、收敛性、集中性、严密性的特点。它主要是运用逻辑思维，在发散的基础上通过分析、比较、选择、判断、综合而得出结论。在旅游策划方案的比较和选择时，需要集中思维，围绕目标，进行优选。

（15）立体思维

立体思维也叫整体思维法或空间思维，是指对认识对象从多角度、多方位、多层次、多学科地考察研究，力图真实地反映认识对象的整体以及这个整体和其他周围事物构成的立体画面的思维方法。

立体思维要求人们跳出点、线、面的限制，有意识地从上下左右、四面八方各个方向去考虑问题，也就是要"立起来思考"。立体思维要突破平面思维的局限，达到"横看成岭侧成峰，远近高低各不同"的效果。

（16）博弈思维

博弈思维就是设想几种方法，并比较每一种方法的优劣，最终选择一种认为最好的办法。博弈方法是思维方法中比较复杂、难以把握的方法。由于竞争双方都在进行策略博弈，所以这种竞争的结果不仅依赖于自己的抉择和机会，也依赖于参加竞争所有人的行为。博弈方法需要借助于一定的心理分析。博弈方法的基本步骤是：第一步，诊断问题所在，确定目标；第二步，探索和拟定各种可能的备选方案；第三步，从各种备选方案中选出最合适的方案。

此外，在处理各种利益关系时也需要博弈思维。旅游开发涉及多种利益关系，如国家要统筹（社会效益、经济效益、生态效益的统筹兼顾），地方要发展，农民要致富，企业要盈利，游客要满意。这就需要旅游策划者、旅游规划者用博弈思维方法解决。

在旅游项目的策划和旅游营销策划中，博弈思维方法也很有用处。

（17）直觉思维

直觉思维是在无意识的状态下，从整体上迅速发现事物本质属性的一种思维方法。直觉思维虽然是在瞬间做出快速判断,却并非凭空而来的毫无根据的主观臆断,而是建立在丰富的实践经验和宽厚的知识积累基础之上,运用直观透视和空间整合方法所做出的直觉判断。这种直觉判断虽然不能保证绝对可靠,但一般来说,总是有一定根据的。实践经验越丰富,知识积累越丰厚,这种根据就越可靠,直觉判断的可靠性也就越高。提高直觉思维的方法有:松弛、回想、想象、听音乐、自由联想等。

旅游策划是一门艺术,艺术特别需要直觉思维。

1.6.2 高度的概括能力或提炼能力

旅游策划者要善于透过现象抓住本质,具备理念提纯和一语中的的能力。旅游战略策划和旅游形象策划中常常追求"唯一性、权威性和排他性",不仅如此,还要能够把它的神韵勾勒出来,用最贴切最简洁的语言表达出来,使受众一见如故、豁然开朗、喜闻易记。

旅游策划者在分析问题、表述自己的观点和看法时,特别需要概括和提炼能力。

1.6.3 较高的文化修养和策划技能

文化与旅游的关系十分密切,是文化促成了旅游,没有文化就没有旅游。旅游活动也需要文化的参与和创造。无论是旅游资源开发,还是旅游服务、旅游产品的设计与营销,乃至旅游业的可持续发展,都必须以文化作为基础。文化可以说是旅游业的灵魂。旅游活动的主体是人,是有一定文化修养的"文化人"。近些年来,多数人的旅游活动已从过去单纯的游山玩水转向文化旅游。很多人拿钱外出旅游,除回归自然、观赏自然景观外,还非常注重文化内涵,体验文化,希望看到更多人文景观、民风民俗,以求通过亲身参与活动达到领略异国异地古今文化和文明,增加知识,拓宽眼界,获取信息的旅游体验。这就要求旅游策划人员重视自身的文化修养,充分了解各地的文化,不断提高自身的文化素养。同时,旅游策划人员还必须重视自己的策划技能,在编制旅游策划方案的过程中充分运用自己的专业技能,与文化相结合,从而编制出具有高质量的旅游策划方案来满足市场的需求。

1.6.4 良好身心素质

旅游策划人员必须是健康的人。怎样才算健康?世界卫生组织认为:"所谓健康,不仅在于没有疾病,而且在于肉体、精神社会各方面的正常情况。"也就是说,现代社会健康的人,应是躯体健康、心理健康和社会适应能力良好三者的完善统一。旅游策划人员认识到这一点尤为重要。旅游策划人员要有良好的心理素质,一方面在面对成功的旅游策划时要经得起赞扬和考验而不自我满足;另一方面在策划失败时不能灰心丧气,要调整好自己的心态。旅游策划人员在各种环境中都要保持一种持续的、积极的、良好的心理状态,做出高质量的旅游策划。与此同时,旅游策划人员还必须具有健康的体魄,因为旅游策划经常要在野外实地调查、跋山涉水等。

1.6.5 具有战略眼光和大局观念

旅游策划师想要做出好的策划,就必须具有战略性的眼光。旅游策划对于旅游目的地的整体发展具有战略意义,它明确指出了旅游目的地的发展方向,对于合理开发利用旅游目的地资源具有战略指导意义。所以旅游策划师必须具有战略眼光,从大局出发编制出具有战略意义的旅游策划,没有战略意义的旅游策划不能说是对旅游目的地的合理策划。

1.6.6 扎实的专业基础

旅游策划人员必须具备深厚的专业背景,应能完整理解策划对象(如旅游资源)的形成过程、历史及其价值,而且掌握必要的策划与规划的方法和技术。这就要求旅游策划人员必须接受旅游地理、旅游开发、景观设计、市场营销等关联学科的知识学习与技能训练,同时也要求策划人员对旅游活动过程有完整的理解。

1.6.7 渊博的知识

旅游策划是一个综合性很强的工作,它涉及的知识面广,主要包括经济、历史、文化、地理、管理、营销等方面。所以旅游策划师要具有广泛的知识面,在策划过程要善于运用这些知识,使得旅游资源能够得到有效配置。每种策划都有相应的内容要求,好的策划首先要考虑全面,内容完整。

山川地貌、文物古迹、气象奇观、风土人情、城市景观等都可策划或规划成为旅游产品,旅游策划无一定之规,强行地将其规范化,必裹足不前,难有创新,难合市场之辙。从某种意义上讲,旅游策划如同写诗,真正的好诗是"功夫在诗外"的。旅游策划也需要策划之外的功夫。旅游策划与历史、地理、民俗、建筑、园林、诗歌、音乐、绘画、经济等诸多方面都具有密切的联系,因此只有博学的杂家才能游刃有余地统领策划。这就要求策划者"读万卷书,行万里路,知天下事",具有深厚的知识素养和丰富的社会阅历。真正能适应未来发展的旅游策划师,应该是多门学科的集大成者,是"创新型"复合人才。

1.6.8 锐于创新

策划专家王志纲先生曾经说过:"策划是挑战智力的活儿,就是在没有路的地方做出路来。"旅游策划不允许重复和克隆,每一个景区(点)和项目都需要创新。

旅游业是创意产业,没有好的创意难以搞好旅游策划。它要求旅游策划师在进行旅游策划时要不断地有新的创意。旅游策划师在策划的过程中不仅要有创新意识,还要具有创新的能力。运用敏锐、新颖、独特的视角,生发出具有社会、经济价值的新产品和新设计。旅游策划师要能够针对当地资源的特点,充分利用其优势,创造出独具匠心的旅游策划,而不照搬他人成果,使各地的旅游策划大同小异。创新需要具备很多要素,如创新环境的营造、个人知识水平、合作精神等,然而其关键仍取决于人的创新精神与创新能力。旅游策划师要有看穿繁杂事物背后真正有价值的东西的法眼和点石成金的本领,只有这样才能化平凡为非凡,化腐朽为神奇,创造出有吸引力和生命力的旅游产品。

1.6.9 善于团结合作

即使是一个博学家，其知识也必定是有限的，而旅游策划牵涉面极广，必须多学科合作方能形成完美的方案。因此，能否有与不同观点的人合作至关重要。在策划讨论过程中能否真正学习其他学科的所长，避自己擅长学科所短。多数专家学者大都长于独立研究，且在研究过程中往往为了坚持自己的主张而傲视群雄。因此，在旅游策划中，策划负责人必须善于协调各方观点，去粗取精，去伪存真，有时为了策划方案的完整性必须痛下决心割爱一些有创意的观点。对策划团队中的不同观点，要善于兼收并蓄，融会提升。在这个过程中，团结协作的精神最为难能可贵。因此，策划师还应是"善于综合协调的专家"。

1.6.10 富有社会责任感和人文精神

旅游策划者不应简单成为甲方的雇佣者，他必须具有自己独立的人格，其中关注社会、热爱自然、关爱弱势群体的人文情怀应是基本价值观。策划领军人在策划团队内要能兼容各种不同的观点，但在承接策划任务中应具有"道不同，不与共谋"的坚定信念。决不能为虎作伥，做有损社会可持续发展的策划。

提高旅游策划师的人文素质主要包括两大方面：一是策划师应加强社会责任感与人文关怀精神。不能见钱眼开，有求必应，违心地做一些不负社会责任、劳民伤财的项目策划；不能趋炎附势，置"弱势群体"利益于不顾，只为有钱（权）有势的"强势群体"说话。在旅游策划或规划评审上应实事求是、自律自重，不能搞那种一味迎合的"捧场式"评审和别有用心的"刁难式"评审。二是加强文化修养，提高人文素质。不少旅游策划师往往将旅游开发看成是单纯的物质条件与技术问题，对文化问题很忽视。加之我国的旅游开发与规划专业（含本科生、研究生）大都设置在高等学校的理工科院系（如地理类、资源环境类、城市规划类院系）和经济管理类院系，旅游文化类课程开设极少甚至根本没有开设，培养出的学生的人文素质、美学修养普遍欠佳，导致目前我国旅游策划与开发中的"技术人"和"经济人"行为特征突出，策划开发出的旅游产品普遍缺乏文化品位与档次，经得起历史检验的有影响的精品、杰作极为少见，大多是来也匆匆去也匆匆的过眼烟云。中国旅游业呼唤水平一流的旅游规划师与策划师。严格地讲，中国现在并不缺乏旅游策划队伍，但名不副实、擅长忽悠、良莠不齐的各路诸侯太多，我们真正缺少的是基础理论扎实、人文素养高、创新能力强并富有社会良知和社会责任感的优秀策划师。当前，我国的旅游策划师缺乏的不是专业技术知识，而是人文素质与社会责任感。中国的旅游开发水平要走向世界，旅游策划人才队伍的整体人文素质必须提高。

1.6.11 目光敏锐

旅游策划者应目光敏锐，"草枯鹰眼疾"，在"乱花渐欲迷人眼"的环境中目光如炬，透过现象抓住本质。随时做到对大千世界丰富细节的关注和捕捉，不断产生旅游策划的灵感。

1.6.12 善于沟通

旅游策划者应善于与人(地方官员、开发业主等)沟通,娴熟的沟通技巧是旅游策划登堂入室的必备本领。

总之,旅游策划者应具有较高的综合素质,在某种意义上来讲,他们是"由特殊材料制作的人"。从事旅游策划对人的素质有特殊的严格要求,否则,就不能很好胜任旅游策划工作。

【思考题】

1. 试述策划的概念与含义。
2. 说明旅游策划的概念和旅游策划与旅游规划的关系。
3. 试述旅游策划的原则和理念。
4. 常用的旅游策划的方略与战术有哪些?
5. 你如何理解"思路决定出路"这句话的含义?
6. 试述旅游策划者的素质构成。
7. 说明旅游策划者超常思维能力的含义。

第 2 章　旅游发展战略策划

【本章概要】

　　本章重点对战略进行了解读，阐述了旅游发展战略策划的概念，分析了旅游区域发展战略条件，指出了旅游发展战略策划应重点解决的问题，介绍了旅游发展战略策划的方法。

【教学目标】

　　深入理解战略、旅游发展战略策划的概念，学会分析旅游区域发展战略条件，了解旅游发展战略策划应重点解决的问题，掌握旅游发展战略策划的方法。

【关键性术语】

　　战略；旅游发展战略；旅游区域发展战略；区位

2.1　战略和战略策划解读

　　策划有战略策划和战术策划之分。战略策划是一项系统工程，侧重"道"的问题，而不是靠一个点子和所谓的创意。

　　战略，英语叫作 strategy，德语叫作 strategie。据说，最早来自希腊语"指挥官"一词，是指将军指挥军队的艺术；另有一种说法，是起源于希腊语的"诡计"一词。确实，出自东方的不朽的战略论《孙子》一书，就是从"兵者，诡道也"这一句话开始阐述其战略理论的。总之，"战略"一词起初主要用于军事上对战争全局的筹划和指导。以后"战略"一词又逐渐超出军事范围，被广泛应用于比赛之类的竞争场合。到了现代，战略的使用又扩大到社会、经济、政治、文化、教育、科技等领域，主要内容有战略思想、战略方针、战略目标、战略重点、战略措施等。

　　哈佛商学院终身教授、世界顶尖的战略管理大师迈克尔·波特说，战略就是创造一种独特、有利的定位，可以涉及各种运营活动；被称为"大师中的大师"彼得·德鲁克则将战略称为"有目的的行动"。

　　战略就是预见。战略应具有前瞻性，能够预见未来局势的发展，指导未来的行动。预见是战略策划的源泉。创新不是凭空想象，而是建立在对发展规律的把握以及未来趋势准确判断的基础之上，没有对发展大势的预见，战略创新就是无源之水，无本之木。

战略就是理念。战略的制定应有先进的理念指导，并创造新的理念指导行动。

战略就是定位。所谓定位就是在充分盘存、梳理各种资源的基础上，回答"我是谁？我目前处于什么位置和状态？我向何处去（我如何发展）？"等问题，按照唯一性、排他性和权威性的原则，因时、因地、因人制宜，找到区域、或城市、或景区、或企业的个性、灵魂、理念。这也就是说战略就是"找魂"。策划专家王志纲在自己多年规划实践中，常常用"我是谁，我从哪里来，现在在哪里，明天到哪里去"来形容他眼中的战略，而对于一个城市和区域的发展战略而言，他的表述带有浓厚东方色彩——战略就是"寻根"、"找魂"。

战略就是聚焦、就是抓纲。制定战略如果不能聚焦，不能抓住纲要，纠缠于细节和具体方法，那就是舍本逐末了，把战术当战略了。

战略就是差别。制定战略应注意差别，细分市场，防止同构竞争，以特色制胜。

战略就是竞合。特别是旅游发展战略，要处理好竞争与合作的关系，形成双赢或多赢格局。如长江三峡区域旅游规划，关键问题是搞好重庆和湖北竞合的策划。

战略高于一切，战略决定成败，战略决胜未来。数策划成败，还看战略！

从以上对战略的解读出发，不难得出结论：战略策划的关键，首先不在于有多少点子和策略，而在于看问题的方法与角度、思路。战略决定全局，战略决定成败；思路决定战略，思路决定出路。

2.2 旅游发展战略策划的概念

旅游发展战略策划是在对旅游发展的现实条件、机会及可能出现的问题进行分析的基础上，对旅游发展战略思想、战略目标及战略重点的谋划。它一般是对某个旅游地域较大范围的较长远的谋划。它主要是从宏观的角度出发所进行的综合性的战略思考。旅游发展战略策划可以分为国家旅游发展战略策划，地区旅游发展战略策划两个层次。

旅游发展战略策划的内容主要涉及这几个方面：即旅游业发展的指导思想、旅游业的发展速度、旅游产业的地位、旅游产业结构优化和产业整合战略、旅游资源与旅游产品开发战略、旅游市场开发与营销战略、旅游产业时空布局战略、旅游资源与旅游环境保护战略等。

旅游发展战略策划的主要任务是明确旅游业在国民经济和社会发展中的地位与作用，提出旅游业发展目标与任务，进行准确的战略定位，优化旅游业发展的要素结构与空间布局，实施有效发展旅游业的方略，促进旅游业持续、健康、稳定发展。

制定旅游发展战略，应对旅游业的特点和功能有正确的理解。由于旅游业综合性强、关联度高、影响面广，因此旅游策划必须从宏观的角度和大的背景下进行考虑问题，从地理环境、社会、经济、文化、人口、交通、政府、企业、历史基础等要素的特征及它们之间的相互关系来进行分析思考。

2.3 旅游发展战略策划的程序

(1) 制定目标

旅游发展战略，其目标都有这样一个共同的出发点，即旅游者满意、投资者盈利、资源环境利用的保护。

(2) 调查研究阶段

调查研究有两个目的：一是提供旅游发展战略策划的基本数据，二是对旅游开发的潜力进行评估。

(3) 综合分析阶段

整合调查研究阶段收集的各种信息，得出概括性的结论。

(4) 提出发展概念阶段

旅游发展战略策划在很大程度上是一种概念思考，它要求参与人员研究信息数据，进一步提出解决问题的方案。

(5) 提出战略实施建议阶段

主要就开发活动和编制旅游发展战略方案提出建议，具体包括战略重点确定及实施战略目标的对策和政策保障等。

2.4 旅游区域发展战略条件分析

2.4.1 旅游业发展的区位条件评价

区位是指一事物与其他事物的空间联系。旅游区位主要是指旅游目的地、旅游景区(或其他旅游企业)与其他事物的空间联系。这里说的其他事物主要指旅游资源、客源地、交通条件等，旅游区位评价主要是从市场角度对这些空间联系的优劣状况做出评判。王衍用曾经提出资源区位评价、客源区位评价、交通区位评价等观点。

(1) 客源区位看位置

旅游景区游人的多少并不完全取决于资源的吸引力，很多时候起重要作用的是位置的吸引力，这是因为多数游人的"钱""闲"有限，只能选择近地域游览。例如，北京周边大大小小的风景区都"人满为患"，并不全是因为那儿的资源价值高造成的，而是它们地近北京市区，满足了城市居民的双休日就近休闲游览的需求。因此，规划区客源区位的评价，一定要分析客源市场距离规划区的远近和客源市场出游的潜力。

(2) 交通区位看线路

一个旅游地游人的多少，除了取决于资源的优劣和客源市场的远近之外，还取决于交通线路的数量、等级和通畅程度。交通不便，可进入性差往往是不少风景优美之地的制约因素。例如，不少"老、少、边、穷"地区虽然有着"真山真水真貌真情"的旅游环境，但却因位置偏僻、地形阻隔、经济落后而缺"路"少"线"，难以进入，致使旅游事业发展比较缓慢。例如，西藏的拉萨、云南的香格里拉、新疆的喀纳斯湖、陕西的延安等就是这类例证。

另一类的旅游地并非因地理位置偏远，是因为交通线路不畅而影响和制约了旅游发展。如五台山、衡山、曲阜、华山、泰山、神农架、武当山都是中外著名旅游胜地，但它们很少有始发和终点列车，目前大多没有机场而又离火车站还有一大段距离，游人进出困难或进去容易出来难，影响了游客的体验质量及后续游客前往的意愿。至于航线航班少的风光佳景地，抑或没有国际国内机场、乘机后再中转进入的旅游地对旅游业的影响也是显而易见的。反之，那些交通区位良好，飞机直航、列车直达的旅游地则可以吸引众多的远方游人，例如，北京、上海、广州、深圳、杭州、昆明、张家界等。交通区位会随着经济的发展、旅游的开发逐步改变，因此要用动态的眼光来评价。例如，湖北恩施的许多地方已由天堑变通途，如今旅游业发展如火如荼。

(3) 资源区位看结构

一个旅游景区能否兴旺发达乃至兴旺发达的程度，不仅取决于资源的绝对价值，而且更取决于资源的相对价值，即取决于旅游景区在空间位置中与邻近区域资源的组合结构。同一地区内，地位较低的旅游景区一般难以发挥出应有的价值，倘若再与他处雷同，则更会"雪上加霜"，处于死地。这种先天不足，位于阴影区内的资源区位是不少旅游景区难以有较大发展的根本原因。这就是我们说的"阴影遮，灯下黑，大树底下难长草"。如在云贵高原上，贵州难于 PK 云南；在东北大地，辽宁、吉林难于 PK 黑龙江；在青藏高原，青海难于 PK 西藏；在宜昌，葛洲坝难于 PK 三峡大坝。反之，资源不为同一类别而相互补充，则会产生叠加效应，对游客具有综合吸引力。倘若两地资源价值又都很高，则更会"锦上添花"，令游客"喜上加喜"。最突出的例子莫过于泰山和曲阜"三孔"了，两地均为世界遗产，一处是山岳风景，一处是儒家文化发源地，且两地相距只有74km，又有半封闭的高速公路相通，游人来山东，两地一起游，觉得特别划算。

放眼神州大地，青岛与崂山、洛阳与嵩山、西安与华山、都江堰与青城山、黄果树瀑布与安顺龙宫、苏州与无锡也都是具有叠加效应的旅游地域。

另外，从一个地方来讲，游人多的地方也往往是资源结构的引力所致。如北京仅一流的旅游资源就有皇帝的工作生活区（故宫）、游乐休闲区（颐和园）、祭祀朝拜区（天坛）、陵寝墓葬区（明十三陵），还有中华民族的象征——万里长城等，因而游人众多。而西安游人远少于北京恐怕主要原因之一是资源较单一。

2.4.2　旅游资源条件

自然界和人类社会凡能对旅游者产生吸引力，可以为旅游业开发利用，并可产生经济效益、社会效益和环境效益的各种事物和因素，均称为旅游资源。简单地说，旅游资源是吸引人们前来游览、娱乐的各种事物的原材料（旅游吸引物）。它具有审美性、多样性、综合性、地域性、稀缺性等特点。旅游资源是旅游开发的物质基础，旅游资源的丰富与否，直接影响旅游发展战略的制定。如旅游资源丰富的地方可以立足资源特色打造拳头产品；旅游资源贫乏的地方，可以着眼市场，建设主题公园和人造景观。例如，张家界、黄山、桂林与深圳、郑州、石家庄的旅游发展战略就有很大不同。

评价旅游资源关键要抓住个性、特色和差异，抓住关键词——旅游吸引力，相对价值往往比绝对价值更重要。在某种角度上讲，差异就是旅游资源，特色也是旅游资源。如常常被人忽视的乡村老太太身上的大襟褂、老头手中的烟袋、光屁股的小娃娃、村姑羞涩的脸蛋、少妇手中的鞋底、村子里的人好奇的眼光和淳朴的民风等，都应该是旅游资源。此外，还应从旅游吸引力的角度去评价，如森林公园、地质公园、风景名胜区、文物保护单位等，只能说明你的类型，不能说明你的个性和特色或旅游价值。青藏高原、香格里拉、喀纳斯，震撼人心、最吸引游客的是环境（天空极其湛蓝，空气极其清新，水质极其清洁，环境极其宁静，人的心态极其纯朴、祥和等），而不是景观！景观只是环境中一个靓丽的符号。资源价值、景观价值不等于旅游价值。这是旅游策划中特别应注意的问题。

旅游资源评价还要考虑旅游景区（点）的功能。如旅游度假区的资源评价应侧重于环境质量评价。对度假旅游目的地的策划中要注意综合评价自然环境、建设环境、管理环境、人文环境。

2.4.3 旅游市场条件

旅游开发和旅游战略策划应该树立正确的市场营销观念，将营销看作是一种经营哲学，而不仅仅是一种经营手段。现代市场营销理念的核心思想是"以顾客需求为中心，最大化地实现顾客价值"。因此旅游开发首先必须解决这些问题：谁是你的目标顾客？这些顾客的需求特点是什么？如何提供优势产品和采用有效策略吸引这些游客？如何能够留住顾客并最大化地实现顾客的价值？无论是市场调研、市场细分、市场定位还是竞争战略的实施，营销组合策略的运用，都必须围绕如何实现和增加顾客价值这一核心思想来进行。

先进的旅游策划理念是我们应该树立"策划即营销"的思想。即用市场营销的眼光、思维、理念来指导旅游策划，来考量旅游策划的质量。遵循"策划即营销"的指导思想来开展旅游策划工作，可以避免制定出的旅游策划方案"好看不中用"和"束之高阁"的局面。

2.4.4 历史背景（文脉）评价

历史文脉无法像山川河流那样可以直接被开发、被利用，其营造出的文化氛围只能由旅游者去感觉和体会。鉴于此，旅游策划对历史背景评价中，要突出评价那些历经时代风雨仍然遗存下来、能够被现代人看到物质载体的历史文脉。如果没有物质载体存在，就要着重突出那些恢复重修起来比较有看点的历史文化载体。在对历史背景（文脉）的评价工作中，切忌将大量的史料典籍、沿革历程过多地渲染。

2.5 旅游发展战略策划应重点解决的问题

一般而言，旅游发展战略策划着重要解决的问题包括以下5个方面。

（1）旅游经济在特定地区国民经济中的地位

主要是根据特定地区的旅游资源、市场需求、旅游发展现状与地位（占GDP的比重）、地区的经济发展形势诸方面进行综合分析得出结论。旅游发展应根据不同地区的国民经济发展状况制定出不同的发展战略。

（2）旅游供给和旅游市场

旅游业的发展取决于两大因素：旅游供给和旅游需求。旅游供给包括旅游资源和为提供旅游服务的各种物质条件和人力资源。旅游需求可以划分为国内市场需求、国外市场需求。

（3）旅游开发导向

资源导向：早期观念，只看重旅游资源而忽视市场需求，旅游产品必将被旅游者冷落。

市场导向：后来的观念，只强调市场需求，而忽视资源特点与地位，难免导致旅游开发项目雷同，失去自己的资源优势。

资源－市场二元导向：偏重经济效益，忽视综合效益。

资源－市场－文化并重的三元导向：以资源为基础，以市场为导向，以文化为灵魂，重视旅游可持续发展。这是旅游开发应坚持的导向。

（4）旅游发展方向和总体布局

在确定旅游发展方向时，应遵循以下原则：① 重点优先。优先开发那些最有垄断性、竞争力的旅游资源，打造拳头产品。防止全面开花，分散力量。② 客源市场导向。根据各自的旅游资源和区位条件来确定自己的主要客源市场和开拓对策，并根据旅游市场形势的变化，进行旅游项目的调整。

旅游总体布局包括旅游景区景点的布局、旅游企业的布局、相关行业和部门的整合与布局，以及入境口岸、旅游交通运输等布局。

（5）旅游业内部和各种有关行业或部门的综合配置

我国旅游行业涉及 30 多个产业和部门，因而在制定旅游规划时，应全面考虑旅游业内部和各种有关行业以及部门的综合配置。特别应注意旅游业与农业、工业、商业、交通运输业等产业和文化、教育、城市建设等部门的互动与整合。常言道，无农不稳，无工不富，无商不活，无旅不优。没有旅游产业的介入，产业结构难以优化。旅游发展战略策划应注意发挥旅游在优化地区产业结构中的作用。

旅游的"六大要素"（行、食、宿、游、娱、购）涉及旅行社、饭店或宾馆、交通、通信、旅游景点、旅游商店、文体设施，以及文化、教育、保险、医疗、检疫、银行、海关、公安、法律等。旅游发展战略策划应根据需要和可能对这一切有关行业和部门进行综合配置和整合，使之形成合理的结构与规模。否则，短缺方面必将成为"瓶颈因素"，或称为"水桶效应"，限制效益的发挥。

此外，区域旅游战略定位、旅游形象等也是旅游战略策划应重点解决的问题。

2.6 旅游发展战略策划的思想方法

旅游战略策划的思想方法主要是：把握大势，理念创新，策略设计，要素（资源）整合。

(1) 把握大势

对于旅游战略策划而言，预见力、整合力、创新力缺一不可。预见是旅游战略策划的源泉。创新不是凭空想象，而是建立在对旅游发展规律的把握以及未来趋势准确判断的基础之上，没有对旅游发展大势的预见，旅游战略创新就是无源之水、无本之木，可谓"谋子不如谋势"。

(2) 理念创新

创新是旅游战略策划的灵魂。在这个一切都过剩的时代，创新思维是最稀缺的资源；凡是可以克隆的东西，价值都是有限的；创新的背后是观念或理念，策划的意义最终在于更新和改变人的观念。

(3) 策略设计

旅游战略需要实施和落实，具有可操作性，因此应进行策略设计。策略设计是旅游战略策划的核心内容。

(4) 要素(资源)整合

整合力是旅游战略策划的血脉。无法实施的旅游战略策划是纸上谈兵，任何一个成功的旅游战略策划都需要具体执行的平台和手段。旅游策划者不仅要改变旅游开发商和地方官员的观念，更要为他们搭建平台、整合资源和实施项目引爆。

2.7 旅游发展战略策划的常用方法

旅游战略策划的常用方法主要有：SWOT分析法，区域分析法，三重法，三力法，三看法，六定法等。

2.7.1 SWOT分析法

所谓SWOT分析，即基于内外部竞争环境和竞争条件下的态势分析，就是将与研究对象密切相关的各种主要内部优势(S)、劣势(W)和外部的机会(O)和威胁(T)等，通过调查列举出来，并依照矩阵形式排列，然后用系统分析的思想，把各种因素相互匹配起来加以分析，从中得出一系列相应的结论，而结论通常带有一定的决策性。这一方法对于旅游战略策划中环境分析等非常有用。

这里我们以安徽省淮北市为例说明(表2-1)。淮北市是一个煤炭资源枯竭型城市，在产业转型中以发展旅游产业为突破口和新的经济增长点。为配合淮北市社会经济发展战略和城市转型战略的实施，加快淮北旅游产业的发展，打造淮海经济区著名的休闲旅游目的地。首先必须进行旅游发展战略策划。我们运用SWOT模型分析法进行淮北市旅游发展环境分析，并提出相应的发展战略方向。

表2-1 淮北市旅游发展SWOT分析模型

内部因素 外部因素	优势（S） 1. 区位条件较好 2. 旅游资源较有特色 3. 旅游环境容量巨大 4. 地方政府高度重视 5. 优越的人文环境	劣势（W） 1. 旅游景点小且很分散 2. 文化旅游缺乏载体 3. 交通等旅游基础设施落后，可进出性差 4. 旅游起步晚，且形象欠佳 5. 旅游经营管理与服务人才缺乏
机遇（O） 1. "新皖北旅游区"战略的出台与实施，旅游发展的大环境有利 2. 淮北城市发展转型 3. 产业结构的调整 4. 国家对资源枯竭型城市建设的政策和资金支持 5. 新兴旅游地、新旅游产品选择	SO战略方向 （抓住机遇，发挥优势） 充分利用发展机遇，发挥资源与区位的后发优势，在休闲旅游、文化旅游、城市旅游上大做文章	WO战略方向 （利用机遇，克服劣势） 利用旅游发展的机遇，加快景观连通度，搞好交通等旅游基础设施建设，塑造旅游形象，加强营销宣传
威胁（T） 1. 旧有煤城形象的消极印象 2. 周边旅游景区发展较快，空间竞争激烈 3. 邻近的红色旅游等同类旅游产品相互竞争 4. 湖泊水资源环境保护给旅游开发带来较大压力和难度	ST战略方向 （发挥优势，减少威胁） 发挥资源优势，打造特色产品，进行错位竞争，做好形象营销，加强旅游人才培养和环境保护	WT战略方向 （克服劣势，回避威胁） 实行超常规、跨越式发展战略，进行资源整合和形象突破，改善旅游交通，挖掘资源特色，打造异构特质产品，主打休闲旅游、文化旅游、城市旅游牌，与周边地区形成差异化竞争

2.7.2 区域分析法

区域分析法是战略性的、地域性的，它关注宏观的、全局的、地区与地区之间的关键性重大问题，强调策划要在各地区的实际条件和客观基础上因地制宜、扬长避短，突出不同区域特色。

区域分析法在旅游战略策划中主要体现在以下三个方面：一是把策划区域的旅游发展条件与周边进行比较，寻找比较优势和自己特色；二是从全局的高度判断策划对象在各个层面的旅游产业发展在社会经济发展中的地位和作用；三是重视区域竞争与合作。通过区域分析识别竞争对手与合作伙伴，从而有针对性地采取竞争策略与合作措施，提高旅游竞争力。

2.7.3 三重法

旅游策划实际就是对旅游"势""时""术"三要素的重视与巧妙运用。

（1）重势

"势"，是指形势。"势"的运用，就是对事物的情况或趋向的认识和谋略所处空间态势的把握。旅游策划应重视对"势"的妙用。

(2) 重时

"时",是指谋略根据形势的发展变化而决定运用的最佳时机,即对谋略所处时间的策划。旅游策划应重视对"时"的妙用。

(3) 重术

"术",是指谋略所采用的具体招数,"术"其实便是对谋略行使方式的策划。旅游策划应重视对"术"的妙用。

"势""时""术"三者相互关联,相互作用,缺一不可。缺"势",则英雄无用武之地;缺"时","不得其时,则蓬累而生";缺"术",则谋略需大打折扣,根本达不到目标。所以,任何一个优秀的旅游策划,都是"势""时""术"的巧妙运用。

2.7.4 三力法

对于旅游发展战略策划而言,最重要的要素是预见力、创新力和整合力。

(1) 预见力

预见力,即把握大势的能力。这是旅游战略策划的源泉。没有对旅游大势的预见和环境的把握,旅游战略策划就是无源之水和无本之木。

(2) 创新力

创新力,即理念创新的能力。创新是旅游发展战略的灵魂。创新的背后是理念,策划的最终意义在于改变人的观念。

(3) 整合力

整合力,即资源整合的能力。整合力是旅游发展战略策划的血脉。旅游发展战略策划应树立新的资源观,通过资源整合来深度开发资源,组织产品,树立品牌。

2.7.5 三看法

对于旅游发展战略策划而言,如同中医望诊,应会"看"。旅游发展战略策划主要有"三看"。

(1) 看大抓小

"大"是指项目所在区域的主导功能与发展格局。"小"是指策划对象即某一特定项目。"看大抓小"就是正确看待整体与部分的关系,从整个区域发展态势的高度来综合判断策划对象的功能定位、发展战略,高屋建瓴地策划具体项目。

(2) 看远抓近

"远"是远期发展前景,"近"是近期行动计划。"看远抓近"就是在准确预测发展前景的前提下提前做好相关准备工作。

(3) 看虚抓实

"虚"是指区域文化、文化品牌,"实"是指落地项目。旅游发展战略策划应巧妙地将区域文化底蕴注入旅游项目的开发和市场营销之中,从而获得化平凡为神奇的效果。

2.7.6 六定法

旅游战略策划核心旨在解决六个方面的战略问题,即定理念、定目标、定主题、定市场、定功能、定形象。

(1) 定理念

理念是理性化的想法或者理性化的看法和见解。在旅游战略策划中,发展理念的确定是必须要首要解决的战略问题。策划理念要先进。旅游战略策划中"定理念"就是在理性思考和分析全局的基础上,为整体旅游策划活动奠定理论的依据。

(2) 定目标

目标是对旅游发展战略及具体经营活动预期取得的主要成果的期望值。旅游战略策划中目标的设定,是旅游在既定的战略经营领域展开战略经营活动所要达到的水平的具体规定。

(3) 定主题

主题是对现实的观察、体验、分析、研究以及对客观环境的处理、提炼而得出的思想结晶,是事物发展变化所体现出来的主要形态。在旅游战略策划中,"定主题"解决的主要是旅游发展的中心思想问题,是对旅游发展业态和产品特色、品牌的界定与确立。

(4) 定市场

"定市场"是为产品确定目标市场。在旅游战略策划中,要根据自身的旅游资源情况和竞争对手现有产品在市场上所处的位置,针对游客对某类产品的某些特征或属性的重视程度,为自身的旅游产品确定细分市场,使产品在市场上确定适当的位置。

(5) 定功能

在旅游战略策划中,"定功能"就是依据自身的资源情况和潜在游客的需求赋予相关产品一定的功能属性,在突出产品性能的同时,以产品之间的差别作为定位的切入点。

(6) 定形象

形象对于旅游目的地来说,起着至关重要的展示和宣传作用,因而在旅游战略策划中,应根据前面的理念定位、主题定位、目标定位、功能定位、市场定位等,确定旅游目的地的具体形象。

2.8 旅游发展战略策划的常用战略

在旅游策划中,通常采用的战略有:旅游形象塑造与提升战略,旅游特色品牌战略,旅游差异化发展战略,旅游文化创意战略,旅游资源整合战略,旅游产业融合战略,旅游瓶颈消除战略,旅游市场细分战略、旅游保障体系实施战略等。

(1) 旅游形象塑造与提升战略

旅游目的地形象是吸引游客最关键的因素之一。只有深入了解旅游地的地脉、文脉,把握旅游地的优势,树立有吸引力的旅游地形象,才能保障稳定的客源。同样,形象所能产生的推动效应,对旅游地的发展起着至关重要的作用。旅游地只有站在一定的高度,通过在市场塑造一个良好、清晰的旅游形象,才能提升自己的价值,以此提高自身的竞争力。如曹诗图、乐后圣、王子夫等人在兴山县的昭君故里的旅游战略策划中,将昭君形象定位由"古代美女""民族友好使者"向"东方和平女神"形象提升,旨在让昭君文化在境界上予以提升,从而走向世界。又如,王衍用、曹诗图等人在淮北市旅游发展战略策划中将煤城淮北的旅游形象定位于"百湖相城,运河故里",也属于运用旅游形象提升战略。

(2) 旅游特色品牌战略

旅游景区品牌是指一个旅游景区由资源整合、内涵挖掘、主题提炼、形象包装、项目设计、市场营销、宣传推广等多种因素共同构成的一个具有相对的唯一性、垄断性、不可替代性,具有一定的品质与品位,能参与社会宣传与市场营销,能产生较大的旅游资源关注力与旅游市场吸引力,能达到较高的社会知名度与公众信誉度,能保持较长久的记忆传播与持续影响的对外招牌。旅游产品的竞争不只是风光美景、服务品质、宣传营销的竞争,更是文化的竞争、品牌的竞争。打造旅游特色品牌就是深挖旅游文化内涵的过程,是对旅游文化进行的挖掘、提炼、包装、营销的过程。旅游特色品牌战略就是在区域范围内选取能够提供并且可以满足客源市场欲望价值的旅游吸引物,通过品牌定位、品牌形象设计等手段形成独一无二的品牌识别和品牌特色。例如三亚的南山文化旅游区借"福如东海,寿比南山"这一祝寿吉语,将南山定位为"寿山",以寿文化为其特色品牌。

(3) 旅游差异化发展战略

旅游差异化发展战略是将旅游地提供的产品或服务差异化,形成一些在一定区域旅游产业范围中具有独特性的东西。差异化发展战略借助塑造产品的独特性,可以满足顾客的独特需求。实现差异化战略可以有许多方式。对旅游业来说,较为适合的差异化发展战略是指通过塑造产品或服务的独特性,以造成相对于竞争者的有利差异,来获得竞争优势。此种差异可由产品设计、品牌形象、技术、产品特性、分销渠道或顾客服务等来实现。

(4) 旅游文化创意战略

旅游产品是以文化为灵魂的,没有文化的旅游产品,是缺少生命活力的产品。所以文化创意是丰富旅游产品和精致旅游产品的主要途径。"文化是旅游的灵魂,策划让灵魂闪光",旅游文化创意战略主要解决旅游地文化资源的挖掘利用、文化开发方向的确定、文化主题的定位、文化内容的组织及文化形象的设计等问题,是通过策划方案让文化鲜活。文化创意是客观性资源从资源化为产品的重要手段。例如,《印象刘三姐》《神游华夏》等文化旅游产品的打造就属于旅游文化创意战略。

(5) 旅游资源整合战略

旅游资源整合是指将某一特定区域作为一个相对独立的整体,根据区域内和周边地区的旅游资源、交通条件、地理位置,按照旅游经济活动的特点和规律,全面安排旅游资源的开发、设施的建设和旅游商品的生产与供应,其目的是为了优势互补、共谋发展。如根据三门峡市的区位条件、旅游资源分布及产业现状,考虑各旅游区发展的可能预期和旅游市场培育及营销效果,统筹区域旅游产业的发展和形成具有不同层面影响力与竞争力的旅游产品体系,实施"点轴驱动、集群开发、重点突破"的发展思路,使三门峡市产业由点状分布向点、线结合、网络互动集群式布局转变。

(6) 旅游产业融合战略

产业融合是指不同产业或同一产业的不同行业在技术与制度创新的基础上相互渗透、相互交叉,最终融合为一体,逐步形成新型产业形态的动态发展过程。旅游产业本身具有涉及面广、关联性强、包容性大的特点,决定了旅游产业更容易与其他产业融合,形成一种新的经济增长机制,从而促进旅游业及相关产业共同发展。例如:山东省是个经济大省,也是文化大省,在经济文化强省建设中,要把文化旅游产业做大、做强、做优,实现创新性融合发展,必须进一步进行战略优化和整合。这是因为,在文化与经济相互交融的过程中,产业发展的总体新趋势是组合、结合、联合、融合及整合,基本特点是一个"合"字。

(7) 旅游瓶颈消除战略

旅游瓶颈是指制约旅游发展的一系列因素。例如长江三峡西起重庆市奉节白帝城,东至湖北省宜昌南津关,较长一段时期旅游各自为政,区域合作问题成为三峡旅游发展的瓶颈。自开展合作以来,三峡旅游的品牌、内涵得到提升,消除了瓶颈,使三峡旅游蒸蒸日上。

(8) 旅游市场细分战略

旅游市场细分是旅游景区(点)、企业按一定的细分变数,把市场划分为若干个具有不同需求的消费者群,针对性包装旅游产品、调整营销策略,通过有效地推介宣传,达到目标市场的销售目的。旅游市场细分的关键是市场细分变数,就是按照旅游市场的特征及其发展的客观要求细分旅游市场的标准和指标,归纳起来主要有地理、心理、购买行为和人口四类变数。市场细分主要依据:划分旅游市场应该遵循旅游地社会文化背景,按照旅游者需求的变化不断调整旅游细分市场和开辟新的旅游市场。

(9) 旅游保障体系实施战略

旅游保障体系主要包括政策保障体系、市场保障体系、财政保障体系、人力资源保障体系、环境生态保障体系和危机管理保障体系等方面。为了促进区域旅游可持续发展,需要从战略层面对上述保障体系进行策划或规划。

【案例分析】

横岗山旅游景区旅游发展战略策划

横岗山位于湖北省蕲春、武穴交界处,古为"匡山"的一部分,与庐山合称"匡庐",素有"匡庐奇秀甲天下"之美誉。横岗山重峦叠嶂,宛如龙卧其巅,故名"横岗"。最高峰一尖山海拔1064m,为武穴市最高点。素有"鄂东屏障"之称。横岗山茂林修竹,郁郁葱葱,隋唐开山,寺庙林立,景点多而集中,"横岗笔翠"为古十景之一。景区内空气清新,气候凉爽,空气湿度较附近庐山低,气候舒适度更佳。横岗山以它壮丽的森林整体景观,秀丽的自然风光和其悠久的宗教渊源、人文胜迹,壮观的寺庙建筑,优越的地理、交通位置,造就了它特有的旅游资源优势。横岗山是兼具避暑度假、休闲疗养、朝觐旅游、文化旅游、科普旅游多种功能的旅游地。无论是自然还是人文可与庐山媲美，故有"吴有匡庐，楚有横岗"之说。

横岗山旅游景区可实施如下旅游发展战略：

特色品牌战略——以横岗山优越的生态环境和宗教文化、名人文化等为依托，主攻银发市场(建设健康养老旅游基地)、白领市场(建设亚健康修复旅游基地)，结合宗教文化，做到身心俱养，打造文化休闲、养生度假特色旅游品牌。

文化创意战略——以"文化是旅游的灵魂"和"诗意栖居"理念为统领，以宗教文化、名人文化、茶文化、诗歌文化、吴楚文化、休闲文化为题材创意，以楚天书院建设为依托，策划楚天旅游文化高峰论坛项目，打造全国著名的旅游文化书院。以梅川水库为依托，以"花月文化"为体题材，创新休闲度假内容和旅游演艺文化。

细分市场战略——以匡山书院、一尖山庄、爱晚别业、回春精舍、鲍照诗社、陶潜田园、梅川水库等为依托，以银发市场和文人雅士市场为专攻，打造湖北"爱晚旅游工程"和白领阶层休闲度假旅游品牌。

产业融合战略——将旅游业与农业(茶叶种植、蔬菜种植、水产养殖)、林业(竹木资源)、文化产业(当前最具发展潜力与竞争力的产业)、养老产业(未来最大的社会服务事业)、健康服务产业(健康服务产业是国际上公认的"财富第五波")等有机融合，形成旅游产业链和旅游集群。

【思考题】

1. 如何解读战略？
2. 试述旅游发展战略策划的概念。
3. 试对你熟悉的旅游区域进行发展战略条件分析。
4. 说明旅游发展战略策划的思想方法。
5. 你如何理解"运筹帷幄"这句话在旅游战略策划中的含义？

【案例分析】

湖北省宜昌市旅游发展战略策划(2005—2025年)纲要

第一部分"基础分析"。包括旅游业发展背景，旅游业发展态势分析，旅游资源评价，旅游市场分析等。

旅游策划背景：宜昌市面临中国旅游进入黄金发展时期，三峡旅游空间格局发生新的变化，湖北省旅游发展战略重点调整，宜昌市第三次党代会提出的建设"世界水电旅游名城"的战略目标等众多外部发展机遇与变革，需要重新调整旅游业发展总体规划，以动态的观点和广阔的视野指导旅游业的发展。

第二部分"目标战略"。包括目标与定位、总体战略。

总体目标：将宜昌建设成三峡旅游最佳旅游目的地城市、中国最佳(观光)旅游城市和国际知名旅游城市、世界水电旅游名城。具体分为近期(2005—2010年)、中期(2011—2015年)、远期(2016—2025年)3个阶段实施。

总体战略：产品综合化战略、服务国际化战略、品牌个性化战略、大旅游产业(化)带动战略、城市游憩化战略、区域一体化战略。

　　第三部分"分项规划"。包括旅游空间结构与功能布局、旅游形象策划、旅游产品规划、市场营销规划。

　　旅游空间结构：一极（包括宜昌都市旅游核心区和宜昌环城休闲游憩带两个空间层次）；三轴（宜昌长江三峡旅游发展轴、宜昌清江旅游发展轴、宜昌三国文化旅游发展轴）；六区（都市观光旅游片区、长江三峡高峡平湖旅游片区、"两坝一峡"旅游片区、当阳－远安三国文化－丹霞山水旅游片区、清江民俗风情与生态旅游片区、香溪屈原－昭君－神农旅游片区）。

　　旅游形象：三峡明珠，世界电都；或世界水电旅游名城。

　　旅游产品策划：八大旅游产品组团（都市观光旅游产品组团、长江三峡高峡平湖旅游产品组团、"两坝一峡"旅游产品组团、三国文化观光旅游产品组团、清江民俗风情体验旅游产品组团、香溪文化生态观光旅游产品组团、五峰生态旅游产品组团、当阳－远安丹霞山水休闲度假旅游产品组团），三大核心旅游品牌（金色三峡国家地质公园生态科考旅游、银色大坝生态观光旅游、绿色宜昌都市观光旅游），七大精品旅游路线（高峡平湖三峡精华游、环坝双神游、"两坝一峡"游、清江风情游、三国遗迹游、屈原－昭君－神农游、宜昌都市游）。

　　市场营销策划：海外市场（重点市场是美英德客源市场，拓展市场是中国港澳台及国外日韩和东南亚客源市场）；国内市场（重点市场是湖北及周边省市客源市场——重庆、四川、湖南、河南，拓展市场是京津唐、长江三角洲和珠江三角洲等经济发达地区）。

　　第四部分"大旅游产业发展策划"。包括旅游业与相关产业（如农业、工业、商业、交通运输业、城市建设事业、文化产业、教育事业等）的整合、统筹发展，发挥旅游业在优化产业结构和构建和谐社会中的重要作用。

【案例思考题】

　　1. 查阅有关宜昌市旅游的资料，试对宜昌市旅游发展战略策划（2005—2025年）纲要进行简要评价。

　　2. 宜昌市旅游发展战略策划的重点应是什么？应重点解决什么问题？

第3章 旅游形象策划

【本章概要】

　　本章阐述了旅游形象和旅游形象策划的概念；说明了旅游形象策划的组成，其中包括 MIS、BIS 和 VIS 三个子系统，即理念识别系统、视觉识别系统、行为识别系统；论述了文脉与旅游形象策划的关系，旅游形象的营销传播；重点介绍了旅游地形象策划与旅游企业形象策划实务工作内容，并附有典型案例供学生学习。

【教学目标】

　　掌握旅游形象和旅游形象策划的概念，旅游形象策划的组成；了解文脉与旅游形象策划的关系，旅游形象的营销传播；熟悉旅游地形象策划与旅游企业形象策划实务工作内容。

【关键性术语】

　　旅游形象；CIS；CI 策划；理念识别；行为识别；视觉识别；文脉

3.1 旅游形象和旅游形象策划的概念

　　(1) 旅游形象

　　旅游地形象是旅游者对某一旅游地的总体认识与评价，它是旅游地对客源市场产生吸引力的关键，是旅游地的象征，旅游目的地之间的竞争在很大程度上是形象的竞争。

　　旅游形象是旅游地各种要素在公众心目中的综合认知印象，即综合旅游形象。

　　旅游形象要素包括了各种旅游产品的内容、品质、外貌、设施、服务、大环境等。它们构成一种综合旅游信息供游客认知。其中质量、级别、知名度、影响力、最具有垄断性与特殊性的项目(可以是区域性、全国性、世界性的特殊与垄断)，是其形象的主体内容即主体形象。

　　旅游产品的不可移动性，决定了旅游产品要靠形象的传播，使其为潜在的旅游者所认识，从而产生旅游动机，并最终实现出游计划。

　　(2) 旅游形象策划

　　信息时代是"注意力经济"。在这种时代背景下，形象也是生产力，更是核心竞争力。旅游形象是吸引游客的关键。旅游者在选择旅游地和旅游决策时，除了考虑旅游产品、距离、时间、交通方式和旅行成本等因素外，还非常重视旅游地的感知形象这一吸引因素。任何旅游地只有形成统一而鲜明的旅游形象，才能有效吸引并保持稳定的客源。而旅游形象设计则可以使旅游地政府与公众对本地的旅游资源优势、旅游产品的定位和发展目标有更清楚的认识，并有效地提高旅游地的知名度与美誉度，从而使该旅游地更具有市场竞争力。

旅游形象策划是在旅游地形象的传统意义的认识基础上，受企业形象策划的启发以及旅游开发的推动等因素作用而产生并成长起来的。旅游形象策划是对某旅游地的形象进行创意性的系统谋划。形象就是名片，口碑就是生命。如果说旅游形象是旅游景区的"名片"，那么旅游形象策划就是精心制作旅游景区(或旅游企业)的"名片"。

旅游形象必须首先来自于视觉景观形象。旅游点的视觉景观形象经历了传统的隐含性视觉景观形象(如导游解说等)、过渡期的招徕性视觉景观形象(如路牌广告、牌坊式大门景等)、目前的行销性视觉景观形象(如有创意的旅游点设计、富有特色的开放式门景、标志性景观、演艺活动、旅游节庆等)3个发展阶段。

成功的旅游形象策划应以地理、文化、市场等为依据，突出地域特色，把握历史文脉，紧跟时代潮流，具有鲜明个性。

3.2 旅游形象策划的内容构架

(1)理念基础(mind indentity，MI)

MI主要体现的是一种价值观念、独特精神，它是旅游形象策划的基础、核心和灵魂。旅游形象策划必须建立在广泛而深刻的理念分析基础上，并来自于对"地脉""文脉""商脉"的把握，即对旅游产品所在地的地理背景(包括自然地理、人文地理)和历史文化以及市场进行分析。通过对旅游景区(点)的理念分析，形成对旅游产品准确而清晰的认识，并进一步确立用以表达和传播旅游地形象的主题和宣传口号。

理念可分为一、二两级。一级理念是将重点放在向旅游者传递一种旅游地能够带来的氛围和感觉，即能够给旅游者带来的核心价值(如三峡车溪的旅游形象"梦里老家"，旨在给旅游者带来的重拾童趣、返璞归真等核心价值)。文字表述上应简洁易懂，形象生动，易读易记，并富有诗情画意。旅游总体形象或主题形象的语言表述要仔细推敲，千锤百炼，做到语不惊人誓不休，词不震撼不出手。为了取得好的传播效果，可以采用文字和图片相结合的方式。一级理念一般可以作为旅游地的总体形象或主题表达。二级理念则根据旅游地不同层面或区段的特征(历史、地理、文化、景物等)分别作为主题，与目标市场所接受的特点相结合，进行有针对性的具体的阐述，将旅游地系统完整地呈现在旅游者面前，对一级理念进行全方位支撑。例如，江苏省旅游形象策划，一级理念确定为"梦江南"；二级理念确定时根据江苏旅游资源多元化的特点，运用一套完整的组合文字进行系统表述，如山水——湖光山色，烟波佳境，梦萦水乡；园林——烟雨楼台，甲秀天下，梦中田园；街道与交通——长街短巷，小橹轻摇，梦境之旅；物产——巧秀精美，浓郁醇和，梦织云烟；文化——汉唐神韵，吴越遗风，梦牵神州。

理念可用旅游宣传口号的形式表示。旅游形象宣传口号是旅游形象营销传播的重要形式之一。旅游形象宣传口号一般要求如下：

总括　旅游形象宣传口号高度概括和浓缩旅游地的资源和产品特色，充分展示和体现旅游地鲜明的旅游形象。

艺术　旅游形象宣传口号要注意运用美学手法，进行艺术加工尤其是适当的艺术抽象，使之源自现实又高于现实，以营造引人入胜、心驰神往的意境，使人产生优美的联想；口号要体现文化韵味，生动形象。

简洁　宣传口号要简洁，绝无赘语。并在艺术化的基础上，形成优美的韵律，让人读来朗朗上口，易于理解、记忆，便利传播。

一致　要形成动态的、具有延续性的系列宣传口号，不宜盲目追求一次到位和一劳永逸；以行政区而言，在整体宣传口号的统领下，各地（或各景区）要结合实际，筹划形成各具特色的促销口号。最终形成一个层次鲜明、上下衔接、互为补充、彼此诠释的旅游宣传口号体系。

点题　旅游形象宣传口号要注意突出主题，即特色鲜明、优势突出，产生画龙点睛的效果，不能含糊其辞，模棱两可。要通过"点题"，促动人们对本地旅游业的联想，并在客源市场上形成牢靠的形象定位，真正达到过目不忘、深入人心。

我国不少旅游形象口号的策划比较出色。例如：万里长城——不到长城非好汉；黄山——感受黄山，天下无山；九寨沟——童话世界，人间天堂；锦绣中华——一步跨进历史，一日畅游中国；世界之窗——您给我一天时间，我给您一个世界；宋城——给我一天，还你千年；苏州乐园——迪斯尼太远，去苏州乐园；武当山——问道武当山，养生太极湖；常熟——江南福地，常来常熟；山西——晋善晋美。又如，曹诗图建议湖北恩施土家族苗族自治州的旅游形象宣传围绕"山水王国·仙居乐园"的旅游主题形象推出"十二个一"（一江一溪、一洞一谷、一瀑一树、一址一窟、一寨一城、一歌一舞）的旅游形象系列宣传口号："一条山水奇美的清江河，一条纤夫歌吟的神农溪；一个撼人心魄的腾龙洞，一段鬼斧神工的大峡谷；一处中国之最的大瀑布，一棵世界之冠的水杉王；一处改写历史的古遗址，一处史越千年的古石窟；一处诗意栖居的土家寨，一座文化地标的土司城；一曲享誉世界的龙船调，一台巴风土韵的摆手舞"。这样的系列宣传口号无疑具有很大的旅游感召力。

目前旅游景区宣传口号存在的普遍问题是：标榜吹嘘，肆意魅化景区形象；空洞含糊，不能体现旅游地风貌；目光凝滞，偏于单一景区定位；攀移附会，自我淡化旅游地个性；牵强冗赘，盲目罗列景区资源。

(2) 行为准则（behavior indentity，BI）

旅游地的行为活动是游客感知印象的重要来源，需要对旅游地的行为活动进行策划。旅游地的行为活动主要表现为3个方面：①对内的员工管理行为；②面对旅游者的活动参与和旅游服务行为；③对外的社会公益行为。行为准则（BI）就是反映理念基础（MI）及其主题口号并渗透在以上3个方面的行为规范及规章制度。

(3) 视觉形象（vision indentity，VI）

根据心理学的研究，人类接受外界刺激所获得的"信息"，由视觉器官获得的占所有感觉到(听、味、嗅、触、视觉)的83%左右,而且由视觉器官所归集的信息在人类记忆库中具有较高的回忆值。因此,发展视觉传播媒体,开发符号化、标志化的视觉设计系统,是传达精神理念、建立知名度和塑造形象的最有效方法。VI设计在旅游形象策划与设计中占有特别显著的位置。

旅游视觉形象策划与设计主要包括景点造型(如门景等)及其标志(品牌标徽)、标准字、标准色的赋予,广告牌及宣传口号的展示,景区或企业员工的统一服装和视觉性规范行为。标志符号系统设计的原则是体现地方特色、简练、艺术性强、识别度高(图3-1)。

图3-1　旅游徽标设计实例

MI、BI、VI三者之间有机联系,关系密切。打个形象的比喻,MI好比旅游景点(或旅游企业)的"心",BI好比旅游景点(或旅游企业)的"手",VI好比旅游景点(或旅游企业)的"脸",三者相互依存,连为一体。在设计时序上,通常是先MI,后BI,再VI。

3.3　文脉与旅游形象策划的关系

旅游形象策划就是"把脉"和"找魂"。具体来讲,就是要把握好地脉(地理根据)、文脉(文化根据)和商脉(市场根据或卖点)。其中地脉是基础、文脉是灵魂,商脉是核心。在旅游策划中,相对而言,文脉比较难于把握。这里重点介绍文脉在旅游策划中的挖掘、提炼、把握与应用。

所谓文脉,即文化脉络,指旅游区的地域环境特征和在这一环境中形成并发展着的历史文化传统和社会心理积淀,它是旅游地独特个性的内蕴。简单地说,文脉是一个地域(城市、风景区等)的地域文化背景和文化根据。广义的文脉包括地域环境、文化氛围、历史脉承以及社会人文背景。文脉蕴涵于旅游的整个过程中，犹如水中之盐，处处能为旅游者所品味和体验。在提升旅游的文化价值过程时，应从历史文化、地域文化中汲取营养和精髓，分析长期文化积累形成的文化特色，把握旅游的文化内涵，这样才能达到继承传统、延续历史和开拓创新的统一，充分体现文脉继承在时间和空间上的延续性。准确地把握和分析一个地域的文脉的旅游吸引力，从而确定开发主题，进而对主题进行深化，挑选适当的项目加以组装。这是旅游策划的一条重要思路。

文脉的发掘、提炼是一个艰难而痛苦的思维过程，它需要付出艰苦而创造性的脑力劳动。难怪策划专家王志纲曾经说："策划是下地狱的活儿，是挑战智慧极限的活儿。"

一个地方的文脉一般有多条，有主有次，有强有弱，旅游项目的主题应当尽量反映最强的文脉。

文脉分析与旅游目的地或景区项目开发的主题联系紧密，而主题的突出与否直接影响旅游目的地或景区形象的鲜明程度，所以文脉的提炼可以使旅游项目发展成为旅游目的地、景区（或其他旅游企业）旅游形象的标志，增强市场竞争力和旅游长久吸引力。如美国迪斯尼乐园成功的根本原因在于它扣住了美国这个崇尚自由、张扬个性、爱好冒险和幻想的国家文脉，因而成为美国或美国精神的象征。

文脉分析提炼与展现的核心是"因地制宜"，强化地方独有的特色。从文脉与旅游项目开发的关系出发，旅游项目策划具体有 3 种方法：①协调。与文脉相协调，可以使旅游策划顺理成章地具有地方特色；②突破。能在地方特色不明显、具有一定普遍性的旅游地形成出奇制胜的景点。但这需要创造性思维和冒一定的风险；③协调与突破相结合。如北京开发世界公园表面是突破文脉，深层上则是扣住了北京作为中国对外交往中心的文脉和许多北京人想出国看看的旅游需求。

在旅游项目建设决策中，投资商往往根据个人偏好确定建设主题，忽视地区文脉或误解地区文脉将会自食苦果。例如，宜昌建设"三峡集锦"人造景观表面上是扣住文脉，深层上则是背离了文脉——真景面前不能造假景，三峡人不会看假三峡。文脉在某种角度上可以理解为一种"文化根据"（含人的行为）。因此，文脉的旅游开发上应防止"阴影效应"和"真景面前造假景"（如三峡集锦等微缩景观建设的失败教训）。如民俗旅游资源开发（建民俗文化村）上，不宜采取"原地浓缩式"（弊端是真景面前造假景，令游客自然形成真假对比、产生心理落差），而应采用"原生自然式"开发（如精选代表性的村落，适当包装后推向市场，不但投资少，成功的可能性更大）。

文脉发掘利用还有一个开发深度问题，如对海洋文明的旅游开发，可依循海洋奥秘—海洋文化—海洋产业等层次进行深度递进式开发。

综上所述，旅游形象策划来自于企业识别系统（CIS）的设计，是一种对新旅游点开发策划和对老旅游点形象包装的有效方法。它首先通过对旅游点所在地域的义脉分析，辨别其文脉类别是具有鲜明的地方特色还是属于普遍性的特征，然后通过协调文脉、突破文脉或者协调与突破相结合的方法，建立旅游产品的理念基础（MI），进一步提炼浓缩为主题性宣传口号；其次，通过管理行为、服务行为和公关行为的设计，形成相应的活动行为准则(BI);最后,将旅游徽标、标准字体、标准色、吉祥物等赋予旅游者和社会公众视觉所及之处,形成系列、重复出现的视觉形象(VI)。如此,由MI、BI和VI构成旅游形象策划的体系(CIS),再通过客源市场的公众识别、旅游形象的定位方法、大众广告传媒、市场营销渠道、社会公关活动等,为旅游点导入CI,实现旅游CI战略,建立具有知名度、美誉度、信任度和重游期望以及具有较强市场竞争力的旅游品牌。

3.4 旅游地形象策划实务工作

3.4.1 实态调查(形象诊断)

(1)形象要素分析

形象要素分析的内容:基础分析、旅游文化分析、旅游设施分析、旅游大环境分析、旅游经营分析、理念与行为规范调查、视觉识别系统调查、标识设计、宣传口号、形象推广调查等。

形象要素分析的步骤:形象要素分析→特色品质综合→综合性与个性分析→主体品牌抽象。

(2)员工调查

员工心目中的旅游形象是员工对旅游单位(企业)整体的印象和评价。分析员工心目中的形象,有助于帮助员工产生荣誉感、归属感和责任感,增强认同感和执行理念、规范的自觉性。

员工调查内容包括开发与建设评价、旅游吸引因子评价、对旅游标识系统的评价、作为本单位员工的感觉评价、对自己的服务和工作表现评价、对企业理念文化和行为规范的评价等。

(3)受众分析

受众是指接受传播信息的大众。

受众分析内容包括游客规模、客源市场空间结构、客源市场时间分配、出游方式、获取信息的渠道、出游目的、游览前后的评价、对开发建设及其旅游条件的评价、旅游服务及价格评价、总体形象评价等。

(4)形象综合诊断

在前面几项工作的基础上对旅游目的地、景区(或其他旅游企业)的旅游形象进行综合分析与诊断,找准问题的原因,为后面的工作打下基础。

3.4.2 旅游地形象策划

旅游地形象策划以旅游产品品质和精神理念为核心,向行为规范与视觉识别辐射扩散,三者构成一个有机整体。

(1)CI策划与设计的原则

客观性原则 应该在特定的时代、区域和社会经济背景下进行策划、设计,注重实态调查,实事求是和可行性是第一性的。

系统性原则 旅游地形象是多种形象要素的综合体,包括内在的和外在的、精神的和物质的、无形的和有形的、静态的和动态的多个方面。因而形象设计必须反映其作为一个整体所具有的特征。

独特性原则(唯一性原则) 独特性产生差异性,差异性产生吸引力,形象设计贵在个性化。塑造个性就是塑造名牌形象。如云南的旅游形象"彩云之南·万绿之宗"、海南的"椰风海韵"等就具有独特性甚至唯一性。

排他性原则(垄断性原则) 为某一旅游地策划的旅游形象,应追求排他性、垄断性的效果,以使别人无法照搬和克隆。遗憾的是,我们的许多旅游地的旅游形象都差不多。

战略性原则 旅游系统是动态的,而旅游形象是相对稳定的。因而旅游形象的设计要有战略眼光,是创造未来的设计。

冲击性原则(感召性原则) 旅游形象设计,无论是文字还是图像都要追求视觉冲击力、心理震撼力和行为感召力。宣传口号要大气磅礴、优美生动。

主题性原则 主题是旅游形象策划的立意起点。旅游主题在旅游形象策划的二级理念和宣传口号的确定时,非常重要。因为,离开了旅游主题,旅游的各个系统便失去了中心,容易成为一盘散沙,而且也容易丧失特色。

审美性原则(艺术性原则) 审美体验是旅游的本质之一。一项好的旅游形象策划应满足游客的审美心理需要,无论是整体形象的定位,还是视觉形象设计、行为形象设计、理念识别设计,都要符合美的要求,讲究艺术性。

此外,旅游地形象设计还应遵循积极健康的原则和普遍接受的原则。

(2)CI策划与设计的依据

地域环境 如王衍用在对成都市旅游形象策划时,将旅游形象主题定为:"休闲之都"。定位的依据主要是地域环境:一是休闲资源丰富;二是成都的休闲历史由来已久,成都位于天府之国成都平原,物产富饶、气候适宜,历史上又没有战乱之苦,故成都人养成了享受自然、享受文化、享受人生的生活习惯;三是成都人的休闲生活丰富多彩,如"四川"(川菜、川酒、川茶、川戏)、两蜀(蜀锦、蜀绣)、名小吃、摆龙门阵、郊野休闲旅游等;四是休闲的氛围十分浓郁,休闲是所有成都人的习惯,是生活中的一个重要组成部分,且休闲场所数量众多。休闲是21世纪人类共同需求的行为,推出"休闲之都"的旅游形象,打出跟成都人学享受生活、享受人生的口号,意义重要。"休闲之都"概括性强,颇具地域特色,并具有一定的垄断性。

公众意愿 形象工程的实施是一项涉及广泛的公众行为,其设计过程必须有公众参与,使广大的旅游者和社区居民认同,不仅仅代表地方官员和专家的意志、观点。如《宜昌市旅游发展总体规划(2005—2025年)》"征求市民意见稿"就在《宜昌日报》2005年11月29日第2版刊载,其中第4部分为"旅游形象"。

领导意愿 领导的意愿与见解以及相关职能部门、企事业机构有关文献资料是旅游地形象策划的重要的依据之一。

专家态度 专家态度往往是理论与实际结合、超脱区域局限和地方本位的理智态度。

市场依据 旅游形象对内应该反映市民的认可度，对外应该反映异地公众（游客）对旅游地的认知程度和心理倾向。

(3) 旅游形象定位方法与策略

旅游形象定位是将旅游形象排到合适位置和一个更高的层序上，以寻求理想的传播效果。旅游形象定位不只是给旅游景区或旅游企业贴上一个美丽的标签，而是如何用科学的方法论把握旅游的发展规律，如何在动态的环境中真正寻找到既符合旅游景区或旅游企业个性，又有着无限前景的发展坐标。旅游形象比一般商品的形象更加难以形成，但也更加鲜明而稳定。

① 常用的旅游形象定位的方法

资源描述法 如"神奇江山，浪漫楚风"（湖北）。

整合提升法 如"活力广东"。

利益引导法 如"好客山东"。

产品主导法 如"绝色林海，养生仙山"（大老岭）。

再生重塑法 如"魅力新三峡"；"中国凉都"（六盘水）。

② 常用的旅游形象定位的策略

领先定位 适用于独一无二或无法替代的旅游资源，如："天下第一山"（张家界），"天下第一瀑"（黄果树瀑布），"天下第一坑"（小寨天坑）。这也就是"先声夺人"，即你把"海口"夸出来了，一炮打响了，形成概念了，人们将沿着你的思路走，最终人们走的结果发现你说的和事实相吻合，自然就会口碑相传。但这种方法的应用要谨慎，注意实事求是。

比附定位 避开第一位，抢占第二位。例如，海南——东方夏威夷，银川——塞上江南，惠山泉——天下第二泉，柴埠溪——袖珍张家界，等等。运用比附定位方法一定要寻找鲜明的品牌价值更高的对象进行比附，否则是"给他人作嫁衣裳"，而且两者之间的资源和产品特色一定要有相似性，不要给人"风马牛不相及"的印象，同时要尽量突出自身的某种优势，这样才使定位的形象更具吸引力，如苏州乐园"去迪斯尼太远，来苏州乐园"的形象定位及宣传口号曾获较高评价。

逆向定位 强调并宣传的对象是消费者心目中第一位形象的对立面的定位。采用逆向思维，进行反向定位。例如，"野生动物园"是"圈养动物园"的对立面。又如，将六盘水定位于"中国凉都"，将淮北定位于"百湖相城"等。

空隙定位 即树立与众不同的主题形象。例如，张贤亮开发经营华夏西部影视城，将其旅游形象的理念定位于"出卖荒凉"。

重新定位 即再定位，用新形象替换旧形象。例如，三峡大坝蓄水后，将三峡旅游形象定位为"魅力新三峡"。这种定位方法，对于某些旅游景区的复兴和拓展比较适合。

(4) 旅游形象策划中的"术"

旅游形象策划中的战术方法很多，最主要的是合理定位，出奇制胜，以人为本，文化为魂。如山西的旅游形象定位为"晋善晋美"；常熟的旅游形象定位为"江南福地，常来常熟"。

此外，还有地格定位（突出"地脉＋文脉"组成的地方特征，如湖北的旅游形象定位为"神奇江山，浪漫楚风"）、市场定位（把握商脉）等策略。

目前旅游形象定位中普遍存在的一个突出问题是缺乏旅游特色，与区域形象混淆。

3.4.3　旅游地形象推广

(1) 形象推广战略

第一阶段：增强意识，即经过宣传，在客源地形成影响，意识由浅至深。

第二阶段：增强兴趣，即宣传具体化，发挥视觉识别系统的作用，促使潜在的游客从被动转为主动。

第三阶段：推动决策，即旅游地形象已被潜在游客接受，推动其形成决策，应介绍如何实施旅游行为的问题。

上述3个阶段是相互联系并可能重叠的。同时市场定位要内外兼顾，首先巩固门槛市场，逐步向外围潜在市场推进。

(2) 形象推广策略

一般化策略　形象推广的一般化策略是无明确受众的信息传播策略。主要策略是：①公共关系；②媒体与网络传播；③非旅游信息传播。

差异化策略　从旅游者的市场需求角度划分动机、行为、购买力特点相似和不相似的消费人群，针对某一特定细分市场提出营销策略，以期在潜在购买者的心目中对自己的产品形成明确的地位。主要策略是：①针对不同客源地的推广；②针对以散客为主的推广（价格策略、服务策略、渠道策略）；③针对旅游地功能和旅游流特征的推广。

3.5　旅游企业形象策划

3.5.1　旅游企业导入 CIS 的目的

旅游企业通过 CIS 设计来塑造独特的、鲜明的旅游企业形象，使公众对旅游企业产生一致的评价和认同，从而有效地、快速地传播旅游企业信息，增强旅游企业整体竞争力。导入 CIS 后，会使旅游企业从深层的旅游企业理念到表层的旅游企业标识都发生积极性的改变，从而确立旅游企业的主体性和统一性，并通过有效、快速的旅游企业信息传播，全面提升旅游企业形象。旅游企业形象的设计可按照一般旅游企业的 CIS 方法进行运作。旅游企业导入 CIS 的目的如下。

(1) 提升旅游企业形象，塑造旅游品牌

旅游是一种涉及吃、住、行、游、购、娱等多个部门、多种服务的活动，旅游企业便是经营上述业务的经济实体，主要包括旅游景区、旅行社、饭店宾馆、航空公司、旅游车船公司、旅游商店、旅游购物中心、娱乐中心等。旅游者在旅游过程中，与旅游企业发生着直接而密切的关系，旅游企业的服务态度、服务质量、服务水平、服务风格等，都对旅游者的消费行为产生重要的影响，同时，旅游者对旅游企业营销行为的满意程度也影响着他们对旅游企业营销形象的真实评价。现代旅游业的发展中旅游形象的地位与作用日益突出，旅游形象战略已成为区域旅游发展的新思路、新措施、新工具。中国的旅游企业实施 CI 形象战略，是参与国际市场竞争的需要，也是建立中国旅游管理品牌的需要。

CIS 作为旅游企业形象策划与旅游企业形象战略，其导入最主要的目的是塑造良好的、统一的旅游企业形象，提升旅游企业知名度和美誉度，并起到加速推进作用。所谓旅游企业形象，就是社会公众对旅游企业的总体、概括的认识和评价。良好的旅游企业形象是旅游企业一项重要的无形资产，它已成为旅游企业核心的竞争力之一。目前，旅游企业之间的竞争已由旅游产品竞争、旅游推销竞争、旅游市场营销竞争发展到旅游形象竞争的时代，采取适宜的旅游企业形象战略，塑造良好的旅游企业形象，在旅游企业发展中起着至关重要的作用。良好的旅游企业形象有助于旅游企业的产品和服务赢得顾客的信任，有助于增强旅游企业的凝聚力和吸引力，有助于旅游企业获得社会各界的支持以及政府部门的重视和帮助，有助于旅游企业在竞争中赢得优势等。

(2) 确立并明确旅游企业的理念

所谓"旅游企业理念"，即旅游企业的同一性或自我的一致性，也就是把自我和他物区别清楚，并保持一贯的自我主张。如果旅游企业名称、标志不能表现旅游企业的特性，传达的含义与旅游企业的产品、服务理念相差甚远，或者群体成员对旅游企业的信念、价值、目标认识不一致，内部成员（旅游企业）不能相互沟通与认同，成员对旅游企业缺乏向心力等，那么旅游企业就缺乏"统一性"，亦即自我不一致。这样的旅游企业就无法进行有效的信息传递活动，旅游企业形象呈分散、割裂、模糊的状态。

CIS 中的"identity"即含有个性、认同、同一性等含义，CIS 的原则之一就是统一性。因此，确立并明确旅游企业的理念是导入 CIS 的重要目的。CIS 通过统一旅游企业文化理念，进而统一旅游企业行为规范和视觉识别，来明确旅游企业的主体个性和同一性，来强化旅游企业的存在价值，提高旅游企业成员对旅游企业的认同感、归属感和忠诚度，增强旅游企业的凝聚力和向心力，激励士气。确立旅游企业的理念也是塑造良好统一的旅游企业形象、进行有效旅游企业信息传播的基础。

(3) 有效传递旅游企业信息

CIS 的对外传播功能也是旅游企业形象的传播过程。旅游企业与社会公众之间信息传递和沟通广泛，旅游企业内部可向外部传递的信息很多，不同部门向外传递的信息的侧重点、途径和方法各不相同，社会公众接收旅游企业信息的来源也各不相同，如果缺乏完整、统一的识别系统，很容易使旅游企业形象支离破碎。因此，对旅游企业信息的传递必须有统一而系统的计划、安排，以统一的形式表现出来，以便于增强信息的可信度和识别性，塑造一致的旅游企业形象，使社会公众对旅游企业产生认同感和信任感。同时，旅游企业信息和旅游企业形象的传递必须保证效率和效果。CIS 正是满足这些要求的最佳的信息传播途径和手段，它能够保证信息传播的统一化、规范化、系统化、程序化，并使传播更经济、有效。CIS 视觉识别系统建立后，各成员旅游企业或旅游企业各部门可遵循统一的设计形式，应用在各个设计项目上，一方面可以收到统一的视觉识别效果；另一方面可以节约制作成本和时间，减少设计时无谓的浪费。尤其是在编制标准手册之后，可使设计规范化、操作程序化，并可保证一定的设计水准。同时旅游企业所传达的信息，如果出现的频率与强度充分而且适当，则会提升传播效果。同时，导入 CIS 还可达到增强社会公众信赖，吸引优秀旅游人才，改善旅游企业与外部的关系，简化内部管理，使旅游产品设计、旅游经营方式、旅游促销手段更加理性、有序和优化。

总之，导入 CIS 的最终目的仍然是为旅游企业经营目标服务，是为了实现旅游企业利润的最大化，是旅游企业实现持续发展的需要。

3.5.2 旅游企业导入 CIS 的一般原则

(1) 系统性

导入 CIS 的系统性有以下两层含义。

第一，CIS 作为旅游企业识别系统与整体形象战略，它包括 MIS、BIS 和 VIS 三个子系统，即理念识别系统、行为识别系统、视觉识别系统三个组成部分，它是一个有机的整体。要注意三者的协调，形成一个规范的大系统，起到整合、放大作用，即 1+1+1>3。完整而有效的 MIS 策划内容主要包括旅游企业经营宗旨、经营方针、旅游企业价值观；BIS 策划的内容主要包括旅游企业经营管理行为，旅游企业对员工的激励、沟通与规范，旅游企业与股东的沟通行为，旅游企业内部文化活动策划等内部行为识别系统设计，还包括市场营销行为、公共关系等对外行为识别系统的设计；VIS 策划内容主要包括旅游企业名称和品牌名称、旅游企业标志、标准字、标准色、象征符号等基本要素，以及事务用品、旅游企业建筑、绿化环境、服装服饰、交通工具、广告与传播媒介、招牌和旗帜、标志（或徽标）等应用要素。

第二，导入 CIS 的系统性是指旅游企业要把 CIS 的导入作为一项系统工程来实施，它涉及旅游企业这个组织系统的全员性、全范围、全面的方法与手段。所谓全员性，是指 CIS 导入需要旅游企业全体员工的共同努力、积极参与和广泛支持；所谓全范围，是指旅游企业生产经营的各个部门、各个环节、各个过程均要体现 CIS 的理念精神、行为指南。视觉传达的要求，不能各部门或各环节自搞一套，而割裂整体的有机联系；所谓全面的方法与手段，是指要运用各种有效的媒介、活动和方法、手段，把旅游企业的整体形象信息传递给社会公众。

总之，导入 CIS 的系统性是指 CIS 本身和旅游企业组织本身都要从系统整体出发来展示形象，而不是支离破碎地传递旅游企业形象信息。

(2) 统一性

CIS 的 3 个子系统 MI、BI、VI 各自自成体系，不仅要使三者内部各自统一、协调，而且要使整个 CIS 体系统一、协调，形成统一的旅游企业识别系统，使旅游企业形象在各个层面得到有效的统一。其具体表现为旅游企业理念、行为及视听传达的协调性，产品形象、经营策略与精神文化的和谐性。

CIS 的统一性还有利于保持 VIS（视觉识别系统）的相对稳定性。如果某一要素（如经营策略、产品结构）有所改进、提升，都可直接地以 CIS 的基本形象要素加以延伸包装，从而很快取得社会公众的认同。

CIS 导入的统一性还要求旅游企业传播活动也必须实行统一性，让旅游企业各种信息的传播都围绕 CIS 的要求，对公众实施一致性影响，形成一贯性作风和统一的"形象合力"，从而产生整体效应。

(3) 差异性

CIS 策划的根本目的是塑造具有鲜明的个性形象。因此，差异性是 CIS 的本质特征，这种差异性不论是在旅游企业名称、标志、标准字、标准色、广告、包装、口号等方面，还是在旅游企业经营理念、经营策略、管理制度等方面，都要显示旅游企业特色，将旅游企业特有的个性展示于旅游者面前，而不是照搬别人的模式，即要创造差异，以"异"形成优势，以"优势"谋取成功。旅游企业形象通过差异化设计以后，不仅有利于社会公众在庞杂的信息中识别和认同该旅游企业，也有利于表现本旅游企业与其他旅游企业在产品或服务上的差异，从而树立旅游企业独特的形象。

(4) 长期性

CIS 的导入是一项艰巨的系统工程，它涉及旅游企业的方方面面，是旅游企业从"外表"到"灵魂"的革新。运用 CIS 来强化旅游企业的统一精神，培育独特的旅游企业文化，需要长时间的积累与培养。要使旅游企业形象真正得到社会公众的认同和支持，也不是短期就能达到的。因此，导入 CIS 不是一朝一夕的事情，也不是通过一两个成功的活动就能完成的，必须树立长期的观念，有计划、按步骤地实施。导入 CIS 本身就包括策划、实施，完整地进行往往需要一定的时间，即使只是部分导入。旅游企业导入 CIS 实际上是一种无形资产的投资，只有多次地投入，长期地、坚持不懈地进行，才能逐渐塑造出良好的旅游企业形象；投入的回收是一个不断获得的过程，有时又是长期和滞后的。旅游企业导入 CIS，旅游企业标识、行为准则、旅游企业精神等设计的完成和明确，只能算是 CIS 实施的开始，旅游企业还必须在 CIS 的要求下，进行长期的坚持不懈的努力追求。

CIS 导入是一个有始点而无终点的操作过程。在旅游企业导入 CIS 的过程中，时代的变迁、旅游企业环境的变化，如经营方向、经营策略、关系旅游企业、产品结构、组织机构的变化，都会使旅游企业形象的要求发生变化，CIS 也应随着内外环境的变化而不断进行局部更新或全面更新，甚至进行多次 CIS 导入。因此，导入 CIS 的长期性也是指 CIS 的动态性与适应性，是一个不断适应外部环境，与旅游企业具体实际相互结合、相互促进和提高的过程。

(5) 操作性

CIS 并不是一种空洞抽象的理论，也不是装点门面、追求时髦的一种手段，而是一种理论与实践有机结合的、实实在在的旅游企业整体形象战略和战术，具有很强的科学性和应用性。它必须是可以操作的，是旅游企业形象塑造的行动指南。CIS 的操作性主要体现在以下方面：①必须有一套贯彻宣传旅游企业理念的具体方法；②必须有一套可具体执行的行为规范；③必须有一套能形象直观地体现理念的视听传达设计；④CIS 方案的每一个环节都必须是可操作的，对存在的问题都必须有相应的解决措施。

3.5.3 旅游企业导入 CIS 的基本程序

旅游企业导入 CIS 是一项系统工程，虽然因为旅游企业特点、经营范围和导入动机有所不同，在设计规划的流程与表现的重点上有所区别，但基本程序大同小异。CIS 的导入程序大致可分为准备、调查、企划、设计、实施等阶段。

（1）准备阶段

导入 CIS 活动正式开始之前，实际上都有一个准备阶段，主要任务是确认导入 CIS 的动机，制定基本计划，落实人、财、物等基本条件，为正式启动导入计划做必要的准备。

旅游企业基于内部自觉的需求或迫于旅游市场经营外在的压力，在诊断自己、重新认识自己的基础上，产生导入 CIS 的动机，然后由旅游企业负责人倡议，或由旅游企业广告公关、宣传、销售等部门负责人提出倡议，或由外界人士（如策划、咨询、设计公司等）参与，提出导入 CIS 的提案。提案者必须根据旅游企业现状确认导入的动机和目的。旅游企业领导必须组织有关人员慎重讨论实施 CIS 的理由，明确实施的意义和目的。导入 CIS 的提案被批准后，一般应组建 CI 委员会（或 CI 工作小组），其成员由旅游企业主要负责人、部门负责人、CIS 专业公司人员组成，主要任务是 CIS 计划的制订与实施，确立 CIS 的项目与日程安排，制定预算费用，进行必要的预备调查。准备阶段完成后，应提交一份规范的 CIS 提案书，内容一般包括：导入 CIS 的理由和背景、基本方针、计划项目与日程安排、负责机构、项目预算、预期效果等。

（2）调查分析

提交的提案书并获得旅游企业领导或董事会的通过后，CIS 进入实质性阶段。首先从调查分析阶段开始。调查分析的任务是确定调查内容、调查问题与问卷设计、调查对象、调查方法、调查程序与期限、调查结果分析等。旅游企业形象调查，其主要目的是掌握原有旅游企业形象的状态，了解内外部公众对旅游企业原有形象的反映，重新评价形象。调查内容有：公众认知、基本形象、辅助形象、服务方式、交通运输工具、业务用品、标志形象等，包括原有的标志、标准字、公司名、服务方式、交通运输工具、业务用品、标识体系及各种传达媒体。

通过调查看原有理念是否真正塑造了旅游企业的凝聚力；是否反映了旅游企业的发展目标、实际情况；是否对员工有着实在的激励作用；看旅游企业理念是否给公众留下了深刻而良好的印象；是否具有鲜明的识别性等。调查可采用多种方式进行，调查前应制定一个调查计划流程表，并以此来控制调查作业进程；调查结束后，应对调查结果进行综合分析，写出调查报告书。原有旅游企业理念评价，根据实际调查的结果反馈，评价原有旅游企业理念是否概括了旅游企业的个性特色；是否适应现实与未来的发展战略；是否为旅游企业员工所普遍认同；是否对社会公众有影响力等，要对原有理念的优劣有充分的认识，形成完整的评价意见，根据评价结果进行客观总结。

（3）企划阶段

企划是在充分调研的基础上，深入分析旅游企业内部和外部认知、市场环境和各种设计系统的问题，进行旅游企业未来发展目标与愿景定位，构筑理念系统，研讨形象塑造方案。

在企划阶段，要对调查结果做综合性结论，归纳整理出旅游企业经营上的问题，并给予有效的回答；还要对本旅游企业今后的思想、活动及形象构筑方向，提出新形象概念，构筑基本理念系统。旅游企业形象定位是进行旅游企业理念设计的基础，只有明白了旅游企业形象的具体构想，才能用精确的语言来概括和表达旅游企业形象的精髓——旅游企业理念。如果把下一阶段的设计比作形象概念展开的话，那么企划阶段就是整个形象概念的系统设计。旅游企业理念定位是理念设计的关键一环，要在初步建议方案的基础上，仔细研究从何种角度、以什么为侧重点来表达旅游企业理念，并制定最后的策划方案。

企划阶段结束时，应提交一个能表达总体企划思想和战略的总概念报告书，提出CIS计划的基本策略、理念系统构筑、开展设计的要领、未来管理作业的方向等。

(4) 设计阶段

设计阶段即将前面总概念书设定的基本概念、识别概念等转化成行为和视觉表达形式，具体表现旅游企业理念。

旅游企业行为设计既要有理论深度，又要具有可操作性，这使得行为设计成为CIS策划中的一个难点，必要时可先进行有组织的试点。行为设计的最高要求是科学性、规律性和可操作性，以及能够被员工所接受。

视觉识别设计可分为3个步骤：①将识别性的抽象概念转换成象征性的视觉要素，并对其不断调查分析，直到设计概念明确化为止；②创造以实体象征物为核心的设计体系，开发基本设计要素；③以基本设计要素为基础，展开应用系统要素的设计。

(5) 实施阶段

这一阶段重点在于将设计规划完成的识别系统制成规范化、标准化的手册和文件，策划CIS的发表活动、宣传活动，建立CIS的推进小组和管理系统。在实施阶段，一般应进行以下几项活动。

选择时机对内对外发表 CIS 计划　发表CIS计划一定要选择好恰当时机，否则可能会事倍功半，可选旅游企业纪念日、旅游企业重大活动、新产品上市、成立新公司或组建旅游企业集团等时机，但一般不宜选择在有重大社会事件发生、重大会议召开之时，以免被社会公众忽视，产生不了应有的效应。当然，也可把重大社会事件与热点问题与旅游企业导入CIS的活动联系起来，如果策划得当，则能引起社会公众的关注，从而起到事半功倍的效果。

CIS的对内发表一般应早于对外发表，应对旅游企业内部员工做一次完整的CIS宣传说明，进行CIS的教育与训练，以便统一员工认识，激发员工的热情，强化员工的决心，使他们在CIS实施过程中能了解、支持旅游企业的CIS计划，自觉执行各项计划，积极参与旅游企业各种内外活动。对内发表的主要内容有：CIS的意义以及旅游企业实施CIS的目的；旅游企业员工与其关联和必要的心理准备；实施CIS的过程；关于新的旅游企业理念说明；关于新标志的说明；识别系统设计的管理和应用；统一对外的说明方式。CIS的对外发表主要是通过广告公关活动与新闻报道的形式，宣传旅游企业导入 CIS 的新视觉设计系统、理念体系以及有关 CIS 的重大活动，让社会公众广泛知晓旅游企业的 CIS 运行与旅游企业形象的全新面貌。

推行 CIS 相关计划与活动　对于与 CIS 相关的计划，必须考虑其应用问题，以及在旅游企业内有效推行的方法。要进行员工培训与内部架构的调整，通过培训和教育使旅游企业理念成为旅游企业员工的共同价值观、规范行为举止，并透过行为来传播旅游企业理念，并把视觉识别系统的基本要素广泛应用于各种应用要素和各种场合上，全方位展示识别系统，开展各种广告、公关宣传活动来塑造新的旅游企业形象。

建立相应机构，监督 CIS 计划的执行　对导入和推行 CIS 的效果进行测定和评估，以便肯定成绩，总结经验，发现问题并找出改进方法，对下一步的工作进行某些调整，以期取得更好的成绩。

3.5.4　旅游企业形象策划的主要内容

在旅游企业形象系统中，理念识别系统（MIS）是核心，是灵魂，只有具备了强有力的、独特的旅游企业理念，才能对自己的旅游企业形象有一个既清晰又明确的定位，因而 MIS 决定了整个 CI 系统的表达与设计。旅游企业行为识别系统（BIS）是指旅游企业的经营管理，诸如旅游产品开发、促销活动、公关活动、广告活动等旅游企业的主要经营活动的总体行为形象及其行为表现。视觉识别系统（VIS）是在旅游企业理念确立的基础上，运用视觉传达设计方法，根据与一切旅游经营活动有关的媒体要求，设计交流的识别符号，以刻画旅游企业的个性，突出旅游企业的精神，凸显旅游企业的特征，目的是使旅游企业内部、社会各界和消费者对旅游企业产生一致的认同感和价值观。

旅游企业形象策划，就是对旅游企业的 MIS、BIS 和 VIS 的系统策划，它们是旅游企业形象体系的核心内容。

3.5.4.1　旅游企业 MIS 策划

(1) 旅游企业理念识别系统

旅游企业理念识别系统（MIS）是指旅游企业的独特价值观的设计。它是 CI 策划中的一个基本因素，是其策划的核心。旅游企业理念识别系统是指旅游企业区别于其他旅游企业的旅游企业精神、经营方针、经营宗旨、价值观等方面的内容。旅游企业理念根植于旅游企业文化之中，具有延续性、持久性的特点，但随着时代与社会的变化，旅游企业理念也随之发生改变和创新。旅游企业要在激烈竞争的旅游市场中占有一席之地，必须要有一种旅游企业内部集中、借以强化共同体的凝聚力，旅游企业理念就是这种凝聚力的源泉。所谓旅游企业理念实际上就是旅游企业的价值观、经营思想、旅游企业活动的基本方针等。

(2) 旅游企业 MIS 策划内容

旅游企业理念识别系统是旅游企业赖以生存的原动力，是旅游企业价值的集中体现。旅游企业理念识别系统包括旅游企业的经营宗旨、价值观念、企业精神、经营方针、经营思想等内容。

企业经营宗旨　旅游企业的经营宗旨主要是指它的经营使命，包括经济使命、社会使命和文化使命。旅游企业不仅要追求利润，而且还要承担一定的社会责任，注重文化建设，力求创造独特的旅游企业文化和管理文化，以此向社会奉献宝贵的精神财富。旅游企业使命即旅游企业存在的意义，是旅游企业由于社会责任、义务所承担或旅游企业自身发展所规定的任务。任何旅游企业都有自己的经营目的，都有自己在社会上存在的价值。只有树立明确的使命感，才能满足旅游企业成员自我实现的需求，持续地激发他们的创造热情，也才能赢得公众更普遍、更持久的支持、理解和信赖。

企业精神 旅游企业精神是旅游企业认定的在生产经营活动中应该遵循的根本原则及共同的理想信念和追求。它是旅游企业的基本信念，集中体现了旅游企业共同的理想、价值观、经营哲学和道德规范。它是旅游企业员工的群体意识，对旅游企业员工具有巨大的导向和激励作用。例如，它可以使旅游企业价值观、旅游企业信念、旅游企业经营哲学等成为积极、开放、开拓的，也可以使它们成为消极、保守、封闭的。因此，旅游企业精神是旅游企业理念中的决定性因素；也可以说，它是整个旅游企业活动的灵魂。

具有积极意义的旅游企业精神，一是应具有时代精神，符合时代发展的大趋势；二是与旅游企业的战略目标吻合，符合旅游企业发展的实际和远景目标，并且要善于把旅游企业精神融合于管理风格之中，形成统一的理念。

企业价值观 旅游企业价值观是旅游企业理念系统的基础，是旅游企业内部形成的、全体成员共同认同的对客观事物的认识、观点以及价值判断。

企业经营方针 企业经营方针应以简练的文字形式表达，便于记忆和传达。这是旅游企业的行动指南，旅游企业通过制定经营方针，使确立的经营理念具体体现和贯穿于经营活动的全过程之中，是对旅游企业经营发展战略的高度概括。经营方针的制定随着时代的发展变化而变化。只有不断变化的战略，才能使旅游企业保持长久的核心竞争力。中国最大的经济型酒店连锁旅游企业"如家快捷"的经营方针是"住宿如在家里一样方便温馨"，并用实际行动和服务来实践其对旅客的承诺。即使旅客没有事先预订房间，酒店恰好又客满，酒店人员也会为旅客想办法，他们会与最近的连锁店联系，将客人安置好。"如家快捷"的这种经营方针在旅客心目中留下了鲜明的印象。

企业经营思想 企业经营思想是旅游企业生产经营活动的指导思想和基本准则，是旅游企业领导者、全体人员对旅游企业活动共同一致的看法，包括：对旅游企业经营目标的价值判断；对产品和服务质量的价值判断；对服务措施的价值判断；对旅游企业责任心的价值判断；对人才的价值判断；对法律政策规范的价值判断；对纳税义务的价值判断等。旅游企业精神是旅游企业核心价值观的体现，它是形成旅游企业凝聚力的强大动力。

(3) 旅游企业 MIS 策划要求

一是必须独特，具有识别性。MIS 设计作为 CIS 设计的灵魂，必须个性化、典型化，充分体现本旅游企业的特点并与其他旅游企业形象区别开来。这种新颖独特之处在于用最恰当、最有感染力的字眼概括旅游企业的经营目标，反映本旅游企业的特色。

二是要与民族文化特点相适应。各国文化传统与背景不同、各国民族文化特征不同，导致各民族人民看重的理念也不同。因此，要了解民族文化特征对社会公众的心理影响，从而估计所设定的旅游企业理念在社会公众中可能引起的反应是什么，被旅游企业员工认同的可能性有多大。

三是语言文字表达上要简洁明了。旅游企业理念设计落到实处就是语言文字的表达。为了旅游企业理念在旅游企业内部贯彻和外部传播的方便，要尽可能使设计简洁、概括、明了，文字表述上力求易读易记。

(4) 旅游企业理念的表现形式

标语、口号 旅游企业理念有着丰富的内涵，但是为了使理念便于企业或公司内外了解，便于理念传播和执行，往往把旅游企业理念的核心内容提炼概括为一句言简意赅、凝练的口号。从现状来看，旅游企业理念的概括越来越抽象，有些表面上看起来显得有些空泛，实际上它把无形的思想观念变成有形的"量度"凸显出来，作为统一的意志和行动的指南，深入人心，感召员工，影响公众。标语与口号的内容和形式基本相似。标语是用之于横幅、墙壁、橱窗、标牌上，陈列于各处，四下张贴使员工随时可见，形成一种舆论气氛和文化氛围。口号是用生动有力、简洁明了的句子，使之激动人心，一呼百应。要把模糊、抽象而又分散的意念结合起来，概括成明确、精练、形象、生动、富有感染力的旅游企业思想，需要非凡的创意和高超的语言驾驭能力。

广告 广告是树立旅游企业形象的有效形式之一。广告不等于旅游企业理念的内容，但却有一定的关联，广告语要体现出旅游企业理念的内在精神。旅游企业理念一般比较稳定，而广告语可以根据不同旅游产品、不同时期、不同环境加以改变。

企业歌曲 把旅游企业理念的有关内容，谱成旅游企业的歌曲。歌曲一方面以通俗易懂、朗朗上口的词句和优美流畅的旋律起到感染人的情绪的目的，另一方面又可以使人达到松弛、放松的目的。优秀的旅游企业歌曲能够激起人们团结、奋发向上的激情。

企业座右铭 其本质上是旅游企业信条、旅游企业标语、价值观。准确地说，旅游企业座右铭是旅游企业领导人遵循的准则，它可以用横幅、条幅等书法形式陈列于办公室内。

条例、守则 把旅游企业价值观、行为准则和道德规范等列为若干条例，作为文件、守则在旅游企业内部公布，使之具有某种制度性的作用和效力。

旅游企业理念的应用范畴和表现形式还有许多，如信念、警语、企业领导人员的重要讲话、言论等。理念往往与旅游企业生产经营目标结合起来，直接地反映在旅游企业口号、标语之中。

3.5.4.2 旅游企业 BIS 策划

旅游企业行为识别系统(BIS)，是依据旅游企业理念来设计旅游企业行为的个性特色，使公众易于从行为特点上来识别本旅游企业，从而树立本旅游企业形象的旅游企业识别形式。它是一种动态识别形式，规范着旅游企业内部的组织、管理、教育以及旅游企业外部的营销、公关等社会活动，实际上是旅游企业的运作模式。旅游企业 BIS 中的旅游企业行为不同于旅游企业的一般性行为，它应以旅游企业理念为指导，从总体上去设定旅游企业行为的基本范式、经营管理、营销思想等，使之具有一定的识别性，旅游企业 BIS 设计的内容包括以下几个方面。

(1) 对内行为识别系统设计

企业的经营管理行为　作为旅游企业行为系统设计的主要内容，它主要包括旅游企业的经营管理思想、组织机构建设、管理制度、管理方法等。

企业对员工的激励、沟通与行为规范　具体包括：与员工的沟通；对员工的激励；对员工的培训；员工的福利待遇；员工的工资待遇；员工的工作环境；员工的行为规范；员工的礼仪规范等。

企业与股东的沟通行为　它包括在思想上确立股东是"旅游企业主人"的观念，尊重股东的权利意识，及时向其通报旅游企业的各种信息，撰写年终总结报告，及时收集来自股东方面的信息，报告给有关领导部门。

企业内部文化活动策划　它包括确定好主题；计划好预算；拟定活动举行的时间、地点、形式、负责人及人员名单；向参加者发送通知或请柬；安排具体活动的内容等。

(2) 对外行为识别系统设计

市场营销行为　旅游企业的市场营销是旅游企业通过合适的方式、手段和策略，为旅游消费者提供合适的产品或服务，以满足旅游消费者的合理需求，从而实现自己利润目标的经营活动过程。旅游企业的市场营销必须坚持以下几点：①以顾客需求为导向，把顾客利益放在第一的位置；②提供高质量的产品或服务；③实施全员营销、关系营销、情感营销，与顾客建立良好的关系，用真诚获得顾客的信任和满意。

公共关系行为　开展公共关系是旅游企业建立良好社会形象的重要手段。旅游企业要加强与相关利益者如顾客、新闻媒体、政府、社区等的沟通，与他们建立紧密的联系，同时要加大公关宣传的力度，尽力扩大影响，并在一些合适的时机、合适的场合开展社会公益活动，提升自己的形象，为旅游企业创造良好的口碑。

3.5.4.3　旅游企业 VIS 策划

视觉识别系统设计(VIS)是 CIS 设计中最直观、最具有感染力的一个子系统，它以理念系统为指导，通过点、线、面、字、色彩等构成要素来反映和表现理念。因为人们平常所获信息80%以上来自视觉，所以 VIS 是旅游消费者形成对旅游企业第一印象的起点，是旅游企业营销形象设计影响最广、宣传效果最为直接的系统。旅游企业 VIS 设计的内容包括以下几个方面。

(1) 基本要素

企业名称　旅游企业名称的设计要求尽可能地表达旅游企业理念和服务宗旨，使人们能产生良好的联想；名称要取得有吉祥、喜气的色彩，含义要美好；名称设计要有创新，不落俗套，有充分的识别性；名称还要有时代感。另外，当旅游企业进入国际市场时，还要考虑名称意义的通用性和文化的差异问题。

企业品牌名称　它的设计必须具有充分的识别性，品牌名称最好能涉及或使人联想到其所提供的产品(服务)的功能，并能带给人一种非常鲜明的印象。

企业标志　旅游企业标志是专门用来标示旅游企业存在、反映旅游企业理念精神的视觉符号。旅游企业标志的设计要独特，有创意，具有新颖性；要简洁、明朗、醒目。

标准字 标准字也是视觉识别系统中一项重要的内容，一般包括旅游企业标准字、品牌标准字、旅游企业宣传标语口号标准字等。标准字的设计要以民族文字为基础；要有独特美感、统一美感；要充分体现旅游企业理念、品牌特点、旅游企业精神、行业特点；使用范围限于书写旅游企业名称、品牌名称、标志、宣传、事务用品等方面；在使用时必须严格按照标准规范统一使用。

标准色 标准色是经过设计而确定的某种特定颜色或一组色彩系统，主要运用在所有的视觉传达媒介上以表达一定的旅游企业形象和产品特质信息。

旅游企业标准色的设计，要符合当代人们的接受心理，要有丰富的表现力，作为旅游企业形象表现的焦点，要使色彩达到诱目性、可视性和象征性三者俱佳。

象征符号 旅游企业象征符号一般是指经设计而选择旅游企业适宜的动物、植物、人物、器物所形成的具有象征意味的图案形式或者造型图案。其特点是透过亲切可爱、平易近人的造型，给人造成强烈的记忆印象，形成视觉"焦点"，并由此传达旅游企业的经营理念与服务特质。旅游企业象征符号的设计，要具有旅游企业标志的表征意义，但要注意宗教信仰的忌讳和风俗习惯的好恶等问题。

（2）应用要素

VIS 的应用要素包括产品造型、产品包装、事务用品、办公设备、室内装饰、建筑外观、绿化环境、招牌旗帜及其他标志牌、员工服饰、交通工具、广告与传播媒体、产品展示和陈列等。

旅游企业最重要的应用要素包括事务用品、企业建筑、绿化环境、服装服饰、交通工具、广告传媒、招牌、旗帜、标志等。

事务用品 又称办公用品、业务用品。主要包括名片、信封、信纸、便笺、邀请函、贺卡、证书、赠券、票券、入场券、贵宾卡、贴纸、公文卷宗、公文信封、账表、资料夹、笔记本等。事务用品的设计要体现出旅游企业的风格特点或视觉识别，要实用、简洁大方。

企业建筑 是旅游企业从事生产经营或提供服务的场所，如办公楼、酒店、旅游服务中心等，它们构成旅游企业特定的环境，都是对社会公众的直观形象，是旅游企业固有的传播媒体。旅游企业的建筑设计，要在一定程度上反映旅游企业的特性、个性，建筑外观要与所处环境协调一致。

绿化环境 旅游企业的环境形象非常重要，尤其是酒店，绿化环境已成为其整体形象的重要组成部分，它体现着旅游企业的绿色营销、生态经营的理念。旅游企业绿化环境的设计要强调与建筑特色的协调性、一致性，要体现布局的美感与艺术性。

员工服饰 旅游企业员工的制服是 VIS 设计中很重要的一部分，它通过旅游企业员工的穿着体现旅游企业的特色，并在视觉上形成统一、和谐的美感。在设计上首先应体现旅游企业的理念，从衣着服饰设计的角度体现旅游企业的各种特质，如传统型、现代型、开拓型、温馨型等；其次要体现行业与岗位特征，如酒店员工的服装与景区导游的服装应有区别、总台服务员与门厅接待生的服装也应有区别；再次，在色彩、样式（款式）、图案等方面要统一，使之成为旅游企业的标志。

交通工具 旅游企业使用的交通工具如旅游客车、游船等，在视觉设计上要保证其总体风格的统一性，使每种车型的字体、标志、专用图案、象征符号、大小、搭配、色彩等基本要素保持一致，体现旅游企业的风格，并具有视觉上的冲击力，同时也要注意多样性。

广告与传播媒介 旅游企业在进行广告宣传时可选择的媒介有很多，包括报纸、杂志、邮寄品、车厢、墙面、日历、海报、户外广告等。除了上述视觉单向媒介外，还有视听综合媒介，如电视、电台、多媒体、幻灯片等。因而，旅游企业应根据宣传的需要，选择合适的媒体进行立体化宣传，并通过广告设计将旅游企业理念很好地渗透到广告视觉识别中。

招牌、旗帜、标志的设计 旅游企业招牌即写有旅游企业名称的牌子，是起指引和标志作用的旅游企业符号；旅游企业旗帜是旅游企业专用、起象征作用的旗帜，一般用于庆典场合；旅游企业标志指旅游企业建筑内外各种具有标志作用的指示符号，如入口处的指示牌等。招牌、旗帜、标志的设计主要应注意企业文化内涵的体现、视觉的艺术效果，并注意与环境的和谐。

【思考题】
1. 试述旅游形象和旅游形象策划的概念。
2. 旅游策划中如何挖掘地方文脉？
3. 简述旅游形象策划的内容架构。
4. 为什么说旅游形象策划是为旅游企业"精心制作名片"？
5. 简述旅游形象策划定位的方法与策略。
6. 什么是旅游企业形象识别系统？其中理念识别系统与视觉识别系统由哪些基本要素构成？
7. 试对某旅游地域或旅游景区（点）进行形象策划，并写出简明的策划方案。
8. 联系旅游企业的经营管理实践，为某旅游企业进行形象定位。
9. 联系实际撰写一份旅游企业 CI 策划书。

【案例分析-1】

省区旅游形象策划实例——宁夏

一、旅游总体形象

在"出卖荒凉"理念指导下，张贤亮策划的镇北堡西部影视城借助影视手段将西部的人文地理风情以浓缩的方式尽情展现给世人，由此获得巨大的成功。宁夏镇北堡西部影视城在一段时间内已成为内地普通人认识西部的媒介，它极大地提升宁夏的旅游知名度，不仅证明宁夏凝聚着西部精华性与代表性的人文地理因素，是西部景观的代表性地带，而且存在着有别于西部的特色景观。

1. 西部之窗

宁夏几乎拥有代表西部特色的所有景观——大漠、黄河、长城、丝路、绿洲、戈壁、山岳、古城遗址、神秘王朝、少数民族风情，等等，可以看作是西部自然与人文景观的缩影，即"西部缩影"，使得宁夏很容易成为东部地区认识西部、透视西部景观的窗口，即"西部之窗"。

宁夏未来旅游长远发展要想谋求规模扩张和质量提升的目标，必须将其整体的资源组合成成熟的多元化产品，而"西部之窗"就隐含着要推广其所有代表性的资源与产品的内涵。

2. 神奇宁夏

神奇一：宁夏长城从空间聚集密度、展现的气魄、与周边形成的氛围以及残长城的类型，在全国具有一定的垄断性。

神奇二：黄河在上游是宁静的黄河，在下游是肆虐、咆哮、恐怖的黄河，而在宁夏则是慈祥的、能带来富裕与福祉的黄河。

神奇三：宁夏地域文化——西夏文化在繁盛了两个世纪后突然消失了，成为一个神秘的迷失的文明。

神奇四：宁夏的沙漠距离城市近，任何人都可以进入，没有危险性，是大众游客可以亲密接触参与游乐的沙漠，而且宁夏的沙漠也是中国人民第一个征服、改造、利用的沙漠，具有向沙漠进军、化害为利的特殊意义。

神奇五：在漫漫风尘、荒芜的黄土高原边凸显一个生态环境极佳、适宜于消夏的六盘山。

神奇六：西北地区以干旱著称，而宁夏独有一片绿油油的"塞上江南"的景象。

神奇七：众多丰富多彩、千姿百态、奇特绝妙的景观在宁夏甚至更小的空间区域内聚集在一起，如沙坡头黄河两岸不到2000m的直线距离内就聚集了长城、黄河、丝路、绿洲、大漠五大景观，又呈现了草格固沙、沙漠铁路的奇观。

因而，可以以两者叠加、兼具具象性和凝练性的"神奇宁夏·西部之窗"替代传统的、过于具体的、实际上主要是区域形象的"西夏文化、回乡风情、塞上江南"和有些平凡的"多姿多彩的塞外"，作为宁夏旅游总体形象。

二、区域旅游形象

依据市场向性、游客特征和形象层次性原则，进行旅游形象系统设计，分别推出下列旅游形象，使形象推广更具有针对性。

1. 国际旅游形象：长城之乡，西夏古都，丝路北道

依据：国际游客对中国的文化景观最感兴趣，宁夏的国际游客中日本游客占据主导。

长城不是宁夏独有，但是宁夏长城是形象最自然的、组合性最强的、单位国土密度最大的长城，是其他任何省份都无法比拟的，享有"天然长城博物馆"的美誉，可谓"长城之乡"。

西夏王朝作为中国唯一一个没有载入《二十四史》的王朝，13世纪亡于蒙古，留下为数不多的遗迹，成为一个扑朔迷离的王朝。"西夏古都"给国际游客提供了对一个神秘王朝背影的深刻感受。

丝路不是宁夏独有，但是宁夏丝路最为古老，不仅出土了大量反映中西文化交流的遗留物，而且有沧桑的历史景观存留。"丝路北道"将作为中国丝路之旅一条特色景观带。

2. 国内旅游形象：大漠风光，黄河古韵，回乡风情

依据：腾格里沙漠虽然面积广阔，但其具有沙丘、山地、林带、湖泊交错分布的自然特征，从景观条件上具有多样性的变化，从安全因素看不像其他沙漠那样荒凉、干旱、恐怖，三面又都有公路围绕，对大众游客进行"沙漠探奇"来说非常适宜，是可以游乐的沙漠，从而有别于其他沙漠地带一般仅可供少数人进行"专业探险旅游"。从距离上腾格里沙漠是距离中国南部、东部很近的沙漠。

黄河在宁夏流经397km，是颇具古韵的最慈爱的母亲河（"天下黄河富宁夏"——"天下黄河美宁夏"），宁夏黄河本身呈现出多处独特的景观，并与大漠组合形成强烈差异性的大气魄景观。宁夏堪称黄河漂流的故乡（"天下黄河漂宁夏"），在沿黄九省、自治区具有独特的品牌形象。

宁夏是唯一的回族自治区，回族人口数量多、分布广，到处都有清真寺，到处都可以体验到浓郁的伊斯兰风情。

3. 区域旅游形象：塞上江南，清凉世界

银川周边地带灌区渠水盈盈，禾苗青青，遍地绿荫的田园风光，与周围地区黄尘滚滚，植被稀少、人烟罕见的半荒凉景象形成鲜明的对比，这种反差对于宁夏周边的西北游客最能产生出强烈的视觉冲击感和近程游憩的欲望，因而"塞上江南"可以作为区域旅游形象。

六盘山是我国西北黄土高原的重要水源涵养林基地，总面积6.78km^2，森林覆盖率为72.8%，年平均气温5.8℃，平均降水量680mm，是泾河的发源地，被誉为黄土高原上的"绿岛""湿岛"。对于西北（尤其是陕甘宁）干旱、半干旱地区的游客而言，六盘山是天然的生态氧吧，是避暑消夏的天然乐园，可谓"清凉世界"。

4. 精神理念形象：中华民族精神高地，全球人与自然关系教育基地，人类和平与发展考察基地

大漠、黄河、长城、丝路等精神层面的形象载体在宁夏集中展示，组合成良好的景观特征，能使游客感受到强烈的精神震撼；宁夏从古至今是游牧文化与农耕文化、中原地区与西域地区接触、撞击、融合的"锋面"地带，不仅是各民族融合之地（回族是一个多元文化融合的民族，而宁夏是全国最大的回族聚居区），而且也是祖国各地的汉民的融合之地；近现代宁夏则向世人展示了六盘山的长征精神与沙坡头的治沙精神。因此，宁夏可谓"中华民族精神高地"。

宁夏地处灌溉农业与半荒漠、荒漠地带交汇处，历史上多遭沙害，生态环境易遭破坏，古城被风沙湮没、长城的南北变迁、腾格里沙漠入侵都说明了"沙进人退"生态环境的变化。沙坡头"麦草方格"固沙方法为世界首创，为恢复植被、遏制沙害起到了重要的技术保障作用，已被世界各沙漠国家所效仿。腾格里沙漠东侧"三北"防护林的建设，使得腾格里沙漠在中卫被围锁并退缩，出现了"人进沙退"的进程，这在世界上具有典型性和唯一性乃至垄断性。黄河流经宁夏，两岸人民世代引水灌溉，从

古代的"白马拉缰"到现代的青铜峡水电站、大柳树水库，才使"天下黄河富宁夏"，大自然与人类和谐相处。这些都真实生动地表征了人与自然的关系。因此，宁夏可谓"全球人与自然关系教育基地"。

"中华民族精神家园"反映了民族融合并可推衍至人类和平的大主题，"中国长城之乡"反映了我国古代人民维护和平、促进民族团结的信心和理念；"全球人与自然关系教育基地"反映了人地关系和谐追求发展的主题，因此这三个主题均是具有历史意义和现实价值，反映了"和平与发展"这个21世纪世界人民所关注的永恒主题。因此，宁夏可谓"人类和平与发展考察基地"。

5. 景观美学形象：大漠孤烟直，长河落日圆

从宁夏整体的黄河、大漠相依的景观组合条件分析，宁夏（尤其是沙坡头）具有典型的甚至是独一无二的"大漠孤烟直，长河落日圆"（王维的《使至塞上》诗）意境的地点。

三、城市旅游形象

以重点城市为核心，提升区域旅游形象。主要以银川、中卫、固原3座旅游中心城市为主体，依据各城市本底的地脉、文脉特征，分别从地标区、名称入手，着力打造城市的旅游新形象。

1. 银川市

以地标区建设体现城市特色，主要围绕西夏文化、回乡风情和塞上江南在相关地标区打造宁夏视窗新形象。

在银川市老城区的西部，以皇宫遗址（中山公园）和承天寺（西塔）为核心，打造西夏文化地标区。在银川老城区的东南面，以南关清真大寺为核心，打造回乡风情的地标区。以鸣翠湖为重点打造"塞上江南"形象，整合银川的城、湖、公园、湿地、水渠资源，建塞上西湖，打造"塞上水城"。

2. 中卫市

在城区高庙（系中卫市城区标志性建筑）北部明长城高鸟墩所在位置建设一座高大的烽火台，使烽火台和高庙能相互"对视"，拆除高庙南部200m范围内现有建筑，使高庙和城区中的鼓楼能相互"对望"，将鼓楼南街一直向南建到黄河岸边，在南街与黄河交汇处新建黄河楼和黄河楼广场。这样，构成一条联结游牧文化和黄河文明，跨越古代和现代的"时空视廊"，构架中卫历史文化空间结构，升华中卫的城市形象。

3. 固原市

六盘山作为红军二万五千里长征胜利会师之地，在中国拥有很高的知名度，而"固原"一词很容易让游客理解成是黄土高原的一部分，与主体的绿色森林形象不协调，因此宜将固原市更名为"六盘山市"，以提升固原的知名度。

固原保留较浓厚的丝路遗韵，众多历史记载和出土文物证实固原是"丝路北道第一镇"，可以以固原城核心地段和固原博物馆为载体打造这一形象。

宁夏回族自治区旅游形象系统表

形象类别		形象内容
旅游总体形象		神奇宁夏　西部之窗
细分形象	国际旅游形象	长城之乡　丝路北道　西夏古都
	国内旅游形象	大漠风光　黄河古韵　回乡风情
	区域旅游形象	塞上江南　清凉世界
	精神理念形象	中华民族精神高地　全球人与自然关系教育基地　人类和平与发展考察基地
	景观美学形象	大漠孤烟直　长河落日圆
城市形象	银川市	塞上水(湖)城　西夏古都
	中卫市	时空视廊
	固原市	丝路北道第一镇

【案例分析-2】

城市旅游形象策划实例——宜昌

一、宜昌市旅游形象策划理念

宜昌作为一座靠水电与旅游为动力勃兴的城市，其旅游形象应在遵循"把握文脉、突出特色、反映个性"的原则下进行准确定位，科学地引入旅游地形象要素分析，在人-地感知要素和人-人感知要素的理念指导下进行统筹规划，力求将城市建设与旅游形象建设同步进行，力争将宜昌市建设成为一座富有个性魅力的"水电旅游之都"。

二、旅游地形象文化定位分析

具有优良形象的旅游地是以文化为基础的，形象是外表，文化是内涵。准确认识并深入挖掘宜昌市的历史文脉与地域文化是树立其旅游形象的根本。

1. 水电文化独占鳌头

水电文化是宜昌旅游文化的主体与核心，是宜昌最具独特个性和巨大吸引力的竞争产品，所以宜昌市的旅游形象首先应定位为"水电旅游之都"，其理由如下：

一是从科学依据和可行性方面分析，众所周知，宜昌是全国乃至世界最大的水电能源中心，水能资源丰富举世无双，理论蕴藏量3000多万kW，已开发和正在开发的水电装机容量达2268万kW，占全国水电装机容量的一半左右。此外，宜昌拥有三峡大坝、葛洲坝、隔河岩、高坝洲、水布垭5个大型水电站，共同形成5座"水上长城"，在全世界没有哪一个城市像宜昌这样拥有如此庞大的水电规模。三峡大坝建成后，"高峡出平湖"，库区平湖将成为世上秀水胜景中的一绝，巍峨壮观的三峡大坝与雄奇壮美的三峡自然风光珠联璧合，自然景观与人工环境对比强烈并完美结合，这是宜昌旅游最大的特色与优势所在。

二是从比较优势的角度分析，跳出宜昌看宜昌，放眼中国看宜昌，宜昌真正具有垄断优势的旅游产品除水电旅游外，其他优势并不很多，不少都是与周边省区共生。譬如，在民俗旅游上，土家族文化旅游开发无法与邻近的恩施、湘西匹敌，自身难以有新的突破；在喀斯特地貌景观上也难以与周边的贵州、云南媲美；在三国文化旅游上更难以与东邻的荆州、赤壁和北邻的襄樊抗衡。宜昌旅游开发若把重点放在这些旅游产品上，势必被周边的名牌旅游产品罩在"影区"之中，最终沦为周边地区的旅游过道，难以吸引远距离大范围的客源市场并留住客人。因此，宜昌应大力挖掘其真正具有独特个性与巨大吸引力的水电文化，彰显宜昌旅游独特魅力。

2. 多元文化共显魅力

宜昌市旅游发展的形象定位，首先是建设成为世界水电旅游名城。在重点突出水电文化优势的同时，兼顾山水文化、历史文化、名人文化、民俗文化的辐射效应，基于"特色化"和"多元化"的理念确立自己的旅游形象。

山水文化 宜昌古称"夷陵"，因"水至此而夷、山至此而陵"之山川形势而得名，在地貌水文等方面独具特色。万里长江穿流而过，城市背山面水而建，空间层次十分丰富，加上植被繁茂，形成一幅天然的山水园林城立体画面。神农架、大老岭、柴埠溪、后河、南津关大峡谷生态旅游、探险旅游令人神往。九畹溪、杨家溪、朝天吼等漂流惊险刺激，高岚风光幽深秀丽，闻名于世。还有清江百岛湖景区、天龙湾景区等都对国内外游客有很强的吸引力。宋代文学家欧阳修对宜昌山水风光有"西陵山水天下佳"的评价。古往今来，歌咏三峡/宜昌山水的文学作品汗牛充栋。宜昌山水文化颇具魅力。

历史文化 宜昌物华天宝，人杰地灵，历史文化源远流长，有"长阳人"文化遗址、三国古战场文化、屈原祠、昭君故里、嫘祖庙、杨守敬故居等。其中三国文化极大地增添了宜昌旅游的吸引力：位于当阳市区的长坂坡古战场，是三国时赵子龙单骑救主、大显神威之地；宜昌城区的猇亭是三国时期决定蜀国命运的夷陵之战的战场，发生过"火烧连营七百里"的可歌可泣的战事等。

名人文化 宜昌的名人文化也很闻名，有世界四大古代文化名人之一的屈原，他的爱国精神、求索精神、文学成就对中国港澳台地区和日本、韩国、东南亚的游客极有吸引力；绝色佳人、和平女神王昭君，她因出塞匈奴和亲，在民族团结、和平交往上做出了重大贡献，是我国历史上杰出的民族团结友好使者；清代学者杨守敬在历史地理、金石学、版本目录学、书法等方面造诣很深，成就卓著，堪称一代大师。除此之外，关羽、赵云、张飞、陆逊、郭璞、李白、杜甫、刘禹锡、白居易、苏轼、欧阳修、陆游等历史名人都与三峡结下不解之缘，给宜昌的历史文化增添了魅力和光彩。

民俗文化 宜昌是土家族主要聚居地区之一，长阳、五峰土家族文化是旅游开发的重点地，在土家文化旅游线上的土家民俗风情、土家建筑以及土家节事活动都具有非常大的保护价值与开发利用价值。长阳巴山舞是宜昌旅游文化的响亮品牌和形象代表之一。

三、旅游形象策划

(一) 主题形象定位

世界电都，三峡明珠。

水电特色城市是定位宜昌形象的基准,也是主题形象的依托,这个定位虚实结合,具有垄断地位和"锁定效应"。"明珠"不仅形象地体现了宜昌水电特色,更能寓意宜昌是个亮丽绚烂的城市,它如一颗璀璨明珠点缀在长江三峡地区。"世界电都,三峡明珠"对仗工整,形象鲜明,读之朗朗上口,容易记忆。

品牌支撑形象:雄伟的三峡大坝,壮丽的高峡平湖,灵奇的名人文化,浓郁的巴楚风情。

市场指引形象:国外市场——世界电都;国内市场——三峡明珠。

旅游产业形象:鄂西区域经济的支柱产业;构建和谐社会的动力产业;提升生活品质的新兴产业。

(二)宣传口号设计

▲针对国际游客:

宜昌——让世界充满活力!(YiChang, make the world full of vigour)

东方日内瓦,中国不夜城。(Eastern Geneva, the ever-bright city of China)

世界水电之都,中国动力心脏。(The capital of the hydroelectricity of the world, China motive force heart)

壮美三峡,灵奇宜昌。(Majestic Three Gorges, Fairy YiChang)

来宜昌,看大坝,游三峡。(Come to YiChang, Look at the Dam, Visit Three Gorges)

▲针对国内游客:

三峡捧出宜昌市,世界崛起水电城。

金色三峡,银色大坝,绿色宜昌。

西陵山水天下佳,宜昌风光美如画。

宜昌——山水奥区,文化宝库。

观三峡,感受神奇;游宜昌,体验浪漫。

魅力三峡,神奇宜昌。

激情游三峡,潇洒走宜昌。

三峡天下壮,请君宜昌游。

世界电都,三峡明珠。

电之都,光之城,旅之梦。

到电都宜昌,观三峡大坝,游高峡平湖,赏水电文化。

观赏三峡大坝,游览高峡平湖,瞻仰名人文化,纵览三国风云,体验巴楚风情。

(三)旅游形象视觉要素设计

1. 视觉景观的形象设计

第一印象区 即城市边界出入口,通常就是城市对外交通的火车站、机场、港口、码头、高速公路收费站等,这些地方是游客形成城市第一印象的地方,将会影响其进入城市的旅游感受以及离开城市后的旅游记忆。另外,城市内部及周边重要风景名胜区和旅游景点的门景位置也属第一印象区。要求这些地方的建筑外形美观大方,富有当地特色,体现地方风貌。旅游区的门景区则应与背景相融合,突出本旅游区的特征。

作为"世界水电旅游名城"的宜昌应有一些以水电文化为主题的城市建筑与城市雕塑，这是宜昌城市旅游吸引物建设的必要因素，那么在第一印象区就可修建一些具有水电特色的标志物以给游客强烈深刻的第一印象。如在西坝建一座高大的"明珠塔"，在机场、码头、车站可布置诸如"三峡明珠"等写意式雕塑，或中外水电科学名人塑像，并加强灯饰工程建设和夜景设计。

光环效应区 光环效应区是对宜昌整体形象具有决定性意义的地方。

城市中心广场及其周边地区是设计重点：关键是要通过一系列的城市规划使游客真正感受宜昌的水电魅力。可利用水电能源优势，启动"点亮工程"，大力开发城区夜景观光旅游项目，提升夷陵广场、滨江公园的旅游文化品位，重点规划建设黄柏河平湖"不夜城"，把它作为解决宜昌中心城区旅游"空心化"的突破口。同时，城区建设要坚持开展"绿色工程"，宜昌的山水文化与水电文化交相辉映，大力创建山水园林城市也是为将宜昌建成国际性旅游城市做好前期准备工作。近年来，夷陵广场、世界和平公园、磨基山公园和五一广场等的绿化建设，以及"把森林搬进城市"工程实施，使宜昌成为闻名遐迩的山水园林城市，受到市民和游客的高度评价。目前，应保护和美化城市沿江视线走廊，沿江大道临江一侧不得布局大型商业性建筑物，另一侧的建筑物也要对其体量、高度、密度、色彩、风格严格要求，与自然环境和谐，形成别致的城市景观带，追求良好的视觉效应。滨江公园是宜昌一道亮丽的风景线，今后应在三峡水电文化与历史文化内涵的充实和文化品位、审美情趣的提升上进一步下工夫。滨江公园的范围西可延伸到西陵峡口，东可扩展到猇亭的虎牙滩，将沿江主要历史文化名胜景点囊括其中，形成一条历史文化长廊游览线，也可将宜昌的水电文化以雕塑等艺术形式展现出来，形成亮丽的水电文化旅游景观，使滨江公园成为宜昌城市旅游的新亮点。

通往城市主要景区景点和出入交通干道连接处的市内交通干道：宜昌的街道可按世界上和我国某些著名水电站的名称来命名，体现水电文化特色。在主要道路交叉口建设街心花园和城市雕塑或建筑小品。城市雕塑以水电文化、名人文化、历史文化、民俗文化为主要题材。

城市步行街区和传统商业街区：目前，宜昌主要繁华地段在夷陵广场一带，以前的传统商业区解放路、陶珠路、环城南路已建设城市步行街，这两个地段是人流最为集中的场所，应合理布局，突出特色，使步行街商业功能和旅游休闲功能较好地融合。作为"光之城""电之都"，一定要让宜昌亮丽起来，在步行街区和商业街区建筑物前多装饰一些颇具艺术色彩的射灯、轮廓灯、霓虹灯等，美化城市夜景，节假日可开展各类轻松欢快的街头表演，突出"动感活力"，与"水电之都"相匹配，给海内外游客以强烈的视觉冲击和美好的心理感受。

各类重点代表性的核心景区：两坝（三峡大坝、葛洲坝）一峡（西陵峡）旅游线是宜昌市具有水电特色的精品旅游项目，也是宜昌推向世界的王牌旅游产品。游客到宜昌来，不能让他们只是简单地感知这些大坝是座座庞大的水泥建筑，而应使他们在心目中树立这些大坝是人类改造、利用自然的杰作和高科技、艺术审美产物的理念。因此可以"两坝一峡"为中心,围绕三峡工程开发一系列水电文化旅游项目,如水电博物馆与科技馆、三峡工程展览馆、三峡工程遗址公园等,用现代化的手段向游客模拟和展示三峡工程建设的动态过程,让游客真正领略到水电文化的巨大魅力。

2. 视觉识别符号系统的形象设计

可向社会广泛征集并进行优选。

标徽:以三峡(西陵峡谷)和水电(大坝或明珠)为文脉进行组合、创意设计。

标准色:蓝色(象征"水")与黄色(象征"电")。

标准字体:可由名人题写以利于提高影响力。注意标准字体与标徽的协调搭配,可适当使用英语,以针对海外游客。

象征性吉祥物:"寻寻"(中华鲟)的卡通形象。因为宜昌是中华鲟的养殖基地。

形象大使:可用宜昌历史人物,如屈原、王昭君,也可聘请宜昌的文艺、体育明星作为旅游形象使者(这类人物应在公众中具有良好的口碑,受到广泛欢迎)。

【案例分析-3】

旅游度假地 CIS 策划实例——大连金石滩

大连金石滩 4A 级国家旅游度假区作为一个新兴的集休闲、娱乐于一体的度假胜地,必须重视旅游形象设计(即 CI 系统),所以我们本着从旅游企业经营角度与市场有机结合的思想出发,为金石滩景区和金石旅游发展公司分别导入了 CI 系统。

在金石滩景区的历史渊源和地理环境、旅游产品的特色与优势、旅游者的需求层次等全面分析的基础上,我们得出金石滩的优势体现在它的自然特点上,辅之人文景观,全面发展金石文化。阳光、沙滩、海水、奇石、森林、绿草,以及各具特色的建筑相互辉映,集清静、幽雅、休闲度假于一体,使之成为 4S (STONE, SAND, SEA, SUN) 的花园式度假休闲胜地。

为了更好地发挥金石滩的优势,获取更多的机会来发展旅游企业,开拓市场,我们必须从旅游形象上找到发展的切入点,设计出景区未来旅游形象的一整套方案,并将这些可控因素加以整合,在实践中切实加以实施与宣传,凸显景区旅游形象,以实现金石滩旅游业的可持续发展。

一、理念识别系统(MI)

(一)旅游企业理念的确定

1. 旅游企业使命:缔造浪漫的金石家园

大连金石发展有限公司是一个以旅游、度假、娱乐、餐饮服务及多种经营为一体的国有独资旅游企业。公司不仅为游客创造观海怡情、回归自然的条件,更让游客亲海玩海,体验碧海奇石的神韵。公司致力于传播金石滩的海文化、石文化、沙文化以及渔家文化;开发金石滩,是想让更多的人认识金石滩的价值,了解海洋和岩石,从而让金石滩发挥它更大的潜力。浪漫的金石滩,让游客远离城市的喧嚣,拥有一片净土;而金石本身就是一种财富,让游客与自然一起互动。

2. 旅游企业的服务宗旨：热情与坦诚的金石人

旅游不仅是游客与自然景观的直接接触，它也表现着人与人的直接接触，即游客与旅游集团服务人员的接触，更多的是语言行为上的沟通。金石人的热情与坦诚会让每一个游客有宾至如归的感觉，领略滨城人的民风民情。旅游企业本身也从游客本身利益出发，决心以国家级的设施、村级的价位、优质的服务奉献给每一位消费者。游客的微笑是对公司最大的鼓励和支持。

3. 旅游企业的经营理念：锲而不舍，金石为开，诚交天下客

态度决定一切，在市场机制不完善的今天，信誉和服务更是一个旅游企业发展的必要前提，所以公司把恒心、精心和诚心作为行为准则和信条，在不断设计、创新产品的同时，保证"售后服务"，凭着锲而不舍、金石为开的态度和处世方针，诚交天下顾客，广泛听取意见，从而使服务更上一层楼，最终达到让顾客满意的结果，让安全、可信、诚实、执著成为金石人的名片。

用诚挚的心吸引有心人，让来过金石的人成为我们的朋友！

表1 旅游形象口号设计模型

国际市场的形象口号设计	针对欧美远距市场： 1. GOLDEN PEBBLE BEACH, NOT ONLY BEACH 2. KISS GOLDEN PEBBLE BEACH
	针对东亚近距市场：韩国有个美丽的济州岛，中国有个神奇的金石滩。
国内远程旅游市场的形象口号设计：不游金石滩，枉为大连游	
假日经济游客市场的形象口号设计(近距离游客市场)：相看两不厌，尽在金石滩；往来不忘金石滩，亲密接触大自然	

表2 旅游形象创意模式

自我阐释	1. 白描	阳光、海水、奇石、绿草
	2. 比喻	大连美丽的御花园 金石滩，碧蓝色的金子
	3. 夸张	天上人间金石滩，人在其中便是仙
比较阐释	1. 领先	金石龟裂石，世界一绝品
	2. 比附	可以过冬的夏威夷——中国金石滩 东北小江南 金石天堂，海上苏杭
	3. 衬托	不来金石滩，枉为大连游

(续)

刺激需求	1. 感情	金石美景,一见倾心 轻启金石的梦帘,走进如诗的画卷
	2. 借势	新大陆,新海滩
	3. 公关	美妙金石滩等候你敲门 金石滩伴你左右
	4. 悬念	你知道金石滩神奇在哪
克服阻力	1. 距离	乘快轨列车,赏金石滩美景 从大连到天堂大约只需50min的车程
	2. 时间	纷纷金石滩,分分浪漫情
	3. 心理	金石美景,不枉此行
	4. 承诺	金字招牌金石滩

(二)理念识别系统(MI)设计

围绕金石滩的新形象定位以及对金石滩在不同客源市场中的形象认知的差异,可分别面向国际游客,国内远程游客,假日经济游客等3个层次和市场,延伸和强化金石滩核心形象定位(表1,表2)。

1. 形象核心理念:海洋之心,点石成金

创意导向:大连是海滨城市,海洋是大连的象征,金石滩作为大连的核心景点之一,海洋文化是突出的重点,所以把海洋文化作为金石滩的"心"。"海洋之心"是著名的电影TITANIC中的一条珍贵项链,把海洋和浪漫和谐统一起来,也表明了金石滩的发展方向。

"点石"比喻到金石滩旅游,"成金"比喻得到高品质的感受。同时点石成金又将金石滩的名字融入其中。点石成金让金石滩成为人人可享受之地,会让每位游客不枉此行,有种镀金之感。奇石是金石滩立区之本,与金石滩原有形象"神力雕塑公园"保持一致,而成金又使金石滩形象在原有基础上进行拓展。

碧海与奇石的核心理念与"海上石林"交相呼应,把金石滩的浪漫与洋化,基础与特长更好地展现出来。

2. 形象次级理念

(1)金石龟裂,妙绝天下

这里有一块呈梅花状的五彩"龟裂石",是沉积环境的活标本。天下第一奇石,上天的恩赐,历史的见证,文化的沉积,岁月的缩影,让人们在探索和识别中找到真谛。20世纪70年代,美国科学院地学部主席、世界地学权威柯劳德教授慕名探访金石滩,证实了这里的龟裂石是目前世界上块体最大、断面结构显露最清晰的沉积岩标本。

(2)蓝天碧海,气候宜人

金石滩位于辽东半岛南端的黄海之滨,三面环海,内有长达30km的海岸线,其中有优良的海滨浴场,30m宽的平缓沙滩,延伸达4km,海水清澈且风浪较小。

金石滩属暖温带半湿润气候，四季分明，气候温和，晴天偏多，日照充分，昼夜温差小，海域不冻不淤。冬无严寒，夏无酷暑，有"东北小江南"的美誉，"可以避寒的夏威夷"给您冬天的景色，夏天的热情。

金石天堂，海上苏杭，形象地描绘出金石滩的核心产品——碧海、奇石，把天堂的神秘与苏杭的美景融入其中，使游客对金石滩有了一个潜在的印象，有一定感召力。

(3) 健康时尚，绅士之家

金石高尔夫球场，位于东部半岛，占地面积 75hm^2，三面环海、一面依山。放眼望去，满目葱绿，如茵的草坪与蓝天碧海、红楼鲜花构成了优雅的休闲环境。金石高尔夫球场具有国际标准球道 36 个，中、美、港合资兴建，由美国著名高尔夫球场设计师 Peter Thompson 担任总体设计，其中的 18 个球道巧妙地利用了海滨地形，果岭均设在海头之上，充满了惊险和乐趣。有 7 条球道被评为世界百佳球道，其中的 7 号球道被专家称为世界上最具挑战性的球道之一。

灿烂的阳光，健康的草坪，时尚的运动，绅士的乐园。这里是紧张生活之外的休闲地，轻轻一杆，扫除您的疲劳，放飞您的身心。这里意味着高贵，体现着自由。您的微微一笑，面前就是一片海阔天空。

(4) 玫瑰海洋，爱情殿堂

在"神力雕塑公园"中有一个神秘的"玫瑰园"。那里的海滩上，礁石遍地，礁石是 7 亿年前藻类植物化石堆积而成的，礁石上的古藻，在海潮冲刷下，其纹理显得晶莹突兀，玫瑰色，乳黄色，碧绿色，远远望去，犹如一片绽开在碧海蓝天中正含苞欲放的朵朵玫瑰。老舍的夫人胡絜青在石碑上所题写的"玫瑰园"又让这个美丽的世界多了一分文学的内涵。玫瑰园方圆千余平方米，由一百多块高达十几米的奇巧怪石组成，涨潮时，它们衬着湛蓝的海水，像花儿开得格外惹眼。潮落时，踏着光华如玉的鹅卵石，仿佛走进一个梦境般的世界。

(5) 金石良缘，牵手百年

"海枯石烂""金石盟约"常常被人们用来形容天长地久的爱情。金石滩濒临大海，依景融情，专为天下有情人营造温馨甜蜜的事业。金石婚礼殿堂是中国目前唯一西式婚礼殿堂，罗马文艺复兴时代的教堂建筑、欧洲皇家园林的意境，是有情人终成眷属、彼此交换婚戒和互道"我愿意"、托付各自从此开始的幸福人生的神圣浪漫地。

"情侣小道"，逶迤曲折，道路两旁写满了爱情的见证，从"关关雎鸠，在河之洲。窈窕淑女，君子好逑"到"山无棱，江水为竭，冬雷震震，夏雨雪，天地合，乃敢与君绝！"处处把浪漫和诗意写进心田。情人湾头，凭栏听涛，山盟海誓，永结同心。一路十三景观，名字妙趣横生，是不可多得的一条情感专线。

二、视觉识别系统(VI)

偏重于视觉景观的形象设计，素材来源于旅游的"地方性"。包括地方(旅游区域)与别处不同的独特的自然景观及文化。视觉景观设计利用旅游视觉识别符号为载体。旅游地形象视觉符号是一个不断发展和成长的体系，主要包括人-地感知中的七大基本要素。

(一)人-地感知的基本要素

(1)景区名称

大连金石滩国家旅游度假区。

(2)标准色

蓝——取蓝靛色：蓝靛的海水象征大海的宽广，蔚蓝的天空澄净透明，海天相接处消失在远方。辽阔的海洋倒映着晴空的蔚蓝。

橙——体现人文色彩，代表人的活力与动感，把人与自然完美结合。

绿——取海绿色：象征无尽的生命力，代表金石精神的延续。

(3)标准字体

为配合金石滩国家旅游度假区的国际化发展战略，文字符号选用中文、英文两种文字。

中文：自创。

英文：自创。

(4)景区标徽

标徽创意说明：创意取材于金石滩龙宫奇石景区的代表景观"恐龙探海"。画面背景色采用单色，使蓝天与海水的颜色和谐统一，仿佛远处海天相接在一起。图形对恐龙探海的形象进行了艺术加工，突出外部特征，有良好的识别性，画面下方为抽象的沙滩和石头在水中的波动的倒影。整个画面立体感强，视觉冲击力强，又将阳光、海水、沙滩、奇石、沙鸥融合在一起。

(5)象征吉祥物

中国吉祥鱼——"念"。

吉祥物造型：带有流动感的三彩鱼。

吉祥物标准色：海蓝代表海的广阔与博大。

橙黄代表活力，寓意一种人文精神。

深草绿代表生命力，表示一种延续。

吉祥物含义：大连是一座海滨城市，故吉祥物取材为"鱼"；"鱼"让人联想到吉祥如意；多彩与动感给人以现代的感觉，犹如这座海滨城市一样，日益国际化，富有现代感，使中国的传统文化与现代文化相结合；吉祥物名称让人联想到"想念""思念"，富有让人暇想的文化内涵，也给这座海滨城市增添了浪漫气息。

(6)景区宣传口号

轻启金石梦帘,走进如诗画卷。

通过碧海与奇石展示金石滩"海上石林"的美景,把金石滩的浪漫与洋化,基础与特色传达给游客,使之成为极其向往的旅游目的地。

(7)景区宣传旗帜

旗帜背景色:白色。

旗帜图案:景区标徽和标准字。

(二)人-地感知的应用要素

1. 广告媒体与传播系列

(1)路牌设计

路牌形状:椭圆形。

内容设计:第一块前部分占整个版面的2/3,以白色为底;中部偏上为景区标徽,其下方为景区的名称,文字为自创标准字。第一块后部分占整个版面的1/3,印有景区宣传口号;下方有中文字体的景区地址和联系方式。

摆位设置:在停车站,景区景点放置;沿旅游路线每隔100m在路两旁交错放置。

(2)景点

在景点游区内插放景区宣传旗帜,并配以景点实景照片宣传。

(3)停车场

在景区每个景点的停车场,地面漆有"金石为开,诚交天下客"字样,颜色采用标准黄色,画出停车位。停车指示牌为圆形,上面印有英文字母"P",采用蓝底白字。

在停车场周围设置灯箱广告,内容以吉祥物或标徽为主,并印有"点石成金",公司名称"大连金石发展有限公司",旅游企业服务宗旨——"精诚为您服务"和联系电话。

(4)景区宣传手册

纸型样式:折叠式;宣传册大小采用21cm×58cm。

内容编排:(略)。

(5)景区纪念品

"海洋之心"钥匙链,以海蓝色和金色为主调。主体为蓝色的不规则菱形,代表了海洋,不规则菱形展现了大海的韵律和它的不固定性,菱形向四个方向延伸又象征着海的宽广,预示着金石滩景区将向全方位发展,能够满足游客的全面需求;金色代表沙滩,环绕着海洋,沙滩向前方无限延展者,预示着金石滩的发展将是无限的。

2. 交通系列

(1)游览观光车

车型为吉普车和豪华中巴。行走路线为:金石门—模特学校—蜡像馆—金石园—金石;高尔夫球场—多棱角广场—滨海路—婚礼殿堂—黄金海岸—金湾高尔夫。

(2)旅游电瓶车

行走路线为:滨海路及个景点之间。

(3)二人(三人)旅游自行车

行走路线为：多棱角广场。

3. 环境空间与标识系列

(1)景区入口

景区独树一帜，采用开放式入口，在进、出车道之间立有吉祥物念念活泼可爱的平面造型及景区的标准文字，正面是奇奇热烈欢迎游客的造型和"大连金石滩欢迎您"，使游人一到景区就感受到分外亲切；背面是念念送别客人的造型和"欢迎您再来"，使游人在即将离开景区之际再一次感到金石滩的好客与友好。

入口右侧立有景区导游图，图中的景点和路线都以卡通形象出现，一目了然。入口左侧是倾斜的绿地，上面有人和宠物一起玩耍的造型，象征金石滩是休闲度假的理想去处。

(2)餐厅(大众和星级餐厅)、接待处、客房

外部设计与内部装潢充分体现金石滩的浪漫与洋化。

预期效果：蓝、橙、绿3种标准色在景区各视觉符号中的灵活运用，形象地传达了景区的理念和旅游企业的理念精神，在内部员工之中达成共识，共同为之而努力，树立良好的景区形象；景区标志(标准色、标准字、标徽等)的设计融入了金石滩海洋文化和大连浪漫多姿的城市色彩，给游客以统一、持久的视觉冲击，使全新的景区形象和独特的景区服务风格得到旅游企业外部广大公众的认可。

(三)人-人感知要素(BI)

旅游者在与旅游地实体接触的同时也在接受这里的服务。人-人感知就是旅游者在接受服务后的总体感觉和内心满意的程度。所以说，人-人感知影响旅游者的内心感受，乃至整个旅游经历的最后满意度。因此，我们的人-人感知形象设计的目标是：顾客满意度的提升。

顾客满意度的提升从服务形象设计开始。

景区服务是专指旅游者在旅游活动的核心环节——游览和娱乐时所接受的在景区内提供的服务，让游客在接受景区服务的同时达到满意度的提升。因此，景区人员的服饰、言语、行为等就成为景区服务形象设计的重中之重。

1. 景区服务人员服饰

(1)绅士乐园服务人员(金石高尔夫俱乐部)

白色鸭舌帽，白色T恤，背后印有"大连金石滩欢迎您"的字样，蓝色运动裤，白色运动鞋。佩戴胸卡。

(2)黄金海岸安全护理人员

其服饰应与周围人员有明显不同，以便发生事故时游客能及时找到。建议穿着标准橙色T恤，左胸前印有金石滩景区标徽，背后印有"大连金石滩欢迎您"的字样，蓝色泳裤，太阳镜及望远镜。

(3)中华武馆

白色练功服，黄色腰巾，练功鞋。强烈突出民族特色。

(4)观光景区(金石园、赏石馆、蜡像馆、盆景园)

男士：黑色西裤，白色衬衫，黄色领结，黑色皮鞋。

女士：黑色西装裙，白色衬衫，黄色领结，黑色高跟皮鞋。

(5) 狩猎俱乐部

身着迷彩服，黑色运动鞋，体现人与自然的和谐。

(6) 服务休闲区

男士：黑色西裤，白色衬衫，黑色马甲，黄色领结，黑色皮鞋。

女士：黑色西装裙，白色衬衫，黄色领结，黑色高跟皮鞋。

2. 景区管理人员服饰

深蓝色西服（男装、女装）；白衬衫；佩带暗红色领带。这一装束充分表现管理人员庄重、严谨、诚信、认真的工作态度，给内外公众以诚信、优质服务的美好印象。

3. 人员行为与标准用语

景区服务人员作为旅游企业员工的一部分，其言行将会受到旅游企业员工手册的约束和规范。编写《旅游企业员工手册》，旅游企业员工人手一册。

为统一规范员工的行为，对外传达景区和旅游企业理念，树立良好的旅游集团形象：

一是通过景区人员热情的服务，用服务语言展现大连金石滩的独特魅力，与游客进行心与心的交流，使游客的满意度得到最大的提升。

二是用服务区别于其他景区的特征，给游客以无可替代的旅游愉悦感。

以我们的微笑服务、细心的关怀吸引国内外游客，景区制定了全新的《员工手册》。《员工手册》全面介绍了公司的基本概况、基本守则、福利待遇、奖惩制度等内容，从而在集团上下倡导树立艰苦创业、团结协作、无私奉献的旅游企业精神文化，营造"以人为本"的旅游企业氛围。让每一位员工明确旅游企业的目标与需求，从而凝聚一切的智慧与力量，共筑旅游企业未来之路。

在一般设计过程的指导下，通过对旅游地形象的现状调查和识别，明确形象设计的目标，并进行形象定位和口号设计，以定位的目标形象为中心，对旅游地中涉及自然地理和社会人文各方面的人-地感知形象系统和人-人感知形象系统的诸多要素分别进行设计之后，还必须有一个整合的过程，即将各个形象要素在以地理文脉为基础的"地方性"原则下，统一检核，以达成旅游地的整体形象。公司可以在实践的基础上寻找到整合的有效的方式。

三、行为识别系统（BI）

内容略。

【案例分析-4】

旅游景区形象策划实例——恩施石门古风旅游区

恩施石门古风旅游区旅游形象策划以地脉、文脉、商脉为根据，力求突出地域特色，具有鲜明个性，科学进行景区旅游形象定位与宣传设计。

一、旅游形象策划的"三脉"分析

旅游形象设计就是要在突出旅游地的比较优势和个性的前提下为旅游地"把脉"和

"找魂"。具体来讲就是要分析好地脉(自然环境根据)、文脉(地域文化依据)和商脉(市场需求和卖点)。我们对石门古风旅游区旅游形象的"三脉"解析如下：

地脉——鄂西门户，恩施客厅，山水奥美，施南佳要。

文脉——人类源地，巴盐古道，老街故居，土家风情。

商脉——山水观光，休闲度假，访古怀旧，文化体验。

二、旅游形象策划应考虑的主要因素

旅游形象定位是建立在地方性分析和市场分析基础之上的，地方性分析揭示本地的旅游资源特色，市场分析则是揭示市场对旅游目的地的需求特征，此两方面的整合即构成旅游景区的形象定位的前提。石门古风旅游区的旅游形象定位与设计主要应考虑核心旅游资源(或特色旅游资源)和游客心理诉求。

(一)旅游区的核心资源与特色资源

石门古风旅游区最能吸引游客的资源是什么？从比较优势的角度分析，首先是闻名遐迩的"建始直立人"文化遗址、神奇奥美的石门河幽峡，其次是岁月沧桑的巴盐古道、施宜古道、石垭子老街以及吴国桢故居，再次是奇特的石柱观与明代古桥——通济桥等。这是本旅游区最具比较优势和核心竞争力的特色资源。因此，形象定位一定要突出资源特点。

(二)游客的心理诉求

体验经济时代，人们更加重视旅游项目的新奇性和参与性，消遣、审美等身心自由的愉悦体验逐渐成为旅游者最大的旅游需求。具有回归自然、文化体验、访古怀旧、寻踪探秘、养生休闲等特色的旅游产品颇受游客青睐。

三、旅游形象定位与宣传设计

(一)旅游区旅游形象主题定位

根据石门古风旅游区的资源特色和旅游主题的定位，为突出最具特色的资源，打造旅游品牌，结合游客的心理诉求及旅游产品促销的需要，我们将石门古风旅游区的旅游主题形象定位为：石门古风·施南佳要。

"石门古风"的"石门"源于规划景区中的地名石门二字，其名字为大众熟悉，且寓意独特、神奇，易于想象；"古风"喻为石门河是一处古老而神秘的旅游胜地，如古洞("建始直立人"遗址)、古桥、古观、古道、古舞、老街、名人故居以及古老灵奇的传说等，是一幅古风浓郁的山水人文风情画卷。用"古风"二字颇能显示景区的主要特征和非凡气度；石门河右岸崖壁上有一处古石刻，即"施南第一佳要"，是清朝咸丰年间宣恩知县路过石门河时的题刻。所谓"施南第一佳要"，是指这里山川幽美、险要，为施南最佳。用"石门古风·施南佳要"作为石门古风旅游区的主题形象，立意高雅，气度非凡，且颇有地脉文脉根据，有利于扩大知名度和进行品牌塑造。将"石门古风·施南佳要"作为石门古风旅游区的旅游主题形象主要是基于景区的资源特色和地脉、文脉定位。

这一主题形象既是基于石门古风旅游区旅游资源特色和地脉、文脉的提炼，又符合当今旅游者寻古、怀旧、探胜等心理需求。围绕该旅游主题形象不断塑造和提升景区旅游品牌，将具有很强的感召力和辐射力。

"石门古风·施南佳要"也可以作为石门古风旅游区旅游市场营销的主要宣传口号。

（二）宣传口号设计

石门古风旅游区可以精选有创意、有魅力、有卖点的旅游宣传营销口号，在沪渝高速公路、宜万铁路的交通出口处的高坪互通、红岩寺互通和目标市场城市武汉、重庆等地布置系列标牌广告，进行招徕式宣传，并在大众传媒上进行轰炸式宣传。

旅游宣传口号可向社会征集。初步设想有如下宣传口号：

- 建始直立人遗址——建始直立人一小步，人类历史一大步。
- 石门河——探石门河幽景，游桥梁大观园。
- 石门幽峡——古桥灵树，古道新栈。
- 巴盐古道——走巴盐古道，沐沧桑古风。
- 石垭子老街——岁月老街，沧桑古道。
- 石柱观——建始名景，天下奇观。
- 吴国桢故居——名人故里，花香农居。
- 高坪游客接待中心——自驾车族家园，身心牧放驿站。
- 幽幽石门景，浓浓古风韵。
- 石门万载古风，施南第一佳要。
- 游石门河景，探直立人洞，观古今名桥，走施宜古道，逛石垭老街，登石柱道观，访名人故居，沐沧桑古风。

（三）旅游标识等设计

旅游标识由"石""门""古""风"（"凮"）四字抽象简化成几何形体而成，整体像一座雄伟的山体或门阙。寓意石门天堑、雄关漫道和自驾车营地（自驾旅游之家）。其形式简洁、独特，颇具艺术性。

石门古风旅游区徽标

旅游区标准色选用古香古色的绛红色，象征着石门古风这片土地的古老而神奇。

（四）标准字

石门古风旅游区的标准字为古朴雄强的魏碑字体。针对海外游客，主要使用英语、日语、韩语三种文字。

(五)背景音乐

搞好音响工程建设，用背景音乐烘托气氛，营造氛围效果，达到景区旅游形象的统一。在石门古风旅游区的主要景点与休憩点、部分游览线路播放与环境相和谐的主题背景音乐，如石门河幽谷可播放《高山流水》（古琴演奏），八角村可播放《田园春色》（二胡独奏），巴盐古道可播放《阳关三叠》（古琴演奏或二胡独奏），以营造"古道西风瘦马"的文化氛围等。

(六)景区歌词

《石门古风放歌》：一线野水，劈开重岩叠嶂；一洞秘窟，改写历史篇章。一壁石刻，盛赞石门风光；一棵神树，寄托山民信仰。一条老街，数说岁月沧桑；一座道观，展现奇构辉煌。一段古道，穿越时空热肠；一道新栈，深入地球胸膛。一处天堑，荟萃古今桥梁；一区绝景，广邀朋友游赏。石门古风，我们为你歌唱；石门古风，我们为你歌唱！

（案例执笔人：曹诗图）

【案例思考题】

1. 试对上述4个形象策划案例进行评价，各有什么特点？
2. 如何设计旅游形象主题词和宣传口号？
3. 如何进行旅游地形象文化定位分析？
4. 分析大连金石滩形象策划案例，谈谈在旅游度假区形象策划中，如何选择和突出主题？

第4章 旅游产品策划

【本章概要】

本章阐述了旅游产品策划概念、旅游产品策划与开发的主要依据和原则;分析说明了旅游产品策划的基本方法和要领;重点介绍了观光类旅游产品、休闲度假类旅游产品、娱乐类旅游产品、生态类旅游产品、文化类旅游产品、科普教育类旅游产品、康体养生类旅游产品、奇异类旅游产品、节庆类旅游产品、现代人造景观类旅游产品等主要类别旅游产品策划的具体方略。

【教学目标】

掌握旅游产品策划概念、旅游产品策划与开发的主要依据和原则,以及旅游产品策划的基本方法和要领;了解主要类别旅游产品策划的具体方法与策略。

【关键性术语】

旅游产品;旅游产品策划;以人为本;愉悦体验;体验设计

4.1 旅游产品与旅游产品策划概念

4.1.1 旅游产品的概念

旅游产品是以旅游地为核心,为旅游者提供的物质产品与精神产品的总和。旅游产品是旅游景观(旅游吸引物)、旅游设施和旅游服务的综合体,它是一个复合概念。

按包容性分 旅游产品可以分为广义的旅游产品和狭义的旅游产品。广义的旅游产品包括旅游景观、旅游线路、旅游商品、旅游设施、旅游服务等旅游综合性产品;狭义的旅游产品主要是指旅游景观和旅游线路。

按产品属性分 旅游产品可以分为自然景观类旅游产品、人文景观类旅游产品、非物质类旅游产品、复合型旅游产品等。自然景观类旅游产品包括自然观光地、自然度假区、自然风景区、自然保护区、森林公园、地质公园、湿地公园等;人文景观类旅游产品包括文化遗产、乡村观光、城市旅游、活动场所、现代工程建筑、主题公园、节庆、赛事、交易场所等;非物质类旅游产品包括文化差异、社会机制、神秘氛围、历史与传说等;复合型旅游产品即多种类型的旅游复合产品。

按旅游活动的功能分 旅游产品可以分为观光类旅游产品、休闲度假类旅游产品、娱乐类旅游产品、生态类旅游产品、文化类旅游产品、特种旅游产品等。

按空间形态分 旅游产品可以分为点状产品、线路产品、地段性产品或区域性产品。

旅游产品具有综合性、不可储存性(只有旅游者消费时才得以存在)、体验性(审美、消遣、求知等身心自由的愉悦体验)、不可转移性(在旅游活动中,发生空间转移的不是旅游产品而是旅游消费者)、脆弱性(易波动性)等特性。

4.1.2 旅游产品策划的概念

旅游产品策划是通过整合各种资源,利用系统的分析方法和手段,通过对有特色的旅游资源、变化的市场和各种相关要素的把握,有创意地设计出能吸引游客的旅游产品。旅游产品策划是旅游策划的核心,它涉及供给与需求的关系问题,应特别注重资源分析和市场调查。林峰博士认为,成功的旅游产品策划应具有四条标准:定位准确、核心吸引力凸显、游玩方式适应游客需求、投入产出合理。对旅游产品策划而言,最重要的是确定游玩方式,又称为"玩法"。创意的最大难点也是最核心点,就是玩法。旅游产品策划的最高境界是创造兼具审美、消遣、新潮、奇特性质的身心自由的愉悦体验,形成人们向往的非常态生活方式。

4.2 旅游产品策划与开发的主要依据和原则

4.2.1 旅游产品策划的主要依据

(1) 资源条件

资源条件是旅游产品策划与开发的物质基础,缺乏资源条件对于策划者来讲无疑是"巧妇难为无米之炊"。旅游产品策划要善于发现、挖掘旅游资源的独特性,善于对各类资源要素进行巧妙的整合,把握资源要素与产品要素之间的逻辑联系,在科学与艺术之间进行旅游产品策划。

(2) 市场条件

市场需求是进行旅游产品开发、实现旅游供给的前提,目标市场应该成为引导产品开发方式、规模、层次以及调整产品结构和开发策略的导向性依据。旅游策划要使设计出来的项目具有市场效应和可操作性,就需要对旅游行为主体进行深入的研究,通过大量的市场调查,掌握第一手资料,深入了解旅游者的经济行为,掌握他们的行为规律,使旅游策划深入到消费经济和游客心理层面。只有做到对旅游行为主体的消费行为进行深入研究,才能解决旅游产品的策划与开发的商业运作等问题。

(3) 区位条件

旅游区位主要包括资源区位、客源区位和交通区位。分析区位条件主要从这3个方面着手。由资源区位看结构,由客源区位看位置,由交通区位看线路,即旅游资源的丰度与搭配组合程度,旅游地与外部客源市场、周边景区(点)的空间关联度以及客源市场与旅游目的地的线路通畅度。这三者构成的区位因素是产品开发的重要影响因素。

在旅游产品策划中，应对旅游资源、旅游市场和旅游区位条件进行综合分析。

4.2.2 旅游产品策划的原则

(1) 创新原则

创新是事物发展和人类社会发展的动力。旅游产品策划能否成功，创新是关键。真正的策划应具有创新性，"鹦鹉学舌、照葫芦画瓢"，照搬、模仿、抄袭别人固有的模式都不是真正的策划。孙子兵法中有言："兵无常势，水无常形"。策划需要创新性的思维，应随具体情况而发生改变，不能抱残守缺、因循守旧。要想不断地取胜于市场，必须不断地创造新的方法。即使成功的模式，也不能生搬硬套，要善于依据客观变化了的条件来努力创新。只有这样，策划才能别具一格，与众不同，吸引人，打动人，更能取得成效。

提高策划的创新性，要从加强策划者的知识积累和创造性思维入手。知识积累是创造性思维的一个基础。只有具有渊博的知识，如地理、历史、文学及社会学、心理学、管理学、营销学等知识，才能形成策划人策划的文化底蕴，并在这种文化底蕴上培养创新的思维。缺乏必要的知识，策划只能是无知者的呻吟、无畏者的空想。具备了扎实的理论知识，我们才能展开理想的翅膀，闪烁智慧的火花，去畅想，去创造。创新性的思维方式，是一种高级的人脑活动过程，需要有广泛、敏锐、深刻的觉察力，丰富巧妙的想象力，活跃、丰富的灵感，广博、深厚的知识底蕴，只有这样，才能把知识化成智慧，使之成为策划活动的智慧能源。创新性的思维，是策划活动创新性的基础，是策划生命力的体现，没有创新性的思维，旅游产品策划活动的创新性就无从谈起。著名的策划大师科维宣言："我要做有意义的冒险，我要梦想，我要创造，我要失败，我也要成功……我不想效仿竞争者，我要改变整个游戏规则。"

探新求异是旅游活动的本质特征，这决定创新在旅游产品策划中特别重要。在我国旅游产品策划中，不乏因创新而成功和因模仿而失败的例子。当第一个西游记宫建成时，引起了众人的关注，旅游者从各地纷至沓来，项目取得了很好的收益。但是当西游记宫遍地开花时，西游记宫甚至成了妖魔鬼怪、粗制滥造的代名词，不要说能盈利，连投资都难以收回。

(2) 以人为本原则

旅游产品策划应"以人为本"，以满足人的精神和文化需求为目标，注重游客的身心自由体验和人的生命质量的提高（即要为旅游者提供愉悦价值、审美价值、文化价值、精神价值、知识价值、健康价值等）。通过有效的策划和导引，使游人在亲近自然、欣赏山水、接触社会、感受人文、体验风情、享受休闲和美食购物的旅游过程中体验到身心愉悦。英国规划师朗索曾指出规划师犹如一个翻译，他的职责就是把公众的需要"翻译"成物质的环境。对应于旅游产品策划，就是要为游客着想，满足游客的需要。

情感是人所特有的一种心理过程或心理状态，是主体对客体是否满足自身的需要而产生的态度评价或情感体验。情感的性质和内容取决于客体是否满足了主体的某种需要，满足了需要，就产生了积极、肯定的情感，否则，就会产生消极、否定的情感。实际上，人们对许多刺激物或信息视而不见，充耳不闻，而只有当这种刺激和信息直接或间接地、现实或潜在地符合了主体的某种价值需要，才能诱发主体产生积极、肯定、喜爱和接近的情感体验。人作为旅游活动情感体验的主体，对旅游产品策划的结果必然会产生积极或消极、肯定或否定的评价，进而影响策划的成败。

人有七情六欲，重情也是中国人特有的品质，加强情感沟通，对激发主体人的积极、肯定、喜爱和接受的情感及情绪体验，有着重要的作用。在策划者与策划对象之间架起一座心灵的桥梁，传达爱心，引发共鸣，从而取得意想不到的效果。尽管策划千变万化，但策划的运作与成功有心理规律可循。心理学家马斯洛把人的需求划分为7个层次：生理需求、安全需求、归属和爱的需求、尊重需求、认知需求、审美需求、自我实现需求。人们的这些需求在人际活动中都是有一定体现的，旅游产品策划要善于利用这些心理诉求。除了上述讲的7个层次外，还包含一个总体策划上的心理需求，即"知己""知彼"的需求，"知己知彼，百战不殆"这一条也是策划的基础和关键。情况不明就不能拿出有针对性的有效方案来，就等于盲人骑瞎马，必然处处碰壁。作为一个策划者，凡能了解策划对象的心理需求，以合理的方法满足他们的相应需求，就会有的放矢，取得最大的成功。旅游方面策划的关键是"以人为本"，做好市场细分。

(3) 价值原则

价值性是旅游产品策划活动的一个立足点、出发点，是评价一项策划活动成功与否或成果佳否的基本标准。一个优秀的产品策划其价值一定很大；相反，无价值的产品策划，我们不能称之为一个好的策划。策划创意即使再完美，如果策划之利益低于策划投入，那么这个策划也不能称之为好的策划，甚至说它是失败的策划。

旅游产品的价值性可以从经济效益、社会效益和生态效益等三大方面进行衡量。只有具备经济收益，旅游产品开发才能获得融资，项目才能得到实施，因此经济效益成为衡量旅游产品策划的重要指标。但是旅游产品经营不能只考虑经济效益，由于旅游活动的社会性和对生态环境的敏感性，旅游产品策划也必须同时兼顾生态效益和社会效益。从另一方面说，生态和社会环境也可能对旅游景区长远的经济收益产生影响。符合消费者的需求是产品设计时最重要的法则之一，但在进行旅游产品策划时则不能仅仅考虑消费者的需求。由于人性善恶兼有，而且人的欲求不完全是合理的并是不断膨胀的，因此不能一味满足消费者的所谓需求而牺牲环境。另外，在使用量上也不能以满足现代人的最大需求量而设计，应本着不超过环境承载力的原则从事策划。自然风景区的开发应遵循自然优先、设计融于自然的准则。人本性与自然性在很多时候是有冲突的，但最终应是和合的，即实现"天人合一""天地人和"的最高境界，实现共生共荣、共合共美。

(4) 可行性原则

任何一个策划，作为一种想法，开始只留在头脑中，作为创意，只是一种设想或文字的组合，也许都只是未经实践检验的美好梦想。这一异想天开的主意在现实中可能顺利实现，也可能遇到不可克服的困难而半途而废。因此，旅游产品策划考虑最多的便是其可行性。"实践是检验真理的唯一标准",同样,旅游产品策划的创意也要经得住事实与实践的检验。

旅游产品策划的可行性包括经济、技术、法律、社会等各方面的可行性。要增强策划的可行性,一方面,要进行周密的考察和资料收集,充分利用所能获得的一切信息,进行严谨、科学的分析,对未来形势做出准确的判断;另一方面,可以采取逐步推进的办法,可以通过小范围内预演,看一看是否能取得好的效果,根据结果决定是否修改,只有在实验成功后才正式实施。

现在的许多旅游产品策划在一定意义上变成了创意的比赛,一个比一个胆子大,一个比一个想象奇,其中确实出现了不少佳作。但是,更多的是华而不实或者根本无法实现的设计,"世界之最、唯我独有"往往成为一句空话,这是应该引以为戒的。

(5) 独特性原则

所谓独特性就是指旅游产品开发必须体现旅游产品的独特竞争优势。独特性来自对竞争优势的分析。工业品竞争优势的来源一般有两个主要渠道,一个是差异化也就是独特性;另一个是低成本和低价格。和工业品不同,在旅游产品的竞争中,独特性几乎是唯一的来源。工业品的消费表现为产品流向消费者,而旅游产品的消费表现为消费者流向产品。在这两种方式下,消费者要承担的成本有很大差别。在旅游产品价格中,旅游产品的生产成本只是很少的一部分,大量的是消费者的旅行成本,包括交通、食宿等各项费用。旅游景区对旅游产品价格的控制力是很有限的,通过降低产品生产成本很难获得竞争优势,因而独特性就成为竞争优势的最主要来源。

(6) 文化性原则

旅游活动从根本上讲是一种社会文化活动,文化性是旅游的根本属性。旅游产品策划必须深入挖掘景区资源的文化内涵,把握旅游者的精神诉求,才能提高旅游产品的品位和市场的认同。缺乏文化品位、迎合低级趣味的产品可能得一时之利,从长远来看必然得不偿失。

(7) 产品的互补性原则

旅游产品的互补性,可以从空间和时间两个方面理解。在空间上,旅游区的主要旅游点应在特色上优势互补,在布局上有主有从;同时要重视旅游时间上的优势互补,将气候、物候、季候作为旅游资源的组成部分加以规划设计,甚至考虑白昼产品和夜间产品的互补开发,苏州的"夜游苏州园林"项目和桂林的"夜游两江四湖"项目即为成功范例。

(8) 组合性原则

旅游产品组合应形成结构性旅游产品(产品结构),使产品的优势互补。旅游产品的组合具体应遵循如下原则:

开发思想的统一性 开发思想的混乱将导致产品体系无序、雷同、排斥、内部恶性竞争,难以形成合力。只有围绕一定主题进行衍生开发,才能形成内涵丰富的特色旅游产品系列。

产品体系的层次性 具有核心产品(主体吸引,为主打产品、拳头产品)、主要产品(辅助吸引)、一般产品(背景吸引)3个层次,形成"楔形阵容"或"雁型模式"。

4.2.3 旅游产品策划案例

"深圳人游深圳"旅游产品策划

(1) 一个中心

核心价值需求：通过旅游促进交流和沟通，达到人与人，家与家，企业与企业之间的融合。

(2) 两个基本点

差异点：专业策划，政府、媒体、企业共同推动。

整合点：深圳人游深圳，再一次呼吸"家"的气息。

(3) 四项原则

①人群细分原则

合家欢深圳一日游：在深圳定居的家庭万名青工大联游，外来务工者。

②内涵丰富原则

A 合家欢深圳一日游系列

"生态家园"深圳西部一日游：体育馆—西丽奇蔬异果世界—光明农场—西部海上田园—世界之窗。

"古往今来"深圳经典一日游：体育馆—深圳博物馆—地王深港之窗—大鹏古城—客家民俗博物馆—世界之窗。

"黄金海岸"深圳东部一日游：体育馆—大鹏古城—东江纵队旧司令部—明思克航母。

B 万名青工深圳大联游

体育馆—莲花山公园—邓小平画像—地王深港之窗—明思克航母（外景）—高交会馆—世界之窗(17：00后入场游览，晚上观看《跨世纪》大型主题歌舞晚会)。

③实效推广原则

政府推动；媒体参与；旅游局长为您当导游，市长为您当导游。

④品牌积淀原则

通过好的产品逐步积淀品牌，以品牌推动新产品的销售，实现由产品开发到品牌打造。

4.3 旅游产品策划的基本方法

4.3.1 文化包装法

文化是旅游的灵魂，旅游产品应有文化内涵和文化特色。因此，在旅游策划中，有意识地采用文化包装手法，渲染一种文化氛围和人文情愫，有利于提升旅游产品的品位，增强旅游产品的吸引力。文化包装法主要有以下两种形式。

(1) 名人包装法

这一形式的要点，一是所借名人之"名"要具有垄断性，这一名人最好是只有本地域本景区才能借用的，至少是这一名人在本地域本景区有着极为突出的影响或重要的活动；二是所借名人之"名"要对目标市场有吸引力，所借名人最好富有传奇色彩或浪漫色彩。

(2) 故事包装法

一个旅游产品和旅游项目要在市场中保持长盛不衰的生命力，讲故事是重要的。如果说一个旅游产品能够有主题故事，就容易沟通游客的心灵，搭起通向目标市场的桥梁。在实践中不难发现，有故事的产品和项目，操作起来比较容易，没有故事的产品和项目，操作起来就比较困难。所以，首要的问题是，原本没有故事怎么办？答案是：自己来编故事。旅游消费者要超越刻板的日常生活，摆脱紧张的工作状况，日常生活本身尚且需要故事，脱离了日常生活的旅游休闲活动更需要故事，这样就会使旅游休闲活动更加形象生动，为了体验生动形象的故事情节旅游者就愿意付出时间和金钱代价。这样的话，作为旅游产品和项目来说，就不是简单的自然山水或人文古迹，因此编故事在一定意义上成为核心问题。编故事的实质是根据情感定义市场，在经营产品和项目的过程中，旅游产品基于原有资源的部分已经成为一个附属，主要的目的是体现故事的意义。这一点在以文化为主的景区，尤其突出。文物里肯定包含故事。比如，游览兵马俑，首先要把秦始皇的故事讲一遍。再比如，到镇江金山寺、当阳长坂坡旅游，看景物反而成了次要的，听故事是主要的。自然类的景区怎么形成故事呢？首先要挖掘当地资源，从资源里生出故事，如果生不出故事，就编故事。很多自然类景区里的景点，都可以附会故事。讲故事不要仅局限于古人的故事，很多新故事，客人也觉得很有意思。故事的范围大，关键是怎么扣紧主题，扣紧主题的故事才能体现文化，才能使旅游产品有灵魂。故事包装法在旅游策划中的步骤是：挖掘故事—加工故事—物化故事—营销故事。

4.3.2 情景实化法

(1) 方法要点

在一定意义上，情景实化法是和文化包装法相对应的两种方法。文化包装法提出要讲故事、借名人之名，而情景实化法则是指如何将景区既有的传说故事落到实处。

中国是泱泱文化大国，很多旅游景区都流传着许多历史传说、民间故事，有些甚至被文人墨客写进各种文字作品当中，但是这些景区往往只是徒具虚名，与传说故事对应的只是蛛丝马迹，甚至踪迹无寻。其主要特征是"名不副实""高知名度+低质景观"，人们在进入旅游地之前具有先入为主的印象，容易产生"不到某地真遗憾，到了某地更遗憾"的心理落差。这就是人们常说的，旅游景区"有说头"，但是"没看头"，更"没玩头"。

解决这类景区存在的主要方法是将虚的做成实的，具体可从以下4个方面进行。

景韵摹写 景观视线应避开和传统风貌不符的地区，注意从现实到历史的过渡，并通过景观设计、史迹陈列、恢复或仿造传说故事中的建筑物等手段，营造历史文化环境氛围，使旅游地的景观特色和整体韵味与传说故事大致相似，实现故事景观的"实化"。

场景活化　核心场景应有表演设计，变纪念型景点为动态型景点，实现故事事件的"实化"或场景活化。

游客参与　设计参与性项目，让游客既动腿又动手还动脑，包括参与氛围、参与场景、参与活动等，实现游客身心参与的"实"。

升华体验　将传说故事所蕴含的有益内容升华，让游客参与其间，自我感悟，实现游客精神体验的"实化"。

通过上述4个方面，将传说故事的情景实化，切切实实地让游客能够得到传说故事的全方位体验。

（2）具体案例

参见"织女洞"策划案例。

织女洞——牛郎织女故乡

织女洞位于山东省沂水县燕崖乡大贤山东北麓，西北距县城15km，海拔532m，面积$4.5km^2$，沂河流经其东北崖畔，织女洞位于沂河西岸40多米的绝壁之上，河东平地上原有牛郎庙。由织女洞南行200m的上方有迎仙观一处，观内有叶籽银杏、天孙泉等自然景点。织女洞与玉皇阁（迎仙观一部分）已经地方政府拨款维修，1986年5月1日向社会开放。

根据对织女洞景区资源特色的分析，王衍用及规划组成员提出"以'爱情之乡、男耕女织；天上织女，地下牛郎，银河阻隔'来包装建设该景区"的开发思路，以将传说故事情景实化作为开发重点。围绕该思路规划组提出了以下一些具体做法：

- 织女洞外壁用织女星座图案镶嵌，构成天上织女的景象。
- 河东平地不再复建牛郎庙，按中国古代男耕女织来开发建设：平房、织机、纺车、扁担、箩筐、田地、黄牛等景观让游人联想并参与。
- 沂河上建拱形木桥，中间可开可合，桥两侧镶嵌喜鹊图案，桥平面上嵌刻星宿图案。每年农历七月初七鹊桥合拢，让青年伴侣来此举行婚礼，山盟海誓。
- 在沂河东南方向河滨地或东南山地上建连理宾馆，让新人居住。
- 根据民间传说，在牛郎居所东南处建大量瓜棚豆架，让游客在农历七月初七的夜晚听牛郎织女的悄悄话，体验浪漫情调。
- 更换迎仙观的称谓，观内置灵霄宝殿、王母宫，建筑物可建得怪诞一些并加云纹星宿图案；传说银杏谓之生长在银河边上的树，故叶籽长在叶面上；将天孙泉更名为"织女泉"。
- 以叶籽银杏、鹊桥、织布机、纺车、扁担、箩筐等为题材制作"爱情之乡"旅游纪念品出售给游客。

4.3.3　突出差异法

旅游的主要目的之一是求新求异的愉悦体验，旅游产品差异性本身就是一个很好的卖点。因此，如果景区景观特色突出，可以抓住某一特点形成特色产品或项目主题，用"第一""之最"等词语进行描绘，以达到吸引旅游者的目的。这是符合"注意力经济"原则的。根据注意力经济的理论,人们的注意力是有限的,因此对于同类事物,人们往往只关注最具特色或者品质最优良的事物。具体可采用"另辟蹊径法""大同小异法""同质异构法"等方法。

4.3.4 整合提升法

由于旅游开发者的文化浅薄和急功近利思想作祟,不少旅游景区的策划和建设低俗,缺乏文化品位,对风景名胜的核心景观进行破坏性建设,破坏了旅游地的景观文化内涵与品位。在这种情况下,旅游景区进一步发展面临的最大问题就是如何重塑景区形象和提升景区品质。

整合提升法就是针对上述问题提出的一种产品策划和方法。旨在深入挖掘旅游景区文化内涵,以更高层面的精神理念对旅游景区资源进行重新整合,从而使景区对旅游市场形成更大的吸引力。整合提升法的要点有:

(1)深刻把握景区文化内涵

产品主题定位必须基于对旅游景区文化内涵的深刻把握,不能过于牵强附会,主题定位虽然是人为策划,但是不能脱离旅游景区文脉的延续,要易于被人们所接受。

(2)主题定位立意要高

立意高才能达到重塑景区形象、提升产品品质的目的。主题定位立意高不是刻意追求"高、大、全",更不是搞"假、大、空",而是要从吸引旅游者的角度出发进行策划,使之符合旅游者更高层次的需求。

4.3.5 愿望填充法

(1)方法要点

人们有许多美好的愿望,如对健康、长寿、平安、财富、爱情、仕途、学业、子嗣等的向往等。如果旅游产品和景区项目能够围绕满足人们的这些愿望进行开发,显然能够对旅游市场形成巨大的吸引力,这种吸引力甚至可以化平凡为非凡、化腐朽为神奇,将景观平凡的景区打造为旅游精品景区。

(2)具体案例

参见"云门山"策划案例。

云门山——东方寿山,养生天地

云门山景区是国家重点风景名胜区,位于山东省青州市南郊,总面积约$8km^2$,主峰大云顶海拔$421m$,山顶有巨洞贯穿南北,立于此洞中北望可远眺青州市郊,每年夏秋之际,云雾往返洞中飘行,缭绕不绝,为此冠名曰"云门山"。云门山山峦如黛,奇峰兀立,因其秀美的山体和幽静的自然环境,历来颇得佛、道两教的青睐而成为佛、道教的仙境胜地,同时吸引了历代无数的文人墨客和达官贵人竞相来此畅游,从而留下了许许多多、形形色色的摩崖题刻。

旅游规划组将云门山主题定位为:东方寿山,养生天地。围绕主题打造旅游产品。其定位的主要依据是:人们常用"福如东海、寿比南山"的颂语来给老年人祝寿,其中的"南山"指的是云门山;云门山山顶有巨大的"寿"字摩崖石刻,"寿"字高7.5m、宽3.7m,笔势如龙跃天门、虎跳凤阙,气势宏伟,异常壮观,是云门山主体景观。另外,云门山上分布有多个寿文化景观,可谓东方最具寿文化品位的景区之一;长寿是人类永恒的需求,尤其是现今社会,人类对长寿的向往更加强烈。因此,很有必要依据云门山的文脉与形象来打造"东方寿山"。另外,云门山有深厚的寿文化底蕴,对养生可以进行有力的支撑。加之云门山及周边的山麓松柏翠绿,生态环境优良,小气候条件宜人。旅游规划组以养生保健、延年益寿、身体康健为主要宗旨,整合、提升、优化配置云门山的旅游资源,策划并打造系列产品,建设系列养生长寿度假设施,强化长寿健康的游憩氛围,使之成为名副其实的"养生天地"。

4.3.6 避实击虚法(另辟蹊径法)

(1)方法要点

"影区现象"是中国旅游业最普遍的现象之一。"影区现象"有时表现为一种"三角关系",大地域"国家级三角"——中部处于西部和东部的影区之下,故而"中部崛起"成为一种突破影区的口号;"省级三角"如贵州处于云南和四川的影区下;"地区级三角"如安徽的"两山一湖",太平湖处于黄山和九华山的影区下;有时表现为对立关系,如云南乃古石林就在路南石林的影区之中。影区如何发展旅游成为值得研究的一个重要课题。我们在实践中总结出一种避实击虚法或许能够提供解决这一问题的一种模式。

避实击虚法的要点是不在竞争景区的优势上与对手进行抗衡或争锋,哪怕这方面的资源是景区最具特色的资源,而要另辟蹊径,抓住景区资源某一方面的特色策划并打造旅游产品,在与对手的错位竞争中形成优势,或者实现互补,使得景区能够突破屏蔽效应,获得发展。

(2)具体案例

参见"邹城"策划案例。

邹城——中华母亲苑

1. 策划背景

山东邹城距曲阜、泰山很近,三孔、泰山屏蔽效应十分明显(三角关系),"灯下黑"现象严重,三孟作为山水圣人旅游线的一个点,仅能作为三孔的附属景点(对立关系)。山东省孔孟之乡、东方圣城旅游形象产品的全方位开发,孟子也只能是其中的一部分内容(甚至是一小部分),而且只能是二级区,邹城若一味地仅打"孟子牌",将不可能形成自己的特色产品,旅游业发展将受到严重制约。邹城只有尽快走出"三孔"的阴影区,寻找其他的发展方向。

2. 打造中华母亲园苑

(1)项目名称

中华母亲苑。

(2) 主题定位

中华母亲世界。

(3) 基本理念

弱化三孟，避免资源雷同、近距离重复；突出孟母，以"母亲""智慧母亲"这一关乎人类家庭的共性课题切入，锁定"家庭出游者""母子出游者"等目标客源，以"母亲带动力"旅游发展思路，进行系列产品策划。以"智慧母亲"与"圣人孔子"形成互补产品。以孟母为主线，逐步拓展"母亲产业"，从母亲教育子女的角度出发，打造"智慧母亲苑"。

(4) 定位依据

文脉 中华母亲典范——孟母；完整的孟子出生地—二迁处—三迁处"孟母教子"系列；孟母教子系列故事。

地脉 唐王山—护驾山—吉家山一带优良的风水结构和地理空间。

文化价值 对"母亲"的爱是华夏文化的重要组成，孟母是中国母亲的典型代表。在华夏文化纽带工程"华夏文化标志园"项目中，孟母作为其立项的依据之一，中华母亲苑的建成将可成为华夏文化标志园的组成部分。

产业价值 中华母亲苑项目的主体是以"母亲"为品牌的母亲用品产业和女性用品产业。这一产业的形成将给邹城带来巨大的经济效益，并形成邹城企业和产品名牌。

(5) 开发思路

注册"母亲"牌商标。

以中华母亲主题苑为基础，以母亲文化和发展母亲、女性产业为主线，以"中华母亲文化"为特色，以观光、教育和发展母亲、女性产品为目的，重点开发中心广场、旅游观赏区、游艺活动区、休闲区、科普教育会展区、母亲和女性产业商品加工区、慈善与教育区和接待服务区。

4.3.7 突出主题法

无论是何种旅游产品的策划，必须注重突出主题，没有主题就没有灵魂，只有用主题思想进行产品包装，才能变平凡为非凡，化劣势为优势。

(1) 旅游商品开发的主题化

游客带不走山水、文化，但要带走一个寄托物。从广义上说，旅游商品包括工业品、农副土特产品、旅游用品、旅游工艺纪念品等不同类型。从狭义上说，旅游商品主要指旅游纪念品，这是带有旅游地明显特色的旅游商品。

旅游商品开发的主题化有以下两条重要途径。

一是对当地的工艺土特产品进行文化包装。即把当地的历史文化、景区风光与工艺土特产品结合起来，变成只有在当地才能买到、在当地才愿买的真正的旅游商品，使其成为游客的情感寄托物。

如淄博市是我国陶瓷、美琉产地，王衍用建议部分陶瓷、美琉应烧制上齐国历史名人、淄博市主要景点景观，不要再烧制那些无个性、大众图案的产品。再如，曲阜市旅游商贩卖的拨浪鼓，可印制上"孔府"与"孔德成"字样，其意为中国的77代衍圣公就是摇着这种拨浪鼓长大的,可取名为"小圣人拨浪鼓",无疑可提升该商品的文化品位。

二是创新文化主题旅游商品。即根据旅游地的文脉和地脉特色设计出独具一格的新商品。如泰安的五岳独尊酒(外貌为五岳独尊怪石)是一典型案例。旅游规划组为诸葛亮故里设计的旅游商品,如诸葛亮物品类(羽扇、纶巾、孔明秤等)、诸葛亮纪念品类(蜀锦、《三国演义》邮票、孔明砚、孔明泉饮用矿泉水等)、诸葛亮系列酒类(家酒系列、故事酒系列、景点酒系列、名著酒系列等)、诸葛亮文化系列(艺术类、书籍类、导游类等)等多种商品也是创意独特。

(2)旅游餐饮开发的主题化

餐饮开发不仅要讲究色香味,而且要提供丰富的文化体验,因此主题化成为餐饮开发的重要思路。

如旅游规划组在新郑黄帝文化景区策划中,就建议挖掘黄帝文化内涵,推出"中华家酒"以及"黄帝"系列美食、小吃,如黄帝糕、黄帝烧烤等,并特别建议推出面向高端市场的"黄帝宴",即按照先秦的礼仪,享用先秦的"八珍"。记载中的"八珍"不详其如何制作,方法可在《楚辞·招魂》中提到的一些既说明了原料又说明烹调方法的菜肴中选择;如"腼鳖炮羔"(清炖甲鱼、火烧羊羔)、"肥牛之腱"(炖肥牛筋)等。食具一律用内挂磁釉的珍陶。

再如,王衍用为王祥故里设计的文化套餐(卧冰鱼、入幕雀、风雨柰、聪明藕、野菜汤等);为诸葛亮故里设计的三国菜(三分天下——拼盘、火烧赤壁——铁板烧、草船借箭——羊肉串、舌战群儒——鸭舌蘸豆腐乳等),为水浒故地设计的梁山菜(孙二娘的"仁"肉包子等)等,都是餐饮主题开发的极佳例子。简单的菜品经过文化包装,平添了旅游者的几分趣味和体验。餐饮开发的主题化不仅包括主题菜品,还可以拓展至主题餐厅、酒吧或茶馆,如北京金融街的"与谁同坐"就是一个典型例子。

(3)旅游酒店建设的主题化

当前国内旅游酒店(饭店)的问题:一是软件差,二是没文化,三是"标准化"。而主题酒店,正是我国旅游产品从观光产品过渡到休闲产品、饭店业从共性产品过渡到个性产品的一种必然产品,它通常附属于具有一定文化内涵的景区或特立于城市宾馆、酒店,以个性取胜。

对酒店进行文化包装的例子,如旅游规划课题组建议对新郑和郑州的酒店进行以黄帝文化为主题的包装。名称包装:如可以叫作黄帝大酒店。建筑装饰包装:如使用仿茅草的屋顶,屋内装饰风格体现原始风情。一次性用品:如沐浴液的瓶子可以用"熊"的造型。行为包装:如服务人员可以身着仿兽皮服饰等。此外,课题组提出在景区内住宿设施应该充分挖掘黄帝文化内涵,建设各种特色住宿设施。如在具茨山可以建设生态度假设施,在黄帝文化苑可以建设仿古住宿设施(如树屋、穴居、山洞、茅屋、草棚)、文字象形住宿设施,同时应迎合旅游发展潮流,建设宿营地、汽车旅馆、背包旅馆等现代住宿设施。

再如王衍用建议,银川应该建五星级长城饭店,四星级黄河饭店和丝路饭店,以及如沙湖饭店、六盘山饭店、沙坡头饭店、青铜峡饭店等,各饭店不仅名称体现景区特色,而且外形特征、内部接待住宿餐饮、相应空间装饰以及各方面细节都要适度体现与景区名称相一致的特色,全方位地进行旅游产品建设。另外,旅游规划组对梁山旅游开发的一个建议是建设水泊宾舍,门厅有水浒巨著雕像,客房用水浒人物(如宋江客房、孙二娘客房等),餐厅用水浒故事(如野猪林餐厅、祝家庄餐厅等)等,充分反映水浒文化,给游客一种全方位的体验。

(4)旅游交通建设的主题化

旅游交通也应该注重交通工具与服务的文化内涵体现。如课题组在为河南新郑黄帝文化做的策划中,建议各大航空公司到新郑机场的航班称之为"黄帝航班",空中小姐身着古老的服饰,殷勤有礼;北京至郑州的列车可以称为"黄帝号",在车厢内布置黄帝故里风光图片和黄帝文化展示图片;到景区的公交路线可以称为"黄帝专线",车辆涂上旅游标徽等,都可以丰富乘客的体验,提高乘客的满意程度。在景区内使用指南车形状的代步车辆,不仅和黄帝文化紧密结合,而且是一道独特的景观,并可以增加旅游者的独特体验。另外,如海南省南山佛教文化旅游区的电瓶车根据景区主题进行佛教文化的包装;西宁至拉萨的旅游列车,根据青藏高原的自然环境和藏文化包装车厢,都是体现了旅游交通主题化的典型案例。

4.4 旅游产品的策划要领

4.4.1 从旅游的本质——异地身心自由的愉悦体验出发

4.4.1.1 旅游产品体验设计的目标

第一,从旅游者的体验出发,要达到身心自由的愉悦感受;从旅游策划者出发,要达到全方位的创造。从景区的质量角度,要求是"可进入、可停留、可欣赏、可享受、可回味"。提出可欣赏而不是可观赏,因为观赏只是看,欣赏必须有精神参与;可享受达到了一个比较高的境界,目前只是可感受,很多东西不可享受,甚至我们很少从享受或愉悦这个角度来研究客人的体验。只有方方面面设计到位了,才让客人真正可享受。最后是可回味,达到可回味是达到最高的境界,让客人回去追忆,觉得这个地方很好,甚至还给大家夸赞一番,买的纪念品也要摆在案头展示。

第二,以人为本,致力创新。创新需要创意,创意需要追求差异,差异产生特色,特色产生吸引力,吸引力提升竞争力。这几句话是做旅游产品策划的真谛,这里不只是差异和特色的问题,还涉及指导性的原则,即最终还是要以人为本。很多东西从专家的眼光来说觉得很好,但是对旅游者来说觉得不怎么好,专家的眼光比较集中在资源、特色,可是旅游者更多的眼光是集中在体验上。所以,到一个地方,哪怕资源一般,如果真能形成身心自由的愉悦体验,这个地方就是好地方。旅游规划者必须在体验设计这方面下大的工夫,这些工夫下到位了,很多东西就可以到位了。不管资源条件如何,要从产品上做成精品,而精品主要是体验。精品做出来,在市场上的吸引力自然有了,竞争力也自然有了。

4.4.1.2 旅游产品策划的体验设计要点

(1)从直接体验出发

从直接体验出发,就是从旅游者的切身体验出发,这里涉及以下几个要点。

视觉设计 视觉设计是一个景区最基本的设计,它主要围绕旅游景观进行设计。旅游景观不同于旅游资源但又与之存在很强的关联度。旅游资源的范畴是自然和社会因素的产物,它可以是物质的,也可以是精神的;但旅游景观,无论是自然景观还是人文景观,都是由物质世界所构成的。自然景观以山水景观、自然风貌为主体,人文景观以建筑、园林、历史遗迹为主体,社会旅游资源中那些具有即时性的民俗风情、购物、美食等也可构成一道道旅游景观。因此大多数物化的、能带来视觉美感的旅游资源在游客的眼中是旅游景观,但旅游资源之外与之相协调的环境因素也可以构成旅游景观。

围绕旅游景观进行视觉设计时,要特别注意对文化景观、环境景观、建筑景观、视线走廊的设计。

文化景观 文化景观是通过多样化的元素来吸引人的,体现的方式很多,许多东西都可以被视为文化景观。比如,很多老村子里,过去时期的标语口号很多,这些都是文化景观。从正面来说,有些城市在建筑的外立面上适当点缀一些建筑符号、文化符号,游客就会觉得这个城市有味道。

环境景观 环境景观设计首先是对环境的总体要求。一是自然环境协调,不一定只是绿,比如大漠景观,莽莽苍苍的感觉,就是协调。二是要注重细节,如果把细节做到位,一般的设计都会做好,如果做不好,再好的资源也会被破坏。比如,广东的宝墨园,本身没有明显的特色,主题也并不明确,但是细节非常到位,环境景观极好,这样就使游客看后觉得是精品,靠细节弥补了主题的不足。

建筑景观 建筑景观应该比较丰富,但又要和谐统一。古代的建筑景观,在和谐统一方面比较突出,但是景观的丰富性不够,相当一些是靠体量大,产生一种震撼感。比如,故宫,景观没有很多的变化,就是靠体量大和布局严谨,体现出皇家的威严气势。苏州园林在这一点上设计得比较好,建筑景观非常丰富,方寸之间形成很多样的变化,又很和谐。一个景区的视觉设计要关注建筑景观的问题。建筑景观设计得好,锦上添花,否则效果就差。

视线走廊 在整个游览过程中,游客会形成一个视线走廊,视觉设计要使游客保持一个美好的视线感觉,有的地方需要贯通,有的地方需要遮蔽,总体来说应该是形断神不断,作用是通过视线走廊把各个景观连接起来。

活动设计 景区设计是以旅游活动为中心的设计,一般来说,一个景区产品的体验设计里,必须要有活动,没有活动就是一个死景区。在日常生活中有这样的体验,一片草原如果没有牛、马、羊,一片水域如果没有船、鱼、鸟,就会觉得很死沉;如果有的话,就觉得鲜活了。从策划与设计的角度,一般有大活动、小活动、表演性活动和参与性活动四类。搞大活动,比如每天晚上有一个花车游行;小活动,比如做游艺;表演性的活动比较好组织,不过表演的方式容易单一,广场式的表演应该是最重要的方式,在国外也经常可以看到,尤其是旅游城市,只要有一个小广场,肯定有人表演,这样游客就觉得这个城市活了。参与性活动的主要对象是青少年和儿童,他们的顾忌很少,但是要想发动中年以上的人参与,往往非常困难,有些地方搞参与性的活动,设想很好,却经常冷场,大家都希望别人上去,自己当观众。中国人不像意大利人、巴西人，天然就有狂欢的文化。在活动设计方面，必须研究我国一些独到的地方，研究我国特有的东西，才能把活动有效设计出来。

声音设计　需要研究一些背景音乐。背景音乐要优美动听，音量适中。如果音乐不动听，音量达到了吵人的程度，就不叫背景音乐了。有些饭店的背景音乐，一成不变，如果客人只住一天，也许不会厌烦，但是如果天天这样，就一定会厌烦。同样，景区的背景音乐也需要研究，严格地说，应该是和主题、环境紧密联系在一起的，和故事紧密联系在一起的，放什么样的背景音乐，在什么样的区域播放，播放多长时间，都需要研究。

触觉设计　人都有触觉，触觉设计以细为根本。在景区游览的过程中，第一是脚的触觉，第二是手的触觉，第三是全身心的触觉。

触觉深入　触觉本身会引导深入体验。比如，有的石雕像，大家都去摸，时间长了，光滑细腻，触感非常好。

触摸兴奋　除了触觉之外，再加上其他的文化内涵，摸起来就觉得很兴奋。意大利罗马有一个雕塑，张着大口，传说你要是说谎话，这个口就会把你咬住，你不说谎话就没事；游客都会进去摸一下，都在这儿照相。

(2) 营造体验氛围

令人难忘的体验经历不仅需要主题和体验产品项目，而且还需要外围环境的和谐衬托。在确定主题和策划旅游产品项目以后，关键的就是要营造一种体验氛围，也就是利用现有的体验资源搭建体验的场景和舞台，让游客参与其中。

以正面线索塑造印象　主题是体验的基础，要塑造令人难忘的印象，就必须制造强调体验的线索。线索构成印象，在消费者心中创造体验。华盛顿特区的一家咖啡连锁店(Barista Brava)以结合旧式意大利浓缩咖啡与美国快节奏生活为主题，咖啡店内装潢以旧式意大利风格为主，但地板瓷砖与柜台都经过精心设计，让消费者一进门就会自动排队，不需要特别标志；不仅没有像其他快餐店拉成像迷宫一样的绳子，同时也给人环境宁静、服务快速的印象。而且连锁店也要求员工记住顾客的需要，常来的顾客不开口点菜就可以得到他们常用的餐点。北京同仁堂御膳餐厅，装饰古香古色，一切设施仿照皇宫内，无论龙椅、龙柱、匾额、字画等均有出处；服务人员着宫廷服装，施宫廷礼仪，加上优雅的鼓乐、浓郁的熏香气息，使人恍如置身于清廷皇宫。此外，建筑的设计也是很重要的线索。旅馆的顾客常常有找不到客房的困扰，就是因为设计有所忽略，或是视觉、听觉线索不协调。而芝加哥欧海尔国际机场的停车场则是设计的成功例子。欧海尔机场的每一层停车场，都以一个芝加哥职业球队为装饰主题，而且每一层都有独特的标志音乐，让消费者绝对不会忘记自己的车停在哪一层。

减除负面线索　要塑造完整的体验，不仅需要设计一层层的正面线索，还必须减除和削弱"违反、转移主题"的负面线索。快餐店垃圾箱的盖子上一般都有"谢谢您"3个字，它提醒消费者自行清理餐具，但这也同样透露着"我们不提供服务"的负面信息。一些专家建议将垃圾箱变成会发声的回收垃圾机，当消费者打开盖子清理餐具时，就会发出感谢的话。这就消除了负面线索，将自助变为餐饮中的正面线索。

开发纪念品　纪念品的价格虽然比不具纪念价值的相同产品高出很多，但因为具有回忆体验的价值，所以消费者还是愿意购买。度假的明信片使人想起美丽的景色，绣着标志的运动帽让人回忆起某一场球赛，印着时间和地点的热门演唱会运动衫让人回味演唱会的盛况。如果旅游企业经过制定明确主题、强调参与等过程，设计出精致的体验，消费者将愿意花钱买纪念品、回味体验。从这个意义上说，作为一个旅游目的地，尽管食、住、行、游、娱各种设施和服务都很完备和出色，但唯独没有提供一个代表其特色和形象的纪念品，这个体验就是不完整的，会给游客留下遗憾。然而，目前，我国很多旅游地只注重景区建设而对旅游纪念品的研发深度不够，普遍表现出缺乏创意、品位不高、质量粗糙、品种单一等问题，使游客不能得到满意的体验。旅游纪念品是旅游者完整体验的一个不可或缺的部分，它的开发要体现当地的文化特色，具有一定的艺术价值和纪念意义。

整合多种感官刺激 体验的前提是参与，如果没有参与，而仅仅是走马观花似的观看，就得不到真正的体验。因此，旅游开发者应该策划、设计和尽可能提供参与性强、兴奋感强的活动与项目；要提倡深度的体验旅游，旅游者既要身游又要心游，游前要了解旅游地的文化与环境，游中要善于交流，游后要"反刍"和"复习"，要动腿走、动嘴问、动脑想、动手记，把观察上升为心得，从游览中加深体验，不断提高旅游质量。

4.4.2 全方位开发

所谓全方位开发，是指旅游目的地或景区利用各种手段特别是高科技手段，以旅游资源为基础，以文化内涵为线索，开发丰富多彩的旅游产品和旅游项目，满足不同旅游者的旅游需求，以达到增加旅游消费和提高旅游效益的目的。全方位开发是旅游产品策划与设计的一个基本要领。全方位开发具有以下几方面意义。

(1) 资源层面上：充分高效利用，减少时空上的浪费

我国多数旅游目的地或景区在资源利用上，尤其是时空利用上比较单一，资源挖掘深度不够，开发力度不足，资源整合到位。究其原因，主要是对资源的认识不足。

一是对资源的认识仅停留在一些侧面，缺乏多层次多角度的认识和开发；

二是对资源的认识还停留在景观的物质表面上，而对其文化历史等精神层面内涵的挖掘不足；

三是在旅游资源开发上只注重观光游览功能，在求新、求异、求知功能上认识不足，对旅游功能理解偏颇。如对一些溶洞及地质景观的解说，导游上只停留在形象描述上，而对于产生原因、地质过程等很少说明或没有说明。

实行全方位开发策略，可以在资源层面上得以高效利用，减少时空上的浪费。

(2) 游客层面上：旅游产品与项目丰富多彩，避免单调、枯燥

目前我国多数旅游目的地或景区依然只提供观赏和游览项目，部分旅游目的地或景区增加了少量游客参与项目，但娱乐休闲功能仍明显不足，有的仍停留在"白天看庙，晚上睡觉"的接待水平上，旅游产品与旅游项目单调，旅游过程枯燥，缺乏新奇刺激的旅游感受。随着现代旅游的发展，游客的旅游需求丰富多样，单纯观光游览景观已不能满足旅游者的要求，旅游景区应充分挖掘资源，开发出多种多样的旅游产品

与旅游项目,以丰富游客的旅游感受。

(3)旅游经济层面上:延长旅游时间,增加过夜率,提高人均就地消费水平

有资料显示,来华旅游者在中国的人均消费低于世界平均水平,中国每接待一名国际游客的旅游收入只有353美元,远远低于全球平均数字的655.5美元,而香港为945.5美元。究其原因很多,其最重要的原因之一是旅游消费的花样品种不丰富,文娱生活单调,夜生活乏味,由于缺乏夜生活或夜间娱乐项目,旅游景区不能留住游客,过夜率低,也影响了旅游消费。许多旅游景区的旅游收入只是景区门票,而对于某些旅游地来说,旅游的主要收入也不过是门票加食宿,其他旅游收入很少。

实行全方位开发策略,可以有效延长游客游览时间,增加游客在旅游目的地的过夜率,提高人均就地消费水平。

4.5 主要类别旅游产品策划

4.5.1 观光类旅游产品策划

(1)产品细分

观光类旅游产品包括自然风光类(名山、江河、湖泊、海洋、瀑布、泉水、植物、动物、自然遗产等)、城市风光类(包括独特城市建筑、现代都市风光、城市绿化带以及城市观光游憩带、CBD、RBD等)、名胜古迹类(古典建筑、古典园林、历史文化遗迹等)、民俗风情类观光旅游产品等。

(2)产品特征

观光类旅游产品属于大众旅游产品、低端旅游产品,开发最普遍,产品生命力长、普适性与兼容性强。

(3)策划要点

自然类旅游产品策划应突出美学特征并兼容相关产品 自然类旅游产品策划应发掘山水景观的美学内涵,突出旅游资源的美学特征,如形象美、色彩美、声音美等,在审美愉悦体验(赏心悦目、心旷神怡)上下工夫;注意发挥自然风光与多种旅游产品有着良好的兼容性的优点,与其他旅游如生态旅游、科普旅游、度假旅游、康体旅游等有机组合,进行深度开发;产品开发注意资源、环境保护和旅游地的可持续发展。

人文类旅游产品应突出文化特色,防止异化 人文类旅游产品(名胜古迹类、城市风光类、民俗风情类)应突出旅游资源的历史文化特征、原生态特征、艺术特征、地域特征和教育功能等,在可观赏性和文化教育性的结合上下工夫;注意文化资源保护,防止旅游开发带来的文化异化。

提升产品层次,改善产品结构 观光类旅游产品的策划应注意将单一的观光产品向多元化的组合产品发展,提升产品层次,改善产品结构。

4.5.2 休闲度假类旅游产品策划

(1)产品细分

包括海滨度假、湖(河)滨度假、海上度假、山地度假、乡村度假、温泉度假、森

林度假、避暑避寒度假旅游产品等。

(2) 产品特征

环境幽雅，可进入性强 休闲度假类产品主要是在环境幽雅、空气质量良好、离城市较近的水库、温泉、河道、森林等地兴建。人们在工作之余的休息时间通常愿意去远离生活常态、环境舒适的地方游憩，休闲度假类产品能很好地顺应这一需求。

强调服务和度假功能 服务功能是度假区的第一功能，没有好的服务，再好的休闲度假设施也只是空壳。度假者离开城市来到度假区，但他们的心理预期绝不是生活降格去适应落后简陋的服务条件；相反，他们更期盼一个舒适、洁净、温馨的环境，而服务功能至少应不低于其城市家庭日常生活的水平；对已达到小康水平的社会来说，度假者对服务功能更显得挑剔和苛求。因此，便捷的交通、良好的路况、舒适的车辆、洁净的厕所、良好的住宿设施、卫生可口的菜肴、丰富多样的康乐设施、为度假者排忧解难的游客中心，等等，都能在游客心中形成深刻的印象。

休闲配套设施要求高，游玩档次高 一般在休闲度假区，为了满足游客多方面的需求，应兴建诸如高尔夫球场、游泳池、歌舞厅、桑拿按摩、休闲娱乐、购物中心、景观小品、休憩亭廊、保健疗养等各类附属休闲配套设施。

(3) 策划要点

重视休闲性观光功能，将度假与观光相结合 带有一定休闲性观光意味的度假形式符合游客的体验要求，这一点可从对度假地环境的选择看出来。度假地应着力营造自身特有的浪漫、温情、闲适氛围，给游客带来处处皆景而又充满人文关怀的特殊情境体验。如我国珠海的御温泉景区就是其中的代表。

实现休闲度假旅游产品类型的多样化发展 例如，将由传统的阳光、沙滩、海水等单一产品逐步扩展出高尔夫、滑水、摩托艇、海底观光等项目，从而形成具有丰富多样的形式，集知识性、娱乐性、参与性于一体的休闲度假旅游产品系列。

高起点规划旅游度假区软硬件设施 实际上，国家对旅游景区、饭店、餐馆、导游等方面都制定了明确的标准，度假区在规划中应该脚踏实地、认真细致地按照国家标准进行度假区的规划和建设，使游客来度假区真正得到休闲、得到欢乐、得到享受。

推出富有创意的特色项目 休闲度假区除非依托独特的自然和人文环境，否则，要获得成功，就得靠富有创意的活动项目来提升度假区的形象，赢得特定的旅游消费者光顾。

创新产品经营方式 例如，有条件的地方，可策划分时度假旅游产品。与传统的度假旅游不同，它将每年分次购买的酒店或度假村客房的使用权以周为单位一次性购买，期限为 10~40 年，甚至更长的时间。顾客购买了一个时段(即一周)的使用权后，即可每年在此享受一个星期的度假。同时，顾客还可以用自己购买的时段通过交换服务系统与异地酒店、度假村或度假别墅的使用权进行交换，以此实现低成本的到各地旅游度假的目的。此外，顾客还享有时段权益的转让、馈赠、继承等系列权益，以及对公共配套设施的优惠使用权。分时度假旅游产品提高了度假产品的使用频率，形成了度假者与度假区、度假区与度假区之间的多赢局面。

4.5.3 娱乐类旅游产品策划

(1) 产品细分

娱乐类旅游产品主要包括主题公园、影视城、歌舞厅、游乐场、儿童乐园以及各种娱乐表演等。按场地可以分为舞台类、广场类、村寨类、街头类、流动类(如吉卜赛大篷车歌舞)及特有类(如枪战场、滑翔基地);按活动规模和提供频率可以分为小型常规娱乐和大型主题娱乐。

(2) 产品特征

娱乐性 娱乐性是旅游产品最突出的特点,也是在游客经历中让其记忆犹新的吸引所在,游客追求异域的情趣之所在,使游客在身心上感到放松、快慰和愉悦。

无形性 娱乐旅游活动的特殊性,决定了这一产品具有无形性的特点,这一特点也是涵盖在旅游产品的无形性之中。旅游者购买和享受娱乐类旅游产品,主要不是以物质形态表现出来,而是更多地从项目本身的参加体验和接待服务的方式体现出来。这种产品最显著的特点是旅游者的精神感受。

时代性 娱乐类旅游产品要满足旅游的需要,就要使其产品具有时代色彩,反映当代社会文化、人们生活的价值取向和旅游的主流趋向。比如,由于生活的快节奏和工作压力增强,人们需要休闲或娱乐旅游,以使身心得到放松。这种变化集中反映了娱乐旅游产品所包含的时代文化内涵。

(3) 策划要点

突出娱乐旅游中的文化因素,主题体现地域文化特色 文化因素是娱乐类旅游的招牌、卖点,也是其竞争力所在。例如,同样是云南的民族歌舞,假如放到成都的舞台上表演,吸引力将大打折扣,因为它与一般的歌舞表演没多大区别。旅游者更希望、愿意亲自到云南,他们往往会沉醉于迷人的芦笙、巴乌、三弦、唢呐以及数不清、叫不出名字的民间乐器奏出的音乐声中,甚至会情不自禁地和当地居民一起去唱去跳。旅游娱乐的这种实地消费性,就是由文化在一定程度上的不可移植性所决定。因此,进行娱乐旅游产品策划和项目设计时,其主题通常要体现一定地域范围的文化特色。

全面分析目标市场需求,并进行科学选址 对目标市场分析的重要性尽人皆知,其中表现突出的是忽视对市场竞争环境及游客心理的分析,尤其是在一些大型娱乐项目(如主题公园的开发)筹划阶段这种分析要慎之又慎,我国这方面失败的案例已难以计数。娱乐类旅游产品的目标市场以青少年、儿童为主,一方面要全面分析并把握他们的心理需要,如目标市场往往希望专门性的娱乐性景区应具有相当轰动效应的文化娱乐主题及项目,对于综合性景区(如风景名胜区)而言,娱乐产品的选择应更多地与资源及景观特色相协调,自然地融入到观光或度假过程中(如四川碧峰峡景区开发的熊猫生态园项目);另一方面应着重分析预测该产品的市场竞争环境对游客心理及行为的影响,比如周边有类似的大型娱乐项目可能对未来的游客接待产生巨大的截流或分流作用,不重视这一点,结论就容易走向片面、武断并导致经营失败(如海南中华民族文化村)。这种分析也与该类项目的选址直接关联。

形式手段方面应紧随时代潮流，注入流行元素 旅游消费与时尚关系密切，流行元素往往是时尚的集中体现。娱乐旅游要想不断创造新项目，始终吸引游客目光，就要让旅游娱乐项目具有时代色彩，反映当代社会文化、人们生活的价值取向和旅游的主流趋势。同时在表现形式、娱乐手段方面要充分发挥现代科学技术和文化艺术手段的作用，从而使产品有档次、品位和特色，真正达到将娱乐与求知、审美、休闲、康体健身等功能有机结合，丰富游客体验的内容。例如，迪斯尼乐园非常善于利用高科技来反映时尚和流行元素，始终以自己的"新异、奇特"吸引全世界游客的目光，改变了休闲娱乐选择的方向，甚至对区域社会、经济、文化等领域也产生了广泛的关联效应。

强化跟进意识，提高娱乐旅游产品的开发经营管理水平 娱乐产品更新换代较快，游客期望值往往较高，因此要合理评估娱乐类产品的生命周期，并强化跟进意识，提高娱乐旅游产品的开发经营管理水平，设法延长其生命周期。实践告诉我们，即使主要面向本地域游客引进外来娱乐产品，也要注意在服务、经营方式甚至产品方面跟进和提升，以更好地适应本地域游客的需要，获得良好的经济效益。欧洲迪斯尼乐园的发展轨迹就是一有力证明。

关注影响娱乐产品开发经营成功的其他因素 这些因素主要有吸引人的设施、合理的价格、吸引回头客的产品或品牌、温馨气氛与人情味等。

总之，娱乐类产品开发经营管理的成功考虑的因素很多，特别是大型娱乐项目往往是具有高风险、高投资的特点，市场变化莫测，应对以上策划要点进行综合分析与权衡并加以落实。

4.5.4 生态类旅游产品策划

（1）产品细分

广义的生态类旅游产品包括生态旅游、郊野游、农村观光旅游（农家乐）、国家公园游（植物园、野生动物园、湿地公园、地质公园等旅游）、自然保护区（草原、湿地、森林公园等旅游）等。

生态旅游初始阶段只涉及纯自然原生态环境，所以才有"只留下脚印，仅带走照片"的动人口号，以引导纯生态旅游者去珍惜与爱护自然体。随着人类活动增强，纯自然的原生态环境已是凤毛麟角，包括南北极地和珠穆朗玛峰都难以找到纯而又纯的原生态系统，再局限于这样的生态旅游已经成为历史。中国科学院地理研究所郭来喜按照其"大生态旅游"的提法，在物质层面上将生态类旅游产品分为自然生态型、文化（人文）生态型和复合生态型旅游产品三大体系。其中，自然系统又可细分为原生态、次生生态和人工生态；文化（人文）生态系统则可细分为原创生态、修复生态、复制生态。但现阶段生态旅游侧重于开发其中的自然系统。

（2）产品特征

旅游吸引力强，前景广阔 生态旅游的兴起，使城市居民遭受环境污染的身心在大自然（nature）中得到沐浴和康复，让自己的心沉浸在对于前人与大自然和谐完美关系的怀恋（nostalgia）中，从而使自己的精神融入人间天堂（nirvana），以此"3N"为主要内容的生态旅游方兴未艾。

生态环保性能优先 由于生态环境是不可替代、无法再生的宝贵资源，生态旅游的初衷是保护环境，因而保持环境完整性、和谐性、平衡性是生态旅游产品策划和开发的前提。与传统旅游产品相比，生态旅游对于自然环境的容量有较大的限制。限制标准是，生态旅游点最高客容量，以不破坏生态系统平衡为目标。因此，产品的规模和容量受限以及六大要素的组合和建设方面一般都小于观光型旅游产品。

具有明显的知识含量，教育导向作用突出 能满足人们对生态环境的需求，同时教育人类认识自己生命维持系统，学会保护环境。生态旅游知识含量明显高于观光旅游，因为生态旅游根本目的之一，就是在自然环境中对游客进行生态知识的普及和生态教育，其偏重于对生态环境管理与保护。这一切活动的完成，需要有丰富的知识基础，开发者对生态环境和绿色消费要有深刻的认识。

(3) 策划要点

以系统开发观为指导，结合实际开发生态旅游产品 随着经济社会的发展，人们已经开始意识到生态旅游是一种系统性的行为，只有在自然生态系统和社会生态系统之间的循环系统中，才能产生真正高层次的生态旅游产品，所以生态旅游产品的开发需要进入一个更高的理性化的层次。在实际策划中，有些自然保护区，物种齐全，品种繁多，生态价值极高，但可游性却不够，比较乏味，这是常遇到的情况。因此，在策划产品时，既要重视其生态方面的价值，又要重视其美学与文化方面的价值，实属不易。所以，应以谨慎、认真的态度，权衡利弊，因地制宜地策划生态旅游产品，应减少或避免为了提高可游度而在自然保护区内过度开发、破坏环境的情况发生。

科学规划与适应发展相结合 这是由生态旅游产品的特性决定的，有限的容量，必然导致有限的开发，开发者的经济利益在一定程度上会受到限制。但是，"保护环境—发展旅游—维系当地人民生活质量"是生态旅游本质特征。在策划生态旅游产品时，应遵守规划原则：保护第一，旅游第二；环境第一，舒适方便第二；做到有限开发。生态旅游开发要有容量限制，必须防止太多人进入重点保护的景区，任何生态旅游区都应有人流量控制，防止生态破坏与污染。积极开发"节约型"的绿色生态旅游产品，使旅游者与当地居民充分受益，积极发挥社会效益。

以市场为导向开发生态旅游产品 生态旅游依赖于自然条件与生态环境。这是生态旅游的前提。但这并不意味生态旅游产品开发，可以置市场于不顾。我们可以基于生态旅游产品的多种形态，在这种良好的生态环境中，进行各种类型的旅游项目开发，如观光游览、科普旅游、探险旅游、特种旅游等。策划者应在进行充分市场调查与分析后，将市场需求与客观条件相结合，在细分市场中寻求目标市场，制定出产品定位，强化生态旅游的不同核心利益，形成产品的特色与差异性。在重视环境保护的基础上，丰富生态旅游的内涵，壮大生态旅游产业，从而让"生态"成为最美丽的舞台，"旅游"来唱最精彩的戏剧。比如，被誉为"亚洲生物多样性保护示范点"的神农架，拥有当今世界上中纬度地带唯一保存完好的亚热带森林生态系统，生态价值高。目前，通过举办一年一度的"中国神农架国际旅游节"，开展攀岩国际邀请赛、探险挑战对抗赛、高山滑翔赛、神农架生态旅游产品考察推介联谊会等活动，引导中外游客探索自然之谜、野人之谜,并形成响亮的生态旅游品牌,在游客中反映良好。

开发系列化的生态旅游产品 生态旅游产品开发应该形成系列产品,不仅在旅游的产品上体现生态系统,而且在服务设施建设上,也必须体现环保与生态的原则。例如,深圳的"青青世界"生态园内,所有客房都用天然的木料,林间小路使用的是报废的火车枕木,许多地方装饰是废料回收再用,让游客真正置身于一个环保的世界。同时,可针对生态旅游产品静态性特征,适度策划出一系列动态、体验性的生态浪漫活动,丰富旅游产品内容。

生态旅游开发应与乡村、林区开发相结合 生态旅游开发在一定条件下应将旅游区与乡村、林区开发结合为一体,把改善提高乡村、林区的环境、生活质量、文化素质、环保意识结合起来,营造一个社会安定、经济发展、村民文明的旅游发展大环境,实现生态旅游与繁荣当地经济相结合的双赢收获。

生态旅游开发应更好地满足人们求知与追求文明的内在要求 生态旅游开发不仅要注意有形的方面,还应注意无形的方面,应创造一个有利于生态旅游发展的人文环境,促进生态文明建设。因而在开发生态旅游项目同时,应教育居民与游客爱护环境,保护环境,制定一系列保护环境法律、制度、村规民约共同遵守。旅游业的发展,旅游者已不仅仅是观光的要求,越来越多的旅游者希望通过旅游能够获得一定的知识,拓宽自己的知识面,特别是自然、地理、生态等方面的知识。我国也具有丰富的生态旅游资源,河流、平原、溶洞、岛屿、湿地、森林、野生动物等都会使游客产生极大兴趣。可开发观光考察游、生态科普游,让游客自己通过观察、体验和研究获得丰富的知识,懂得旅游地的山川、草木、鸟兽、鱼虫是怎样在地质时期发生和进化而来的。

与深度开发休闲度假"3N"产品相结合 旅游产品的历史进程从动态的观光旅游发展为动态的体验旅游,并衍生为以"3N"理念为主的深度静态休闲旅游。进入 21 世纪以来,以"自然(nature)、怀乡(nostalgia)和涅槃或天堂(nirvana)"为主题的"3N"散客化旅游度假消费持续升温。"3N"静态休闲旅游不仅可以满足传统观光旅游的需要,使人得到美的感受,又能让人们远离尘嚣,放松身心,促进健康。因此,在策划休闲度假旅游产品时,应以"3N"为策划基点,深度开发真正的休闲度假型的旅游产品。

4.5.5 文化类旅游产品策划

(1)产品细分

文化类旅游产品主要分为文化遗产艺术馆(博物馆、艺术馆、美术馆、纪念馆)类、民风民俗类(民族风情、祭祖等)、历史类(历史人物故居、历史文化遗迹、历史文化名城、古镇)、宗教类(寺庙、佛塔、道观、清真寺、教堂等)、文学类(与文学名著有关的建筑、文学大师居室、影视旅游等)、附会文化类(各种神话传说、历史传说等)、纯艺术类(音乐、美术、雕塑、书法等)旅游产品等。

(2)产品特征

文化类旅游产品的重要特征是历史文化性强,知识含量高。文化类旅游产品的历史性、文化性与知识性较强,一般要求旅游者有一定的知识背景与审美修养;文化类旅游产品一般有明确的主题,产品主题越鲜明、越典型集中、越富层次感,就越有利于分层次、多视角地进行展示和设计,使其内涵得到充分发挥,达到应有的广度和深度;文化类旅游产品强调原景留置、拟景再现,对于历史感很强的文化景点,旅游者游览时期望有强烈的身临其境的感觉,对于要表达的某一文化主题,通过适当的拟景再现,使其文化内涵外化。

(3) 策划要点

文化旅游产品开发策划的要点与方法有很多种,但从根本上不会脱离资源和市场两个基本元素。总体而言,应以文化资源为主体,旅游者(市场需求)为客体,主体和客体互动,二者有机对接,实现主体的情境空间设计和客体的人文关怀体验的统一。

注重产业融合 必须认识到文化旅游产品的策划是一个系统工程,各部分互为融合,成为一个有机整体。故需要以全局的理念来把握整个项目,以地域文化特色为主线,围绕某一文化主题进行产品策划。在贯穿吃、住、行、游、购、娱各要素的同时,发挥大旅游产业关联带动作用,将第一、二产业纳入考虑范畴,形成产业融合优势。

选择合理的文化内涵进行外化 文化类旅游产品如果没有很好地将内涵外化的途径和方式,其价值是很难被充分传递给游客的,因此,要探索各种途径将文化内涵外化成可观赏的旅游景观。如场景设计、拟景再现、环境营造等,其中,场景变换法对文化旅游产品的策划十分重要,它可以使抽象的文化具象化,无形的风情"舞台化",通过不同场景的变换演绎,设计出各种独特的旅游精品。

体现娱乐性和参与性 文化类旅游产品策划应具有艺术娱乐和游客参与的内容,使其喜闻乐见、雅俗共赏,身心得到全方位的体验。但对每个旅游者在行为上也要分类对待,如西部一些少数民族村寨的开发,对喜欢安静的游客,设计建筑工艺品味的多个项目;对喜欢活动的游客,设计DIY打油茶、建模吧等项目;对喜欢独处的游客,设计水月侗笛、林溪夜色、独钓江舟等场景;对喜欢群聚的游客,设计互动参与性的百家宴、打油茶等活动。不同的行为方式带来不同的旅游需求,衍生出与之对应的各种旅游产品。

实现历史与时尚的适度结合 在一些文化类旅游产品的包装上,可适度加入现代时尚文化的元素,结合得巧妙将十分受游客欢迎。如王雄伟负责的旅游规划课题组在策划广西三江程阳八寨侗族文化旅游项目时,将侗族饮食主题村寨中的酸类食品项目策划为"封坛寄情:与草鱼有个十年约会":借鉴在酒吧存酒的模式,提供旅游者自制酸类食品,封坛保存,说明寄存者相关资料,寄存年限,并颁布酸鱼令,见令如见人。

做好景观文化氛围的保护工作 文化是灵魂,我们应当树立起保护就是开发的意识,杜绝有损于景观文化内涵的现象发生,防止商业化、城市化对旅游文化内涵的侵蚀和异化。

4.5.6 科普教育类旅游产品策划

(1) 产品细分

按照涉及的内容,科普教育类旅游产品主要可分为科普旅游、修学旅游或研学旅游、校园旅游、爱国主义教育旅游产品等。其中，科普旅游形式多样、内容丰富，包括现代农业参观活动、工业基地游览活动、地理考察活动、海洋探秘活动、天文观象活动、影视科技活动等旅游活动。

(2) 产品特征

旅游内容专业性强　在一定的空间范围内举行围绕科普教育这个主题进行旅游观光，从科普旅游依托的资源与环境、客源市场的范围与规模、产品经营与管理等方面来看，这类产品不同于一般的普通观光旅游产品和休闲度假产品，其专业性很强。科普旅游者一般具有较高的文化层次，主要针对青少年学生及一些相关专业人士。因而，科普旅游与滑雪旅游、游船旅游、沙漠旅游、工业旅游、农业旅游等一样同属为专项旅游产品。

旅游方式新颖　从全球范围看，具有真正现代意义上的科普教育旅游也只有十几年的历史，还是一种处于上升发展阶段的旅游产品。而对于我国这样的发展中国家来说，科普教育旅游更是有着广阔的市场需求，是一种新颖、时尚的旅游方式和产品形式。

参与性项目多　科普旅游改变了传统旅游静态多、动态少，讲解多、动手少的弱点，更加强调"请你参与"的理念，想方设法让科技"动起来"，鼓励游人亲自动手，亲自实践，使游客尽情享受参与的乐趣。

蕴含知识丰富，趣味性较强　科普旅游有别于平时人们的观光旅游，它更强调科学性、技术性、趣味性，在休闲娱乐的同时，增长见识，丰富知识，增加乐趣。科普旅游科技含量高，能给人以各种工作和生活的启发，满足人们求知的渴望，因而愈来愈受到欢迎。

(3) 策划要点

增加旅游产品的知识含量和科技含量　增加科普旅游的科技含量，设计要创意超前，科技高新，巧妙灵活，惟妙惟肖，使人犹如身临其境，具有强烈的吸引力和凝聚力。例如，在好莱坞环球电影城，这个世界科幻作品的鼻祖，神光异彩，飞车遨游太空妙不可言，恐怖的夜空、悬崖峭壁都以实景图片设计，并配合实物、录音和灯光效果，使观众有身临其境之感。在恐龙的故乡——侏罗纪公园，可见到古恐龙从孵化、出壳、幼雏、成长的生长情景，以及各地质年代的恐龙。此外，还可乘船演绎恐龙王国历险记，尽享美国集影视、书刊、光碟、玩具、游戏机、观光旅游为一体的庞大科幻产业的缩影成果。

寓知识教育于娱乐之中，增强旅游产品的趣味性　某些科普知识虽然比较浅显，但普通游客却不易理解，将科普知识与娱乐、参与相结合，寓教于娱，将更加形象生动，游客易于接受。例如，你想了解人体是怎样诞生的，只要轻点计算机的屏幕，荧屏上马上展现了男女双方精子和卵子如何结合的示意简图、文字说明和声控解释，以及女方受孕后胎体的变化、婴儿呱呱落地的全过程。逼真、生动，既使观者明了人体生育全过程，又懂得其生理科学知识，使知识从感性和理性的结合上得到快速的升华。诸如此类的形象教育，比比皆是，但每处表现形式又各不相同，令人耳目一新，流连忘返。

以青少年为主要目标市场进行开发　科普教育的重点是青少年，科普基地是最好的第二课堂，是对学生进行素质教育的重要途径。贴近时代，贴近大众，贴近生活，建设科普旅游新基地、新场馆，是抓住目标市场的关键。新的科学园、农业示范工程、工业综合旅游景点和科普示范旅游基地，都应有时代特色感。要坚持少而精，不要大而泛，要努力建成名副其实的科普旅游基地。各地在布点和开发上，要统一规划，形成热线，切忌滥竽充数。北京的中国科技馆为改革树立了榜样，具有世界先进水平的250件展品中，80%的展品可供观者参与、操作，展品贴近时代、贴近生活、贴近大众，备受欢迎。目前，北京备受欢迎的科普景点之一是中关村的电子一条街，其中一个计算机硬件设备进行装卸的项目，观者不少是回头客。身边科学对青少年吸引力最大，如果我们能将部分青少年对游戏机和手机游戏的痴迷转移到科普景点上来，就是大的成功。

(4) 成功案例

安徽芜湖"方特欢乐世界"这个集科技活动、旅游娱乐、学习教育为一体的主题公园，使人们在娱乐中增长科技知识，在游玩中探索科学的秘密。这个完全由中国人自己研发、设计、建造的高科技主题公园大量运用数字模拟与仿真、巨型球幕电影、自动控制、舞台幻象技术、光学与声控等高科技手段，人们在这里可以模拟高空飞翔"飞越极限"，在"维苏威火山"穿行历险，乘坐"星际航班"体验动感太空飞行……其中"恐龙危机"这个项目充分运用模拟实景、立体数码电影、现场特技、动感平台等技术，综合了巨幕、4D电影、多自由度动感游览车等多项高科技手段，将由立体数码电影产生的立体影像与由特种装饰所形成的真实场景结合得浑然一体，使人们在惊险的游乐中学到科技知识。

4.5.7　康体与养生类旅游产品策划

(1) 产品细分

按照实现的途径，康体与养生类旅游产品可以分为运动康体旅游产品、养生康体旅游产品两大类。其中，运动康体旅游产品又可分为传统运动项目(如滑雪、网球、保龄球、乒乓球、登山、垂钓等)、新兴时尚运动项目(如极限、蹦极、滑翔、攀岩、远足、暴走、水上运动等)旅游产品两大类；养生康体旅游产品可分为沐浴(如森林浴、阳光浴、空气浴、泥浴、牛奶浴、荷浴、沙浴等)疗养、民族医药(藏药、蒙药)疗养、温泉疗养旅游产品等。

(2) 产品特征

以"康体"为核心要求，在此基础上，两大类产品的特征有所分化。运动康体旅游产品以青少年为主要目标市场，旅游活动动静结合，旅游项目强调精彩、刺激，以"生命、健康、运动、享受"为核心主题，开发成本较高、游客消费水平高。养生康体旅游产品主要以中老年游客为目标市场，旅游活动强调静养、强身、舒心功能。在中国主要以传统文化和中医理论为指导，增强体质，疏导心情，达到人自身的和谐；旅游产品高端，消费水平较高；旅游目的性明确，以养生、维持身体健康、保持心情愉悦为主要目的；旅游要求的时间较长，一般在半个月以上，短暂时间、匆匆忙忙是达不到康体、养生的目的的。

(3) 策划要点

瞄准目标市场，策划丰富多彩的产品　对于运动康体旅游产品面对的青少年市场，应注意进一步地细分市场，策划丰富多彩的康体旅游产品，策划的项目要紧跟时尚和潮流；对于养生康体旅游面对的中老年游客，则应在考虑成本和市场接受能力的基础上，尽量将最新科技成果造福于民，例如，挖掘中国传统精华，开展中医药旅游。现代人越来越注重养生之道，养生方法种类繁多，有药物养生、食物养生、环境养生、气功养生、体操养生、修道养生等，以上所指出的养生之道都与中医药有一定的关系。首先，根据不同的市场推出不同的产品，如中老年市场与女性市场的产品就必须各有侧重点，老年人希望通过旅游养生，获取养生知识达到延年益寿的目的，而女性对具有美容、减肥功效的中药材倍感兴趣。其次，将中医药旅游与养生保健旅游开发贯彻到吃、住、行、游、购、娱等旅游六要素的各个方面。让游客品尝药膳菜、养生茶，住疗养地，游养生地，购买中药材、与中医药有关的书籍、保健品，游客参与中药材的制作等。

有针对性地开发康体养生旅游，与休闲有机结合　事实上，进行纯粹的康体旅游较单调，其游客毕竟为少数，大多数游客是将康体活动与其他活动尤其是休闲活动相结合。亚健康是现代人普遍的一种健康状态，因此我们尤其要以预防亚健康为切入点，有针对性地开发康体旅游项目，同时注意与休闲活动相衔接，以做到劳逸结合、身心自由、心情舒畅，获得最佳的旅游体验。

在硬件设施和软件服务上坚持高标准　由于康体类旅游产品专业性强，对产品功能的实现、安全保护的措施等有特定要求，因此在开发的硬件设施和软件服务上应坚持高标准，甚至适度超前。如海南岛海底世界潜泳项目配备专门教练对游客进行指导和陪护。

关注对选址的特定要求　无论对哪类康体类旅游产品的开发，选址都应慎重。运动康体旅游产品中很多新兴时尚运动项目（如滑翔、攀岩、水上运动等），都需要特殊的环境条件才能顺利完成并获得惊险刺激的旅游体验。养生旅游产品的开发对环境质量有较高的要求，以达到养生效果。康体类旅游产品的选址应突出区位优势和资源特色，营造特定的环境氛围，引导游客更新观念，消除顾虑，尝试消费。

【延伸阅读】

健康旅游新理念——乐活旅游

乐活，是一个西方传来的新兴生活形态族群，由音译 LOHAS 而来（又名"洛哈思"），LOHAS 是英语 Lifestyles of Health and Sustainability 的缩写，意为以健康及自给自足的形态过生活，强调"健康、可持续的生活方式"。"健康、快乐、环保、可持续"是乐活的核心理念。他们关心生病的地球，也担心自己生病，他们吃健康的食品与有机蔬菜，穿天然材质棉麻衣物，利用二手家用品，骑自行车或步行，练瑜伽健身，听心灵音乐，注重个人成长。乐活是一种爱健康、护地球的可持续性的生活方式。既不盲目崇洋，也不刻意复古，走在经典与时尚之间、东方与西方之间。乐活旅游又称洛哈思旅游，它相对生态旅游、低碳旅游在尊重自然、保护自然的前提下更能体现"以人为本"的思想，更能体现旅游的目的与本质。从旅游的本质和旅游者权利的角度来看，旅游本身就是一种追求身心自由和愉悦体验的行为，生态旅游、低碳旅游（以保护生态、节能减排为出发点，重点在环境）如果赋予旅游者太多的责任和义务自然也会损害其旅游体验的质量。因此，可以提倡一个既尊重自然又以人为本的新的旅游方式——"乐活"。现代健康观念认为，高碳消费或奢侈性消费并不比顺应自然的简朴、宁静的生活方式更有利于人的健康。可根据此理念开发休闲度假旅游产品。让游客养成"完善自我、阳光生活、自由创造、强健身体、绿色饮食、简约消费、快乐平和、善待他人、亲近自然、保护环境"的乐活生活理念和"慢生活"的生活方式，体验慢生活、简单生活、宁静生活与悠闲生活的价值与趣味。

4.5.8 奇异类旅游产品策划

（1）产品细分

奇异类旅游产品可分为探险旅游、狩猎旅游、野外体能拓展、地质旅游（地质公园、溶洞、石林、岩溶漏斗、化石、洞穴探秘等）、海洋旅游、沙漠旅游、摄影旅游、军事旅游、自驾车旅游、自行车旅游、自助旅游产品等。

（2）产品特征

个性化和非程序化　种类丰富，玩法多变。如徒步旅游（背包客）、野营旅游、高山探险、江河漂流、洞穴探秘、自驾车旅游，等等。奇异类旅游产品突破一般观光和度假旅游产品的开发模式，充分彰显个性，"尽情撒野"，崇尚自由，最能够体现旅游的本质和"以游客为本"的经营理念。

追求"反常态"生活方式　通过新鲜、奇特、惊险的旅游内容，感受浪漫和刺激，追求"反常态"生活方式。奇异类旅游产品主要依托"原生态"的自然景观，满足游客以猎奇、审美、求知、自我实现的心理诉求，达到"有惊无险，乐在其中"的旅游意境。

强调体验和过程之旅，铸炼冒险和探索精神　奇异类旅游产品对旅游者的生理和心理素质都有很高的要求，它不在乎最终目的，重视旅途过程。如高山探险，不仅仅是追求登上山顶后的喜悦，更是在行进过程中对自身极限的挑战和对自己毅力的磨炼才是登山的意义。正因为特种旅游强调体验和过程之旅，铸炼冒险和探索精神，能够充分调动游客的积极性和创造性，深受年轻朋友的青睐。

风险性高，专业性强　由于特种旅游通常是在地形崎岖、气候恶劣的条件下开展的，所以旅游行程的不可知因素较多，具有一定的风险。特种旅游不仅要求专业、安全的设施，还要求游客具备一定的生存和实地操作技能，否则旅游过程会困难重重。

（3）策划要点

紧扣时代脉搏，转变观念，加强宣传　随着经济水平的提高和旅游消费的成熟，人们开始追求复合型的游历过程，即由分类明确、功能单一的旅游产品的消费发展到集多种特色、多种功能于一体的综合性的旅游产品的消费。特种旅游具有先导性的特点，只要加强宣传和引导，较容易吸引游客，市场潜力巨大。但是，需要采用各种宣传手段加以推广，加强宣传力度，让更多的人认识、了解特种旅游，乐于挑战，提高人们对特种旅游的认知度。

产品开发力求新意，精心策划，以达到游客"高峰体验"情感需求 马斯洛认为，"高峰体验是人最美好和幸福的时刻，人有一种返归自然或与自然合一的欢乐情绪"。这种"高峰体验"可概括为：最充分地发挥自己的潜能；纯粹的精神欢悦；有彻底的释放、宣泄、大功告成、登峰造极、完美极致之感。因此，在策划特种、异类旅游产品时应在"新、奇、特"上下工夫，确定一个好的主题，满足游客体验神秘感、新奇感、异域生活的旅游动机，从而获得充分的愉悦感和成就感。

横向拓展，深度开发 与常规旅游产品相比，特种旅游的消费比较大，而且在旅游六要素中的比例失衡，偏重"行"和"游"，在"吃"和"住"方面的支出较少，这是由特种旅游产品的特性决定的，但应重视其与相关产业的联系，形成一系列横向联系的产业链。在此基础上，构筑统一的旅游市场。同时，在开发和运作的过程中，还应注意产品开发的档次和水准，形成不同类型和特色的产品线。所以，要注重特种旅游产品的深层次开发，构建以探险、徒步、探秘等项目为载体的集观光、娱乐、度假与探险为一体的复合产品结构，不断推出新产品来适应不同的消费群体，提高产品形象和拓展产品利润空间。

强化对特种旅游的安全控制 由于特种旅游的风险性和专业性，旅游的相关环境和有关条件必然不同于常规旅游，所以在操作及旅游的实施控制上比常规旅游更为复杂和困难。这就要求必须注意以下两点：第一，线路的安全性。在设计线路及实施操作时应把风险控制在最低的程度，以维护游客生命安全为最首要的任务。第二，控制的严密性。由于特种旅游方式的多样性和旅游对象的奇特性，以及旅游中的配套服务环节不可能全部完善，因此存在着许多难以预测的特殊因素和不利因素，这就要求在组织实施上应把握住各个环节，备有行之有效的各种应急措施和手段，对旅游过程中的各个细节严密分析控制，"防患于未然"，从而使旅游者"有惊无险"地完成难忘之旅。

旅行社可实行菜单式管理，提高服务水平 由于特种旅游的专业性较强，对于时间、地点等的安排灵活性的要求比较大，即使是由旅行社统一安排，也要比一般随团出游宽松许多。旅游者需要充分满足身心活动的自由，因此，旅行社可以采取"菜单式"的服务——由旅游者自己来组合产品、设计线路，旅行社提供咨询与协助策划来满足旅游者的个性化需求。

4.5.9 节庆类旅游产品策划

(1) 产品细分

节庆类旅游产品包括民族节日（如藏历年、彝族火把节、傣族泼水节等）、传统文化节（如体育节、舞蹈节、音乐节等）、地方特色节日、会展（如大连国际服装节、青岛国际啤酒节、昆明世界园艺博览会等）旅游产品等。

(2) 产品特征

节庆类旅游产品具有商业聚焦、公众吸引、大众参与、政府主导与市场运作相结合、形象塑造作用重要、历时短但轰动效应大等特点。

(3) 策划要点

避免雷同，体现特色 旅游节庆活动是一项重要的旅游产品，旅游产品要有外延扩展或者内在变化才能具有持久的吸引力。节庆活动的主题是否具有特色是产生吸引力的关键所在。缺乏新意，形式大同小异是目前许多节庆活动的一个通病，尤其是每年举办一届的节庆活动，节庆的主题、地点、方式、节目年年都雷同的话，游客难免会失去新鲜感。比如仅是以酒文化、桃花、油菜花为主题的节庆活动全国就有几十个。

要使旅游节庆活动具有特色，必须抓住旅游地的地脉和文脉特征。一是可以利用旅游地最具特色的景观作为吸引物，举办旅游节庆活动。典型的例子如北京香山红叶节、中国国际钱塘江观潮节等。旅游地的特色景观往往具有时效性，香山红叶最红的时间和钱塘江潮水最壮观的时间，在一年中都只有短暂的数天，抓住这几天举办旅游节庆，可以最大限度地吸引旅游者。二是可以利用旅游地相关的历史事件发生、历史名人诞辰等文化纪念日为号召，举办旅游节庆活动。如纪念郑和下西洋600周年泉州、扬州等地举办的旅游节庆活动，以及曲阜国际孔子文化节、四川江油李白文化节等。三是可以利用各种民族节日开展旅游节庆活动。在活动期间，旅游地围绕节庆进行各种布置，安排各种活动，体现节日气氛。

了解市场 要充分了解潜在游客的流向、逗留时间、消费能力、交通工具等市场信息，在旅游节庆时间、地点、内容、活动方式等方面的设计都要针对市场需求，从旅游者的角度考虑设计。

深入挖掘文化内涵 独特的地方文化是旅游节庆活动得以系列化延续的保证和源泉。但是目前一些旅游节庆活动的举办者为了自身的经济利益，加入了过多的商业炒作成分，一些模特大赛、演唱会、健美赛等与主题相关性不大的活动常常喧宾夺主，气氛虽然热闹，但却缺乏深厚的文化内涵，使游客产生一种腻烦、浅薄、名不副实的感觉，长远来看会有损节庆活动的主题。

形成品牌化和系列化 把节庆活动作为一个产品，打造成为景区营销的标志性品牌，并注重节庆品牌的注册与知识产权保护，使之成为景区推销自己的一张名片。节庆活动虽然瞬时能量很大但其生命周期较短，从引入期到衰退期可能只是短短的3~4年时间。因此要形成一定的规模效应，必须实现系列化，只有节庆活动的系列化才可以使得节庆在促进地方旅游持续发展的过程中起到优化作用。

系列化节庆活动的主题选择应在大背景不变的前提下，每届变化主题、活动内容也应在常规项目不动的基础上更换一些更富有时代特色和创新的项目，使每届参加的游客都能获得不同的体验和感受。如崇明森林旅游节自1998年开始已经举办多届，每年的主题口号皆有更新，从第一届的"寻找白雪公主"到2004年的"崇明生态休闲游，千家万户乐悠悠"，活动项目也在"农家乐""东滩湿地""森林旅游"等固定项目外，每年都根据当地特色开发并更换部分活动节目。2006年上海崇明森林旅游节期间，崇明就邀请气势恢宏的上海旅游节花车到崇明巡游、展示，辅之岛内外专、业余文艺团体的精彩行街和文艺演出，进一步提升上海崇明森林旅游节的集聚效应，烘托浓烈的节庆氛围。

与当地的社会经济有机结合 旅游地的发展脱离不了区域社会经济的发展，二者要互相支持、互相促进，才能获得最大收益。对于旅游地节庆活动策划也是如此。旅游地的节庆活动不应该仅仅是一项娱乐活动，而且应该融入当地社会经济发展当中，为当地社会经济发展提供交流平台，这样的旅游节庆活动才能具有持续的生命力。典型的例子如青岛啤酒节、大连服装节等，就和本地的特色产业紧密地结合在一起，因而也是富有生命力的节庆。

王衍用等在为新郑黄帝故里策划的"黄帝文化周"主题节事活动中，充分考虑了节庆活动和社会经济的结合。"黄帝文化周"以每年"三月三"拜祖大典（农历三月三日）为起点，持续一周。"黄帝文化周"的整体构思：借"三月三"拜祖大典启动，形成世界华人的大聚会、大联欢，进而促进河南社会经济发展。"黄帝文化周"应将投资洽谈会、各种展销会和拜祖大典整合起来，集中力量办好这个盛会，促进河南的社会经济发展。举办投资洽谈会、各种展销会和拜祖大典、世界华人聚会可以相得益彰，共同促进，发挥规模优势和关联优势，形成轰动效应。"黄帝文化周"是世界华人聚会的好时机，也是河南进行招商、融资的好时机。河南各个地市都可以拿出项目来到洽谈会上，全省进行"一次性融资"。甚至还可以做得更大度一些，欢迎其他省份的项目都来融资，将"黄帝文化周"的招商洽谈会办成世界华人的招商洽谈会。"黄帝文化周"的主要内容，除了"三月三"拜祖大典以外，还包含"同一个民族，同一个家"大型主题晚会、"黄帝原创奖"颁发盛典、中原崛起论坛暨投资洽谈会、中原绿色产业论坛暨绿色产品展销会、中原纺织服装工业论坛暨纺织服饰博览会、中原制造业论坛暨工业博览会、汽车展销会、中原文化产业论坛暨文化产业博览会、中华寻根游启动仪式等。

搞好活动组织 旅游节庆活动因素众多、涉及面广，因此在节庆举办前进行规划，是不可缺少的重要内容。在具体过程中，应注意以下几点：① 在时间安排上，节庆活动应尽可能控制在 7~10 天左右（综合性的节庆活动除外），过短无法形成规模、产生效益；过长则累人累己，浪费人力物力；② 在项目安排上，主题节目要突出，要具规模，气氛要热闹，要增加趣味性和参与性，其他节目则要注重铺垫衔接，切忌重叠冗长；③ 在空间布局上，要合理划分活动区域，注意主会场与分会场的关系，尽可能利用当地特色的建筑空间，彰显地方文化特色，注重人文景观和周围意境的相互协调；④ 在旅游线路组织上，要考虑展现特色节点的地域空间和人文风情，不要平铺直叙，要有次序和惊喜，如朱家角古镇旅游节的特色活动行街表演（舞龙舞狮、蚌舞、腰鼓队等）的路线是根据朱家角的水乡特色而设计，主要围绕最热闹的沿河地带中心区域"美周街—城隍庙桥—漕河街—廊桥—圆津禅寺—涵大酱菜馆—泰安桥"几个特色点串联成线，每日 10：00~10：30 开始表演，成为旅游节最引人注目的一项活动节目；⑤ 在交通引导上，要在重要的集散点和转折空间设置指示牌，注意人流疏导和分流，有表演活动的区域要有足够的空间余地作为疏散。在环境营造上，要防止环境污染和视觉污染问题，避免给游客产生不良印象。

加强宣传促销 旅游节庆活动的宣传、包装和促销是十分重要的环节。大多数的节庆活动主要是为了吸引外地的游客,但目前我国参加节庆旅游的往往是散客,团队很少,这说明在宣传促销力度上有待提高。如徐舟对2004年朱家角古镇旅游节的200份调查问卷中统计,63%的游客来自上海(其中包括青浦本地的居民)。可见要使地方节庆走出"地方",拉动中远距离的游客,还需要在宣传上加大力度。这方面可以多借鉴一些国外好的营销经验。如主动向新闻媒体发布信息,与旅行社联系行程,超前宣传;在进入景区的重要通道设置旅游信息板和导向图;利用网络资源发布信息和提供旅游咨询,赠送旅游纪念品,组合产品联合促销。同时节庆内容的包装也要别具特色,容易吸引游客的注意力。

4.5.10 现代人造景观类旅游产品策划

(1) 现代人造景观的概念与特点

现代人造景观是当今人们为发展旅游而纯粹人为设计、人为建造的那些模拟景点,主要是微缩景观、主题公园等,基本方法是利用各种手段,将历史上的、异国异地的、想象的自然现象与人文现象,"移植"、集中一地,以达到娱乐、消遣、增长知识等目的。其具有主题鲜明、参与性与娱乐性强、投资大、风险高等特点。

(2) 策划要点

遵循建设原则 现代人造景观建设应遵循市场原则、资源原则、区位原则、旅游行为规律原则、经济原则、创意原则等。

市场原则 现代人造景观建设要进行市场分析,产品要有丰富的客源和广阔的市场。一般应建设在经济比较发达的大城市及其附近地区。

资源原则 现代人造景观建设要进行资源分析,一般适宜建设在旅游资源贫乏或旅游资源档次不高的人口密集区,用人造景观的办法弥补其先天不足。旅游资源丰富、品位高的地方建造人工景观应特别慎重,选择好主题。

区位原则 现代人造景观建设的地方应地理位置优越,区位条件好,交通便捷,游客进出方便。

旅游行为规律原则 现代人造景观建设应分析考虑游客的行为规律,如大尺度的旅游,游客一般只选择游玩高级别的旅游景点等。因此在高级别的旅游景点附近一般不宜建设人造旅游景观。特别忌讳在"真景面前造假景"。

经济原则 现代人造景观投资巨大,游览消费较高,建设一定要考虑当地的区域经济背景与投资建设能力。

创意原则 现代人造景观空间竞争强烈,容易模仿。在建设上一定要有好的创意,主题新颖,具有丰富的文化内涵和较高的文化品位,参与性与娱乐性强。创意平庸,盲目效仿,品位不高,制作粗糙,难免自食苦果。

分析基本条件 人造景观的建设应进行基本条件的分析,不能违背基本规律,不能干"没有条件也要上"的蠢事。根据人造景观的特点和原则综合分析,一个地方建设大规模的人造景观一般应具备这些条件:一是该地旅游资源贫乏,数量少,档次低,从而采用人造景观的办法弥补先天不足,即"无中生有"(如深圳的"锦绣中华"等);或者是在旅游资源丰富的地方利用"文化反差"原理建造高品位的人造景观(如北京的世界公园等)。二是客源市场广阔,本地和外地的客源比较充足,所在城市的人口规模一般在200万以上。三是区位条件优越,交通及可进入性好。四是该地区经济背景好,资金财力较雄厚。

考虑空间竞争和阴影效应的影响 人造景观建设应考虑旅游的空间竞争和注意阴影效应的影响,避免位于"影区"内而降低其旅游价值(不仅要考虑旅游景点的绝对价值,更应该考虑旅游景点的相对价值)。特别是不要在"真景面前造假景"(如"三峡集锦"人造景观建造的教训),这是旅游开发的"兵家之大忌"。旅游开发应注意处理好发掘文脉、继承文脉和突破文脉的关系。

遵循规律和科学决策 人造景观建设投资大、风险高,因此要因地制宜,严格遵循人造景观的建设原则、建设规律(包括经济规律、市场规律、旅游者行为规律),进行科学论证与科学决策(包括项目决策、投资决策、专家决策、项目规划评审),树立科学的旅游开发观与发展观。

此外,人造景观特别是主题公园的策划上,还应注意选择鲜明而有特色的主题,提供充满乐趣的游览经历,寓教于乐,尽量运用现代科技手段。

4.5.11 餐饮类旅游产品策划

餐饮是旅游活动中的重要环节。饮食是不同地区自然地理环境的反映,是不同历史阶段社会风貌的体现,也是不同地区民族心理特征的载体。品尝各地风味小吃,了解各地小同的风俗,体验其中的饮食文化,已经成为旅游者的重要旅游动机。

(1)策划素材

凡是与饮食有关的事物、活动与习俗都可以成为旅游餐饮策划的素材。李庆雷教授在《旅游策划论》一书中认为,旅游餐饮类产品策划实践中应用较为广泛的素材主要包括以下几个方面。

食品原料 食品原料是影响饮食的基本要素。各地的地理条件不同,人们的生产方式不同,饮食的原料也复杂多样。在现实中,原料的种类十分丰富,如粗粮、细粮、肉类、蛋类、蔬菜、调料、油料。原料的选择和搭配是形成食品差异的重要原因,也是饮食创新的基本方式。

加工过程 食品的加工方法多样。以面点为例:有京式、广式、苏式、南味、北味之别;有蒸、炸、煮、烤、煎、烙之分。对于某些特殊的食品来说,其制作过程本身可以称得上是一种艺术,具有较高的观赏性。从简单的拉面、刀削面、大薄片到复杂的点心加工、冷盘制作、食品雕刻,这些制作过程体现着厨师的高超技术、艺术构思和思想情感,构成独立的审美对象,成为重要的策划素材。

饮食文化 我国历史悠久,文化灿烂,烹饪流派众多,风味小吃无数,饮食文化博大精深、影响深远。鲁菜、川菜、粤菜、徽菜、闽菜、湘菜、淮扬菜、西北菜、东北菜等各大菜系折射着不同的区域文化,御膳、孔府宴、红楼菜、谭家菜、寺庙素斋、民间菜、药膳等饮食门类蕴含着深厚的文化内涵。此外,饮食还与名人、名胜、名著、传说故事关系密切,共同组成了旅游餐饮文化策划的丰富素材。

用餐方法 由于旅游餐饮更加重视独特的体验,因此用餐程序与方式也是餐饮策划的重要素材。受礼制、宗法、习俗的影响，不同地区的用餐方法迥异，是地方风格的体现，也是游客追求新异的对象。例如，御膳讲究烦琐的程序和相应的寓意，自助餐体现了民主与自由精神，烧烤增加了游客参与成分，手抓饭、转转酒体现了少数民族的不同习俗。

服务艺术 热情周到、恰到好处的餐饮服务可以为精美的食品锦上添花，提升餐饮体验的质量。对于文化底蕴深厚的饮食和小吃而言，服务人员对相关典故和吃法的讲解可以丰富游客的知识，增加食欲，提高兴致。在我国各类传统饮食中，茶是最能体现服务艺术的，茶艺表演集文化性、艺术性、观赏性于一体，代表着我国传统餐饮服务艺术的成就。近年来各地推出的歌舞伴餐的服务方式为游客塑造了一种艺术性的综合餐饮体验。

（2）策划要点

对于单个菜肴来说，旅游策划者应注意色、香、味、形、器、意等要素的设计。作为一个体验过程，旅游餐饮策划中应综合考虑菜肴品质、文化内涵、餐饮环境、服务艺术等各个相关要素，把饮食作为一种旅游项目进行策划。旅游餐饮服务策划要点如下所述。

突出地方特色 为了塑造独特的餐饮体验，为游客留下深刻印象，策划人员必须注重餐饮主题的选择，突出地方特色。主题可以来自于饮食文化、历史遗产、传统习俗、民族特色、艺术风格、时尚潮流等各个领域，突出旅游餐饮的地方特色。

注重菜式创新 为了适应游客求新求异的旅游心理需求，旅游策划者必须从原料、工艺、服务等方面推进菜式创新。

设计配套活动 在游客进餐过程中，讲解菜肴典故，示范某些菜肴的特殊吃法，欣赏现场表演，如歌舞表演、民乐演奏等(图4-1)能够留下深刻印象。将其他活动与餐饮活动有机融合在一起，可以大大提升游客的综合体验质量，让一次餐饮成为一次难忘的经历。

图4-1 餐饮音乐伴奏

创设体验环境结合旅游目的地的自然环境条件，挖掘文化底蕴，做好外观设计和内部装饰，创设具有地方特色的就餐环境。近年来风行各地的主题餐厅借助特色的建筑设计和内部装饰来强化主题，让游客经过观察和联想，进入期望的主题情境，诸如重温某段历史，了解某种陌生的文化等。例如，上海老站餐厅就通过老式家居布置和火车的改装，营造了老上海怀旧和名人专列两个主题。

(3) 策划的基本内容

饮食环境饮食环境包括餐厅的建筑风格、室内装饰布置、餐台、餐椅及灯光的选用等。以上要素的策划应直接展示出经营者的经营理念、经营主题、审美情趣和文化特色，同时各要素彼此间相互关联、相互协调，共同体现出酒店的总体文化风格。

餐厅命名是一门艺术，既要简单明了，方便宾客记忆，又要恰当地表现出餐厅的风格，向客人传递名人典故、掌故传奇、菜系风味、餐厅主题等信息。背景音乐的选用应与主题、环境和谐；音乐风格要优雅、舒缓。

菜点名称 菜点的命名非常重要，好的名称能体现出饮食文化的底蕴。或雅致(如出水芙蓉鸭、群英荟萃等)，或风趣俏皮(麻婆豆腐、佛跳墙、叫化鸡、狗不理包子等)，或吉利(如竹笋炒排骨名为步步高升；发菜炖猪蹄名为发财到手)，或名人效应(如东坡肘子、万山蹄)。

成品造型 菜点成品的特色主要表现在色、香、味、形等方面。"色"指悦目的色彩。它既指原料自然材质的本色，更指原料之间相互组合，加工过程中的颜色以及成为菜肴以后的颜色。韩国菜在菜肴的配色方面最值得称道，红黄粉绿，配色十分丰富，简直像工艺品一样。"香"是指诱人的气味。"味"是指口感好，即所谓的饱口福。"形"指菜肴的造型美，例如，看家菜、工艺菜、象形拼盘菜，都可增加菜肴的造型美感效果。

菜单设计 餐厅的菜单可策划成多种形式的系列菜单。例如，可策划为固定菜单、循环式菜单和特选菜单，也可针对不同的细分市场推出儿童菜单、情侣菜单、家庭菜单等。各种菜单可以根据情况来选择不同质地，设计出意境不同、情趣各异的封面，格式、大小可灵活变化，并可以分别制作成纸垫式、台式卡、招贴式、悬挂式、帐篷式等；色彩或艳丽、或淡雅，式样或豪华气派、或玲珑秀气，成为宣传餐厅文化的"免费广告"。

餐具选用 餐具不应再只是用来盛载食物的容器，而应与食物配合，成为构成餐饮产品美的组成部分，给客人带来视觉享受和精神的愉悦。例如，乡村饭店采用内衬植物叶子的藤编容器装盛食物，则会别有一番风味，更将乡野菜的特色体现得淋漓尽致。

服务和主题 服务项目的软策划是餐饮产品服务策划的重点。例如，推出现场歌舞表演项目，如云南过桥米线餐厅推出的少数民族歌舞表演，上海和平饭店推出的老年爵士乐演奏等；一些"特色餐厅"则采用"店内厂"的模式，推出展示游客好奇的制作过程的项目，如"北京烤鸭"的现场片鸭装盘及银丝面的现场操作，"火烧冰激凌"在灯光衬托下的现场展示等。

对餐饮产品的主题策划主要表现为主题宴。例如，无锡的"江南乾隆宴"；与红色旅游产品相配的"忆苦思甜餐"等。主题宴的整体包装策划最后还是通过饮食环境、饮食名称、菜肴造型、菜单设计、餐具选用、服务等几方面的策划整合后体现。

4.5.12 住宿类旅游产品策划

住宿是旅游活动中的一个重要环节,是旅游六大要素之一。住宿不仅可以帮助游客缓解疲劳、恢复精力,还可以提供具有地方特色的独特体验。随着旅游需求的提高,游客已经不满足于标准化的星级酒店住宿服务,越来越多地希望有机会体验各种特色住宿设施。

(1)策划素材

旅游住宿策划的素材主要涉及与住宿有关的所有事物与事件。这些素材基本可以划分为以下4种类型。

住宿环境 不仅包括住宿场所的地理位置及其周边环境,还涉及建筑风格与内部装饰。现代交通和建筑技术的迅速发展以及旅游需求的多样化为住宿场所的地址提供了更多选择。住宿场所可以选择在市区、乡村、森林、湖滨、海岸、河边、温泉、古镇等;可以充分利用过去遗留的设施,也可以利用现在的交通工具。至于住宿场所的建筑风格与内部装饰,更是多姿多彩。

图4-2 海滨酒店

图4-3 森林别墅

居住习俗 由于居住的地理环境、生产方式、传统文化不同,各个地区与民族的居住习俗也各具特色。例如,北方草原的蒙古包、黄土高原的窑洞、热带雨林的竹楼、北京四合院、福建土楼、湘西吊脚楼、纳西族木楞房等(图4-2~图4-5)。这些居住习俗是地方风格与民族文化的重要体现,通常会对外地游客具有较强的吸引力。

图4-4 吊脚楼

图4-5 木楞房

功能组合 旅游住宿场所的基本功能是提供住宿服务,但是还可以结合游客需要将住宿服务与其他功能结合在一起。现代酒店就是一个旅游服务综合体,除了提供住宿之外，还提供餐饮、康乐、会议、商务服务等。住宿与交通、停车的组合催生了房车、汽车旅馆、自驾车营地；住宿与观景的组合催生了海景房、湖景房、山景房、林景房；住宿与康乐、休闲、度假的组合催生了温泉度假村、农家旅舍……旅游策划者应着眼于提供以住宿为基础的复合体验，提高住宿场所的附加值。

服务方式 服务方式也是形成住宿体验差异的重要因素。现代住宿服务在常规化、标准化服务的基础上注重提供个性化、情感化服务。这在现代星级酒店里已得到充分体现。

(2) 策划要点

李庆雷教授在《旅游策划论》一书中认为：旅游住宿服务策划要点有以下几个方面。

利用周边景观 现代旅游住宿场所不仅要求具备舒适、安全、便利的服务设施，而且还要求具有优美的外部环境与氛围。这就要求策划者运用现代环境艺术的理念，注重住宿场所的科学选址（因地制宜，突出特色），建筑风格应与当地的自然、人文环境和谐，并充分利用周边景观环境，提供住宿、赏景、休闲、康乐等综合体验。例如，张家界的琵琶溪宾馆、三亚南山文化旅游区内的夏威夷树屋堪称利用周边景观环境的典范。

挖掘文化内涵 旅游住宿场所在满足游客生理需要的基础上，还应满足游客日益增长的精神生活需要。这要求策划者把握住宿设施所在地的文脉，深度挖掘地域文化（如历史文化、名人文化、民俗文化等）并将其文化内涵通过建筑造型、内部文化氛围营造、公共空间陈设、客房内部装修、酒店形象设计等方式体现出来，以文化打造品牌。

注重复合功能 如前所述，住宿可以与观赏景物、休闲、度假、探险等结合在一起，衍生出温泉度假村、农家旅舍、度假饭店、各式营地、主题饭店等各类旅游住宿项目。旅游住宿不仅是为游客解决睡觉和休息，应通过精心策划和设计，使住宿成为旅游者欣赏的对象和体验的载体。

提供特色服务 提供特色服务是满足游客精神需求、培育酒店核心竞争力的需要。因此，住宿场所应根据自己既定的主题向游客提供住宿、餐饮、康乐、休闲、商务等方面的服务。这些服务应是标准化与个性化的有机结合，突出酒店特色。

(3) 策划的基本内容

客房创新 现代客房产品的创新主要由设施与装饰、服务管理以及客房与宾馆内其他部门的服务连接3个方面构成。客房服务在追求标准化的同时应突出创新性和个性化，要给游客如家的感觉，美好、舒适、独特的体验。

主题客房与特色客房建设 主题客房具有独特性、浓郁的文化气息、针对性等特点，有很多种分类方法。例如，以某种时尚、兴趣爱好为主题，可分为汽车客房、邮票客房、电影客房等。有以某种特定环境为主题的客房，如梦幻客房、海底世界客房、太空客房等。特色客房，例如无障碍客房、老年人专用客房等。无障碍客房是为满足残疾客人的需求而推出的，残疾人由于身体上的残障应该得到饭店的关怀。设有无障碍设施的酒店一般具备残疾人专用进出口、残疾人专用厕位等。如今，世界人口普遍向老龄化发展，老年人市场越来越受到重视。老年人在饭店的相对停留时间较长，消费较高，因此，"银发市场"已成为饭店新的竞争点。老年人客房的设计、装饰要注重传统的民族风格，配以字画、摆设；其色调以暖色为主，多用调和色；绿化布置上，可多用观赏盆景和常绿植物、鲜花。健康、方便是老人客房的考虑重点。例如，在卫生间要设置防滑把手，门把和开关位置要适宜。房间内要设置多个召唤铃，以便老人可以不用移动太远，就可询问自己需要的服务。

主题酒店与特色酒店建设　主题酒店是指以某一素材（历史、城市、故事等）为主题，从硬件（建筑、装饰、产品等有形方面）到软件（氛围的营造、服务等无形方面）围绕主题进行经营，从而带给顾客有价值的、难忘体验的特色酒店。主题酒店、特色酒店的本质可归结为差异性、文化性、体验性。差异性追求独特；文化性追求内涵；体验性追求效果。宜昌的三峡人家旅游景区在石牌建设抗战文化主题酒店就是一个成功的例子。主题酒店强调酒店整体的主题化，必须围绕主题构建完整的酒店体系，酒店硬件到软件的设计与组合应该围绕统一的主题开展，各功能区、各服务细节应能为深化和展示同一主题服务。即围绕同一核心内涵，利用酒店的全部空间和服务来营造一种无所不在的主题文化氛围。例如，芬兰冰雪酒店就是这方面的典型例子。冰雪酒店（Snow Hotel）每年冬天都出现在凯米的冰雪城堡中，客房年年有新的设计。睡在著名的 Ajungilak 睡袋中，就好像是海滨城堡中的国王。睡袋装有保温内胆；床架由冰雪堆砌而成，上面铺着驯鹿皮或者羊皮。睡袋中有加热地，再盖上驯鹿皮与羊皮，在 -30℃ 的环境里，依然温暖如春。

4.5.13　交通类旅游产品策划

旅游交通是为了解决游客由客源地向旅游目的地转移和在旅游目的地内部转移问题的旅游要素。旅游交通策划的中心任务是在节约游客时间的同时丰富游客体验，并增加旅游的综合收入。

（1）策划素材

旅游交通服务策划的素材广泛存在于和旅行、交通有关的事物、习俗、事件之中。在策划实践中，旅游策划者可以从下列4个方面寻找素材。

交通工具　策划素材主要包括以下4个方面：一是历史内涵与怀旧格调，如仿古马车、蒸汽机车等；二是区域特性与民俗特征，如花轿、牛车、马匹、骆驼、牦牛、羊皮筏子等；三是科技含量与先进性能，如磁悬浮列车、观光电梯等；四是独特体验与新奇感受，如溜索、漂流船、热气球等（图4-6、图4-7）。

交通设施　包括游客等候场所、交通站点、道路、桥梁、附属设施。部分交通设施具有一定的历史价值、美学价值、科考价值和游憩价值，因而成为策划素材，如三峡古栈道、鄂西巴盐古道、云南茶马古道等。旅游策划者也可以利用传统交通设施中的某些元素，运用现代艺术手法，去策划新的交通设施。

交通服务　在飞机、轮船、火车等交通工具上通常为乘客提供相应的服务。如果这种服务具有某种特色或特殊价值，可以成为吸引游客的重要因素。

图 4-6　骑骆驼

图 4-7　溜索

交通功能　旅游交通除了解决空间位移问题之外，还具有其他功能。对这些功能的挖掘与充分利用也是策划的重要素材。旅游交通可以衍生出运动与赛事，如那达慕大会中的骑马、青海湖自行车环湖赛；可以衍生出休闲与娱乐项目，如双人自行车、森林小火车（图4-8）；可以衍生出度假设施与项目，如豪华游轮（图4-9）；可以成为时尚与个性的象征，如徒步登山、远足等。

图 4-8　森林小火车

图 4-9　豪华游轮

（2）策划要点

在完善交通体系的前提下，旅游策划者可结合策划对象实际，挖掘交通服务的内涵，营造旅游景观，提供独特体验。为此，应注意如下问题。

塑造特色体验　西北大漠的骆驼、内蒙古草原的骏马、东北雪原的雪橇、曲阜的仿古马车、绍兴的乌篷船、武夷山的竹筏、怒江的溜索、三峡的古栈道与索桥等交通工具与设施不仅体现了地方特色，而且把原本枯燥无味的行程变成了一种独特的体验，还为游客提供了另外一种观赏风光，成为一种特色游乐项目，受到游客的欢迎（图4-10～图4-11）。

注意交通组合　有些旅游景区面积较大，地形复杂，可以考虑多种交通工具的组合使用，缓解旅途疲劳，避免行程单调，提供欣赏景观的多个角度，为游客创造更加丰富的旅游体验。例如，云南省罗平县多依河旅游景区分段向游客提供竹筏、马匹、三轮车、轿子等交通方式和服务，不但缓解了游线过长给游客造成的疲劳，而且将游览空间由河滨拓展到山腰，还增加了游客可以参与的亲水性活动项目，将单一的静态观赏提升为动静结合，在审美体验的基础上增加了娱乐体验。

图 4-10 仿古马车　　　　　　　　图 4-11 竹筏

拓展相关功能　旅游交通工具除了解决游客位移、塑造游乐体验以外，还具有其他多种功能，例如，游览观赏功能、住宿服务功能、陈列展览功能、宣传营销功能等。旅游策划者应结合策划对象的实际情况，灵活加以运用。

提高观赏水平　旅游交通一般情况下力图实现旅速游缓，但有些特殊交通工具本身具有参观游览功能，比如缆车观光、游船观光等，它们并不需要快速移动，更重要的是扩大观景视野，提高观景的安全性和透明度。缆车的 360°全景透明玻璃、游船的观景平台等都要尽可能从游客观赏的角度进行技术革新和服务创新。

组织特色活动　游客一般在乘坐交通工具的时候，都被局限在一定空间内，长时间的旅行不仅生理上会疲劳，心理也会出现单调和乏味的感觉。旅游交通可以通过组织特色活动，缓解疲劳，提高游客乘坐旅游交通工具的快乐程度。例如，海上邮轮一般设计了各式各样的船上活动，包括游戏、表演、比赛、竞技、派对、舞蹈、音乐演出、主题晚会等，让游客乐在其中，极大地丰富了游船休闲度假活动。

【思考题】

1. 试述旅游产品策划的概念。
2. 试述旅游产品策划的主要依据和原则。
3. 旅游产品策划常用的方法有哪些？
4. 分述各类旅游产品的策划要点。
5. 你如何理解"创意决定成败"这句话在旅游产品策划中的含义？

【案例分析-1】

湖南衡山开展"做一天和尚念一天经"的宗教文化体验游

宗教具有神圣的感召力、神秘的吸引力和神奇的诱惑力，因其强烈的新奇感而吸引着无数的旅游者。但在发展宗教旅游中到处充满了禁区，使人望而却步。如何大胆突破禁区，深度开发宗教旅游产品？旅游策划专家刘汉洪等为南岳衡山策划了"做一天和尚念一天经"或"做几天和尚撞几天钟"的宗教文化旅游产品。例如，为突出文化旅游的参与性、知识性、神秘性，游客可以到驰名中外的衡山南台寺、祝圣寺等寺庙参观，聆听高僧大师讲经，同僧侣们一道做晚课，品尝久负盛誉的"南岳佛菜"，体验静心凝神的暮鼓晨钟，亲身体验一番"出家"的滋味。在南岳大庙组织表演佛教、道教音乐和宗教仪式。这为我国旅游界与宗教界的密切合作，共同开发有特色的旅游产品提供了一个成功的案例。观念就是财富，特色就是价值，旅游产品有特色就会有市场，旅游就是花钱买体验，旅游产品策划与开发应更新观念，在紧紧围绕旅游的本质——"异地身心自由的愉悦体验"多下工夫，在突出产品特色上大做文章。

【案例分析-2】

湖北省宜昌大老岭国家森林公园旅游产品开发策划

大老岭国家森林公园的旅游产品的开发，应遵循多样性和互补性的原则。产品要丰富多彩，供游客充分选择；产品要异质互补，形成整合倍增效应。在空间上，旅游区的主要旅游点应在特色上优势互补，在布局上有主有从；在时间上，应重视四季产品的优势互补，将气候、物候、季候作为旅游资源的组成部分加以规划设计，尽量减少淡季和旺季的反差。

根据旅游资源分析，大老岭休闲度假旅游区应以森林休闲度假产品为主，辅之以道教文化、养生文化、茶文化旅游产品。根据旅游产品的分类和结合大老岭的旅游资源、客源市场的实际，重点应开发如下3类产品。

森林休闲度假产品 开展登山、徒步、野营、野炊、野餐、狩猎、探险、团队野外拓展训练、科考、森林木屋、树屋宾馆、养生等森林旅游项目。

文化休闲产品 开展道教文化旅游、茶文化旅游、农家乐旅游、知青文化旅游（针对"文革"期间曾经到大老岭林场劳动的知识青年市场）；欣赏以森林文化、地方民间文化为主题的文艺演出等。

四季休闲产品 春天观赏山花，感受春光，开展踏青旅游；夏季观赏飞瀑，神游云海，开展避暑旅游；秋季观赏红叶，品尝野果，开展养生旅游；冬季观赏雨凇，踏雪滑雪（或滑冰），开展白色旅游。

此外，在旅游产品开发中实行"七个一"工程：推出一系列森林旅游精品，开发一系列旅游商品，编制一本生态旅游手册，建设一个生态标识系统，组建一个乡土文艺表演团队，举办一个品牌旅游节庆（如森林养生文化节等），拍摄一部旅游宣传影视片（如《大老岭神奇的四季》）。

【案例分析-3】

"三月三"世界华人拜祖大典专项策划

一、项目策划的基本理念

古人对黄帝的祭祀主要出于对黄帝神威的敬畏和祈祷黄帝神灵佑护，虽然不符合科学精神，但是对先祖的怀念、感恩，这是中华民族的传统，是民族凝聚力形成的核心所在，是可以大力继承弘扬的。

因此"三月三"世界华人拜祖大典定位为世界华人的一次盛大聚会，是以丰硕业绩告慰先人的大会，是共同举杯畅想未来的大会。大会的气氛应该和陕西黄帝祭祀的肃穆区别开来，既隆重又欢快。

二、"三月三"世界华人拜祖大典项目策划内容

1. 名称

"三月三"世界华人拜祖大典。

2. 时间

每年农历三月初三（每年定期举办）。

3. 地点

中国郑州黄帝文化苑（黄帝广场）。

4. 规模

3万~5万人。

5. 性质

政府举办的公拜活动，以增强民族凝聚力、实现中华民族伟大复兴为宗旨。

6. 组织

主办单位：国家文化部、国家旅游局、国务院侨办、国务院港澳办、国务院台办、河南省人民政府。

承办单位：郑州市人民政府。

邀请贵宾：党和国家领导人。

邀请嘉宾：世界做出杰出贡献的华人、世界华人组织领袖。

7. 参加人员

世界华人。

8. 准备工作

(1) 拜祖广场布置工作。

(2) 人员组织工作。

(3) 服饰准备：贵宾、嘉宾、工作人员各着风格统一但不同的服饰，可参考汉代风格，佩戴标徽。

(4) 纪念品、活动物品准备。

9. 仪式

(1) 9：09，拜祖仪式开始，礼乐。

(2) 恭读拜祖文。

(3) 上香、敬酒。

(4) 献花篮。

(5) 配乐朗诵。

(6) 集体行礼。

(7) 黄帝乘龙上天，礼乐。

(8) 11：00，礼毕。

(9) 把酒言欢（露天餐会）。

(10) 下午参观黄帝文化苑、黄帝故里、具茨山。

(11) 晚上参加"黄帝奖"颁发盛典暨"同一个中华,同一个家"主题晚会。

10. 其他活动

从三月初四起继续参加各项论坛、投资洽谈会、展销会。

【案例分析-4】

"清江花月夜"旅游演艺概念策划

旅游演艺则是从旅游者的角度出发,依托著名旅游景区景点,表现地域文化背景、注重体验性和参与性的形式多样的主题商业表演活动。其重要作用是:第一,旅游演艺使旅游文化的概念从单纯的游山玩水、造访名胜古迹演变成一种心灵感悟的过程,观赏旅游演艺,能使人的身心陶冶乃至心灵感悟;第二,旅游演艺丰富了旅游产品形式和营销方式,衍生出众多新型的旅游产品,以此拓展旅游发展空间;第三,演艺产品比较容易形成品牌,能使僵化的、静态的历史文化或地域文化鲜活、舞动起来,增强吸引力。

旅游演出策划要关注四大要素:差异化、功能多样化、附加价值和共鸣。旅游演艺作为一种旅游产品,在演艺节目的类型、内容、环境等要素策划上,要形成自己独特内涵的演艺产品,与其他景区的演艺产品形成差异化;同时在功能上要满足游客多样化的需求;在服务、技术、文化上要提升旅游演艺产品的附加价值;要让整个演艺产品体系与游客形成共鸣。

一、文脉分析与文化解读

天龙湾国家级旅游度假区地处湖北清江宜都段高坝洲坝首库区,这里山清水秀,人杰地灵,是"鄂西生态文化旅游圈"内旅游宝地之一。就其人文资源而言,除了有"中国谜语村"——青林寺村外,这里还是文化名人杨守敬、科学家李启斌的出生地。在天龙湾旅游开发项目的规划过程中,文脉挖掘与特色彰显是必须坚守的前提条件。这里的美景不宜有喧闹的鼓噪,而应营造一种美丽的清幽。为此,"清江花月夜"旅游演艺版块拟以杨守敬诗《清江花月夜》为文脉依据和以张若虚的诗《春江花月夜》为意境蓝本,进行铺陈设计。

杨守敬诗《清江花月夜》[此诗为杨守敬1862年(24岁)乡试所作《清江花月夜》文辞]:一片空明境,芦洲夜泊船。风摇花瑟瑟,水泻月娟娟。雁唳惊潮急,蟾华濯露鲜。半湾铺雪密,双桨荡珠圆。絮絮波潆折,窗疏影透穿。琵琶浔浦客,霓羽广寒仙。浪静遥吹管,霜高独扣舷。清辉欣满月,何处绕轻烟。

张若虚的传世名作乐曲《春江花月夜》:春江潮水连海平,海上明月共潮生。滟滟随波千万里,何处春江无月明。江流宛转绕芳甸,月照花林皆似霰。空里流霜不觉飞,汀上白沙看不见。江天一色无纤尘,皎皎空中孤月轮。江畔何人初见月?江月何年初照人?人生代代无穷已,江月年年望相似。不知江月待何人,但见长江送流水。白云一片去悠悠,青枫浦上不胜愁。谁家今夜扁舟子?何处相思明月楼?可怜楼上月徘徊,应照离人妆镜台。玉户帘中卷不去,捣衣砧上拂还来。此时相望不相闻,愿逐月华流照君。鸿雁长飞光不度，鱼龙潜跃水成文。昨夜闲潭梦落花，可怜春半不还家。江水流春去欲尽，江潭落月复西斜。斜月沉沉藏海雾，碣石潇湘无限路。不知乘月几人归，落月摇情满江树。

杨守敬诗《清江花月夜》和张若虚传世名作《春江花月夜》意境优美，摄人魂魄。以此为文脉和蓝本对清江旅游演艺进行文化包装，立意颇高。"春、江、花、月、夜"这五项元素集中于一体，体现了最动人的良辰美景，构成了奇妙的艺术世界。在这里面，"月"是主题，是灵魂。月光下的景色梦一般神奇，蕴含着宇宙人生的许多秘密和哲理。在明净的月夜之下，人往往会沉浸于与自然合为一体的美好感受之中，油然而思索人生的真谛。月夜的静谧、清新、隐秘、皎洁与美丽，古往今来引发了无数文人骚客关于宇宙人生哲理的思考；永恒而宁静的月亮，是中国人魂之所系，心之所托。

在世界众多民族中，自古以来，唯中国人对月亮情有独钟。人们一直对月亮充满了深情。月亮的模样，给永也走不近她的古人留下了无尽的想象，于是，嫦娥奔月、吴刚伐桂的传说从远古绵延到现代。古往今来的诗词歌赋，几乎没有多少离得开月色的照拂。柔和似水的月光，一直是中国诗人反复咏叹的对象。一部唐诗三百首，月亮就升起了好几十次！

清江是长江的一颗明珠，"水色清明十丈，人见其清澄，故名清江。"自古有"八百里清江美如画"的盛誉。故在全国江河多被污染的今天，清江之"清"，应该是其对外营销的一大亮点。既然"美如画"，那么两岸花木当葱茏有致，"花月夜"对清江来说不是一种形容，而是一种现实的存在。在有花、有月的夜晚，来清江品赏美景，实乃人生一大享受。

天龙湾"清江花月夜"旅游演艺策划，以杨守敬诗文《清江花月夜》为文脉，以张若虚的传世名作乐曲《春江花月夜》文辞意境为蓝本，选取天龙湾合适的清江江段进行文化包装和场景设计，以清江木帆船和画舫为游览工具，在傍晚至夜幕降临、玉兔东升时段泛舟夜游清江。舞台静(岸上)，观众动(游船)，与传统的演艺方式反其道而行之，独辟蹊径，将夜游与观看演出有机结合，舞台为带状的山水实景的生态化设计，可谓大手笔的创意策划。

二、项目策划与内容设计

游程共分"清江余晖""江枫渔火""花树盈岸""月上东山"四段依次演绎。

(一)清江余晖

1. 景观元素

清江、夕阳、晚霞、江楼、渔船、牧童、村夫、浣纱女、背景音乐等。

2. 策划构思

在夕阳西坠的傍晚、清江洒满余晖之时，江楼钟鼓齐鸣，《夕阳箫鼓》音乐响起，游船结队启程。船上游客观看渔民摇橹撒网、童叟河岸垂钓、村姑浣纱洗衣、村夫荷锄而归、牧童牛背吹笛(乐曲为《春江花月夜》片段)，背景音乐为《夕阳箫鼓》。

3. 演艺效果

《夕阳箫鼓》迎风飘渺，《江楼钟声》临江陶陶。清江夕阳映照，扁舟渔网挥撩。浣纱女儿岸歌，垂髫牧童横笛。碧波清山灵秀，画舫烟霞云绕。该段游程于游人体验而言,可谓"田园牧歌现眼前,诗意栖居乐清江"(图4-12)。

图4-12 清江余晖

(二)江枫渔火

1. 景观元素

夜幕、余晖、岸树(青枫、红枫、芦苇为主)、江船、渔火、渔村、茅舍、炊烟、白沙汀、背景音乐等。

2. 策划构思

江上不时有渔舟荡出,渔人唱《清江渔歌》。远处渔火点点,时隐时现。渔村茅舍炊烟袅袅,灯光闪烁。汀上白沙,夜色空蒙。宿雁惊飞,划破夜幕寂静。背景音乐为《渔舟唱晚》。游客品茶赏景,畅叙佳话。

3. 演艺效果

日过西山,渔火渐明,《渔舟唱晚》声中,远处江船剪影似假还真,眼前点点渔火摇曳闪烁,絮絮波漾折,欣欣如梦幻,乘坐游船飘飘然御风而行,该段游程于游人体验而言,可谓"江枫余晖烁一江渔火,渔舟清波荡满目梦境"(图4-13)。

图4-13 江枫渔火

(三)花树盈岸

1. 景观元素

花树(色彩鲜艳的花木类、天然树种与人工花卉相间混搭,在灯光艺术的装饰下色彩缤纷、花影层叠)、杨柳、翠竹、芦荻、芳甸、岸芷、汀兰、芦洲、楼宇、舞女、背景音乐等。

2. 策划构思

游船依次经过花树、杨柳、翠竹、芦荻、芳甸、岸芷、汀兰等生态景观。背景音乐为琴曲《花影层叠》。花树丛中有长袖舞女婆娑起舞,楼宇相间布局,红灯笼串串垂挂,楼宇窗疏影透,妆镜台、思妇等朦胧可见,阳台、窗台分别有艺人演奏琵琶、洞箫、二胡、古筝等,曲名均为《春江花月夜》,给人以不同的器乐韵味。

3. 演艺效果

琴曲《花影层叠》之中,现代灯光映衬之下,湾泊渔船,楼宇灯火,窗疏影透,岸树花影,歌舞婆娑,如画似梦,夜幕看花,陶醉幻景,该段游程于游人体验而言,"花影层叠迷人眼,歌舞升平乐无涯"(图4-14)。

图4-14 花树盈岸

(四)月上东山

1. 景观元素

明月、东山、归舟、涛声、扁舟子、芦洲、背景音乐等。

2. 策划构思

在月上东山之际,有欸乃归舟、双桨荡珠,渔人相互对歌唱和;有扁舟子抚琴吹管,扣舷和歌。游客乘舟观景赏月,品尝月饼与风味小吃。江船归岸,游客踏歌而行,进驻"清江花月"度假村。背景音乐为古琴曲《欸乃归舟》《月上东山》。

3. 演艺效果

蟾华渐上东山,游人江船追月,游船播放古琴《欸乃归舟》,江岸歌声若断还续,微风江水波光粼粼,朗月碧空清辉渐渐,该段游程于游人体验而言,可谓"一片空明境,蟾华夜归船";"清辉水波人声遥,相与陶然声色里"(图4-15)。

图 4-15　月上东山

三、构景元素与体验效果

(一)静景元素

夕阳、朗月、远山、青枫、杨柳、翠竹、芦荻、芳甸、花树、沙滩、江楼、茅舍、牧童、村夫、渔人、思妇、渔舟、宿雁、捣衣砧、浣纱女、扁舟子等。

(二)动景元素

钟鼓、流霞、渔火、渔歌、牧笛声、洞箫声、琵琶声、二胡声、古筝声、古琴声、涛声、清流、波光、归舟、游船、舞女、霓虹灯光等。

(三)体验效果

此旅游演艺市场定位于中高端,追求文化品位和审美情趣。打造现代"春江花月夜"绝版游,传统与时尚联袂,经典与世俗同呈,让游人在生态化的山水实景的大舞台品赏清江月夜美景、体味生态休闲文化,达到步步有、景生处处、人在景中、景驻心田的旅游演艺体验效果。在当今喧嚣浮躁的世界上,整个演艺于游人体验而言,"天龙平湖花月游,明朝归去意未尽,他日有期再邀友,还将涛声泛轻舟"。

【案例分析-5】

"三峡集锦"——一个盲目决策的范本

"三峡集锦"人造景观(微缩景区)是国家旅游局配套三峡工程的重点项目,累计投资 4000 多万元人民币。第一期工程于 1994 年开始建设,于 1996 年 5 月建成正式开放。它坐落在长江三峡出口附近的宜昌市小溪塔镇的湖心岛,距宜昌市中心城区约 7km 左右,占地 8 万 m^2,是继深圳"锦绣中华""世界之窗"之后又一大型人造景观。当时号称是世界上最大的人造整体微缩自然景观。景区以长江三峡山水为主题,以三峡大坝为中心,集宜昌至重庆沿江自然风光、人文景观、故事传说、民俗风情、历史名人于一体,采用现代化声、光、影的表现手法,用艺术微缩和现代写意的手法,以近百个观光景点和大型水上激光音乐喷泉、三峡民俗民风歌舞艺术、多风情水上夜总会、巴楚文化精品展、土家山寨古作坊、民俗风情一条街等观光游览餐饮购物项目,共同组成了"三峡集锦"绚丽多彩、如诗如画的神奇世界。该项目设计的年接待能力为300万人次,这也就是说,平均每天要接待游客1万人次左右。"三峡集锦"的业主在通往微缩景区的大桥上既坦诚而又自豪地大招牌地广而告之:"为世界50亿人民奉献又一个三峡"。该微缩景区开业初曾经火爆不到两个月时间,以后便由盛转衰,经营情况很不尽如人意,若天气好,又逢节假日,最多一天也只有600~700名游客。大多时间门庭冷落,有时每天只有几十人甚至几人光顾,远远不能达到门槛游客量。于是很快进入衰落期并夭折。该人造景观(微缩景区)的生命周期还不到1年。景区被整体租赁给另一公司经营,该公司虽然想尽办法,但无力回天,生意一直惨淡。2002年7月,宜昌市夷陵区安监局在进行安全检查时发现,景区假山体都有不同程度的裂缝,一些山体严重倾斜甚至塌陷,钢筋裸露脱落,水管道爆裂渗水造成地基下沉。鉴于存在严重安全隐患,安监局责令景区停业。此后4年,景区一直处于闲置状态,该景区长年杂草丛生,许多人造景观已经被毁坏,可谓"满目疮痍",一派衰败景象。由于已丧失旅游功能,且存在重大安全隐患,"三峡集锦"景区于2006年8月15日开始拆除(图4-16)。中央电视台新闻30分节目(2006年8月30日)和全国多家媒体进行了报道。

"三峡集锦"人造景观(微缩景区)的建设当时主要是出于留住游客的考虑。在全国人民代表大会决定通过兴建长江三峡工程的那一年,即1992年,宜昌这个中等城市的旅游火爆了起来。这一年宜昌市接待的海外游客创纪录地高达13.5万,相当于湖北省当年接待量50%。面对如此滚滚而来的人流,宜昌市旅游界人士惊喜之余,也还有着几分清醒,因为统计同时也表明:这些海外游客在宜昌市平均逗留时间还不到半天。很显然,如何留住海外及国内游客,让他们在宜昌多消费,是宜昌旅游发展一

图4-16 "三峡集锦"人造景观被拆除

个重要而现实的问题。于是宜昌旅游界选择了当时既时髦又火爆的人造微缩景观项目,并上报到国家旅游局,要求作为国家旅游局对口支援三峡工程的重点项目。两年后,即1994年,这项名为"三峡集锦"人造景观建设工程迅速地上马了。此人造微缩景观项目建设的另一个理由是决策者与策划者、经营者考虑到三峡大坝建成后,长江三峡的旅游景观会被淹没一部分,有些旅游景观在美感上要发生变化,人造一个三峡,至少也为"历史的三峡存了真"。而且,"三峡集锦"微缩景区内还有巴楚民俗文化表演等综合性娱乐项目可以吸引游客。

"三峡集锦"人造景观在建设之初曾经遭到专家的质疑和新闻界人士的关注,专家学者与旅游行政部门的管理者、旅游企业的经营者意见很不一致。《粤港信息日报》《长江日报》的记者曾经在"三峡集锦"人造景观开业初就采访了从事旅游开发研究的曹诗图等专家学者,并发表了"我们还要生产多少风景"等文章。有学者在《旅游学刊》1997年第1期发表了《"三峡集锦"建设及旅游经营对策刍议》文章,对"三峡集锦"人造景观的建设失误进行了理论分析,并提出了弥补失误的建设性意见。此篇文章发表后在学术界引起较大反响,但遗憾的是没能引起有关部门领导和旅游企业界(包括"三峡集锦"微缩景区的经营管理者)的重视。"三峡集锦"可谓我国人造景观中最为失败的旅游策划之一。"三峡集锦"景区的失败根源于决策者好大喜功,策划者异想天开、不按规律办事。"决策前拍脑袋、决策中拍胸脯、决策失误后拍屁股","三峡集锦"景区正是由少数领导如此"三拍"决策造成的恶果,其中的"糊涂与自作精明"确实令人深思。

【案例思考题】

1. 湖南衡山开展"做一天和尚念一天经"的宗教文化体验游的案例对旅游开发中的产品策划有什么启示?
2. 湖北省宜昌大老岭国家森林公园旅游产品开发策划的科学依据是什么?
3. 山东省济宁市旅游产品开发策划有什么特点?
4. 利用所学的节庆类旅游产品策划知识,试对"三月三"世界华人拜祖大典专项策划或"清江花月夜"旅游演艺概念策划进行简要评价。
5. "三峡集锦"人造景观建设有哪些教训可以总结?它对我们旅游开发工作有何启示?

第 5 章　旅游景观策划

【本章概要】

　　本章阐述了旅游景观策划的主要原则、主要任务与重点和现代景观策划的先进理念；介绍了景观建设项目的策划方法、旅游景观策划手法与技巧，以及旅游景观建筑选址、引景空间与景观廊道、花木配置、景观游览线等策划与设计方法，并附有丰富的实例进行说明；指出了旅游景观建筑的特点和景观策划与设计应注意的问题。

【教学目标】

　　了解旅游景观策划的主要原则、主要任务与重点和现代景观策划的先进理念；认识旅游景观建筑的特点；理解并掌握景观建设项目的策划方法、旅游景观策划手法与技巧以及旅游景观建筑选址、引景空间与景观廊道、花木配置、景观游览线等策划与设计方法。

【关键性术语】

　　旅游景观；旅游景观策划；景观重构；构景方法；引景空间；景观廊道；和谐

　　旅游景观是指吸引游客的景物。旅游景观按其属性可以分为自然旅游景观与人文旅游景观两大类别。自然旅游景观以山水景观、自然风貌为主体，人文旅游景观以建筑、园林、历史文化遗迹为主。

　　天然的环境、纯粹的自然往往是处于零散的、杂乱的、沉睡的、荒野的状态，在特定的条件下需要人工美化。诚如法国哲学家萨特所说："大地处于麻痹之中，直到有人把它唤醒。"旅游景观策划与设计就是"唤醒大地"，组织环境，把众多零散的景观组织起来，形成一个和谐的有机整体，以有效地吸引游客。

　　广义的旅游景观策划是景观意义上的旅游景观实践，主要包含策划、规划和具体空间设计 3 个环节。它需要从宏观的生态、经济角度把握景观的用途、开发模式和开发过程，并进行可行性研究，协调土地的利用和管理，在人规模、大尺度上进行景观体系的把握。狭义的旅游景观策划主要是对规划的旅游景区的旅游景观进行创意性的构思，目的在于充实景物文化内涵、提高景物审美价值，使人工景物与自然和谐并增强旅游吸引力，其偏重于文化、美学和功能层面的考虑。而景观设计则是指在旅游景区(点)内通过环境与技术设计,创造一个具有形态与形式因素构成的、较为独立的、具有一定社会文化内涵及审美价值的景物,其偏重于工程、技术层面的考虑。旅游景观策划是旅游景观设计的前提。本章涉及的旅游景观策划主要是指狭义的旅游景观策划。

5.1 旅游景观策划的主要原则与思想方法

5.1.1 旅游景观策划的主要原则

(1) 创意要新

旅游景观策划中创意即景区(点)开发前总的设计意图有一个中心主题,这个主题要有创意,体现地脉与文脉,它是从市场需求、资源特色、区位和环境条件综合分析后所产生的一种设计理念,应具有独创性。如深圳的民俗文化村、北京丰台的世界公园、银川的华夏西部影视城(图5-1)、宜昌的车溪景区等的策划就符合这一原则。有些旅游景观建筑富有创意,如贵州湄潭的"茶壶酒店"等。

图5-1 华夏西部影视城

(2) 人工与自然的和谐统一

自然为主,人工为辅,巧加点缀,顺应自然,建筑与环境融为一体(图5-2、图5-3)。建筑在造型风格特点、体量、比例、尺度、色调处理上要服从环境整体,不能喧宾夺主。建筑物宜低不宜高,宜小不宜大,宜分散不宜集中,多为淡雅的乡土之风,而不可取华而不实的商业气息。正如美国建筑大师莱特说的"建筑要像从地里自然生长出来的那样";"建筑物应该是自然的,要成为自然的一部分"。他提出"有机建筑论",强调建筑应当像天然长在地面上的生物一样蔓延,攀附在大地上。北京大学的景观设计专家俞孔坚教授曾经提出的"天地人神"合一的观点。他曾对忽视自然地在旅游区和城市绿地系统中的重要地位而仅仅强调匠意的花园构筑意识提出了强烈批评("情长意短""无法无天"),认为景观设计应遵从自然,体现文化。

图5-2 香格里拉碧塔海景区游道边的卫生间

图5-3 森林中的仿生卫生间

李景奇教授认为：景观设计就是人与自然共舞；景观设计就是洞察人性，领悟自然，尊重人，尊重自然；景观设计就是让人与自然互为镜像；景观设计就是阅读大地，设计人与自然和谐的体验。

(3) 维护和创造生态平衡

旅游景区(点)未开发前，生态平衡处于相对稳定的状态，一旦进行旅游开发，建筑物兴建，游客进入后，这种平衡就会受到破坏，如果保护措施跟得上就可形成新的平衡如香格里拉碧塔海景区建筑(图5-4)。成功的旅游开发会改善环境容量，创造新的生态平衡。失败的错误的旅游开发会对生态环境造成"建设性破坏"。例如泰山建索道，张家界建"天下第一梯"(图5-5)，三游洞旁建蹦极等。

图5-4　和谐的香格里拉碧塔海景区建筑(游客中心)　　图5-5　不和谐的张家界"天下第一梯"

5.1.2　旅游景观策划的思想方法

旅游接待建筑应与周围环境相协调。建筑与所处地段环境之间相互关联是以"场景"的形式共存的。建筑形式要体现出这种关系，就应创造性地去配合"场景"，并力争把这种"场景"组织在风景环境之中。出色的风景环境，并不只在于其中自然景点或某一人文景观，还在于自然与人工统一美的表现力和富于变化的整体。新的建筑不能只注重自身的完善，还需与所处环境有机结合，互为补充，保持和发展环境的完整特性。风景区旅游接待建筑不仅要求本身具有完整的功能特性，满足游客的要求，还应与风景环境相适应。张建涛、刘兴在《风景区旅游接待建筑布局的原则与方法》一文中提出了如下几种思想方法。

(1) 有机方法

有机方法即旅游接待建筑的布局以自然环境要素为源泉，进行模仿、提炼与重组。要求建筑是一种"环境建筑"，通过自觉的努力去适应客观环境的要求，把建筑的空间与形态融入、渗透于自然环境之中，而不与之冲突、对立。做到积极造景，因势利导，尽量做到少动土方，不破地相，使建筑与自然"有机匹配"，和谐互依。

（2）地方性方法

地方性方法即旅游接待建筑的布局以人文环境要素为源泉，进行模仿、提炼与重组。要求建筑顺应环境的文化脉络，可以说是一种基于文脉的设计方法。它对环境的延续不是机械地、僵化地摹写过去，而是人们在传统文化上的一种默契。

（3）主动方法

主动方法即旅游接待建筑在环境中变"隐匿"为"显露"的处理方法。由于当代建筑技术的发展和思想观念的进步，风景区环境呈现出多样性，其结果必然会改变风景区原有的环境秩序，建立新的环境形象。如在建筑所处环境中，要求小环境去配合建筑、服从建筑，与局部环境形成对比，整体上服从大环境，可以取得更高层次统一协调的积极效果。应把握建筑与环境的内在关系，而不是片面地追求某种对比效果。

总之，旅游接待建筑布局，应以尊重和保护风景区环境资源为前提。旅游设施建筑若选址合理、规模适宜，则对有效地组织风景区环境，增进风景环境的特色，丰富和完善风景区的整体功能，更好地发挥风景区的整体效益有着积极的作用。

5.2 旅游景观策划的主要任务与重点

5.2.1 旅游景观策划的主要任务

旅游景观策划的内容很多，但主要的任务与重点是策划与设计风景，其主要包括选景、组景和强化风景。

（1）选景

开发旅游景区（点）的第一步就是在调查研究的基础上，经过排比和筛选，透过美的表象，体味美的内涵，将蕴藏在风景中特有的美学品质发掘出来，作为旅游吸引物。

（2）组景

组景就是根据具体景物的特点，选择好的游览方式和游览路线，使游人得到美好的享受。风景是信息，信息需要加工、组合和强化，组景的作用，就是加工、组合和强化风景信息，创造更加完美的景观。

组景的手法，一是选取背景烘托主体，使景中有主有从；二是扩大风景信息容量，变孤景为群景；三是选取合适的视角、视距、视野，以充分展示美丽动人的景物。

（3）强化风景

即利用艺术手段强化有积极意义的景物，如利用点景、添景等手段强化风景，创造美景佳境。如扬州瘦西湖五亭桥（图5-6）、滇池的龙门就起到了点景、添景的妙用。

5.2.2 旅游景观策划的重点

（1）游憩空间

在山水林泉中开辟供人们游憩的空间单元，为游客的游、观、听、嗅、触、思等整体活动提供场所，是旅游景区（点）设计的重点。一般来讲，在这些风景特征强烈的部位开辟游憩空间最有价值,如水面的一侧(使得水边的平野、山林、道路、建筑看着被水面单侧包围的空间),山中林地自然形成的区域。有水的山林地最适合构成游憩空间。

图 5-6　扬州瘦西湖五亭桥

(2)边界和交界部

根据边界信息最大的原理,两种或多种风景因素之间的交接部位最有魅力。这些区域具有较一般区域更具优越的组景、构景条件。例如,太湖鼋头渚的风景精华集中在"包孕吴越"石壁至万浪桥的临水石矶一带。

(3)风景建筑

在自然风景区,主景是自然山水,建筑物起到点缀、陪衬、烘托作用,不能喧宾夺主。设计建筑物,要与环境和谐。如果有可能,风景建筑最好是因地制宜采用地方材料和结合当地传统建筑造型特征(图 5-7)。

图 5-7　三峡人家景区建筑(吊脚楼)

(4)游览路线

游览路线应当选择在风景特征强烈而集中的部位,并考虑游客的心理与行为规律和环境保护。

5.3 现代景观策划理念

5.3.1 继承、融合、发展古典园林设计思想

现代景观建设项目的策划理念继承了中西方古典园林的优秀成分，并将之融合在一起。同一个景区内，往往可以同时看到古今两种设计思想的痕迹。

西方园林的设计思想目前在城市绿化建设中被片面应用，到处都是规整的草坪，而不考虑与自然的和谐。在景区景观策划与设计要警惕这种不良倾向。特别对于以自然山水为主的景区，不宜采取规整的景观设计方式；景观过于规整，则和自然山水不易协调。规整的景观设计可以用在景区局部，如管理服务区等，也可以用于以建筑、游乐场所为主题的景区当中。

中国园林在世界上享有崇高的地位，早在唐宋时即已传到日本，对日本园林产生过直接影响。欧洲人知道中国园林，大约可上溯到元代，马可·波罗在中国的江南游览，就见到过南宋建造的许多园林。中国园林在17世纪被更多介绍到欧洲，先是英国，然后又在法国和其他国家引起惊喜，被誉为"世界园林之母"。注重从中国古典园林中汲取养分，这是中国景观策划者设计者应该走的继承发展之路。

5.3.2 运用现代景观建设项目策划的新理念

（1）原生性

在可持续发展思想的影响下，现代景观建设项目策划与设计强调原生风貌的体现，因此将对原生景观的保护放在第一位。不管是自然景观，还是历史建筑物，或者民俗风情，都是在漫长的历史过程中逐渐形成的，一旦毁坏将不可恢复。而保存完好的原生景观是人类的宝贵财富，对于体现景观多样化，丰富人们旅游体验，具有特别的意义。

现代景观建设项目的策划与设计应以保护原生风貌作为重要前提，但问题是很多景区的原生风貌已经被破坏了，因此进行景观修复和弥补是重要的。对于自然山水景观的修复主要是绿化和美化，通过植被培育可以恢复自然景观。要注意所选植物的种类，一般以本地植物为主，但是不妨考虑引种能够适应本土环境的外地品种，以丰富和美化景观。适当修建建筑物也可以起到和自然山水相得益彰的效果，但要注意建筑物和自然景观的协调。对于人文景观的修复应遵循"修旧如故"的原则，但是过于强调用原来的原材料是不现实的，可以适当采用现代技术仿制的替代材料。

（2）人本化

和古代园林为少数人服务不同，现代景区是面向全体公众开放的。和古代园林相比，现代景观建设项目策划与设计更加强调以人为本，体现出对社会所有人群的尊重和对生命的关怀，处处体现人性化设计。

（3）高科技手段

现代科学技术迅猛发展，产生了许多古人难以想象的发明，这些科技成果也被运用在现代景观建设项目设计中，为丰富景观效果起到了很好的作用。如现代建筑物可

以达到的高度、体量、形状等，都大大突破了古人的视野范围。灯光、音响、色彩等各方面的设计也完全可以达到以假乱真、甚至比真实世界更为精彩的效果。利用计算机和激光技术进行场景模拟已经成为很多景区景观设计的重要手段。动物的饲养、植物的栽培也突破了以往的范围。正因为现代社会所能调动的财力、物力远非昔日所比，加上现代科学技术的支撑，现代景观建设项目所运用的材料范围比古代要广泛得多。

5.4 旅游景观建设项目的策划方法

5.4.1 旅游景观建设项目策划的常用手法

旅游景观建设项目策划的常用手法主要有4种：情景模拟、文化展示、知识展示、景观重构。

(1) 情景模拟

情景模拟是指将童话、科幻、传说故事（包括文学著作）、古代生活、影视等想象中的世界通过具体的场景展示出来，使之形象化、具体化，旅游者可以进行触摸和感知，获得更加真实和深刻的体验。

童话世界　如王衍用及其规划组成人员在对山东秦台景区的策划中，设计了"童趣大世界"项目，内容包括系列童话故事园地，以场景展示国内外优秀的童话故事情节，包括拔大萝卜、小白兔采蘑菇、安徒生童话中的白雪公主、灰姑娘、美人鱼等童话故事。

卡通化是从童话世界情景模拟发展而来的方法，卡通化不拘泥于模仿具体的情景，而是通过全方位的卡通设计营造一种童话般的效果。卡通是现代人文化生活的重要内容之一。卡通形象不仅为小孩所喜爱，也为年轻人，甚至中老年人所喜爱。因此，卡通化是重要的景观设计手法。

科幻世界　如在上述"童趣大世界"项目中，同时设计了太空园，展示飞碟、火星人、太空人等科幻景观。正如从童话世界模拟中可以发展出卡通化的设计手法，从科幻世界模拟中也可以发展出太空化、机械化等设计手法。

仿古景观　"旅游是一个怀旧的行为"，利用旅游者的怀旧心理，通过对古代景观的仿造进行景观设计。包括对单体建筑物的仿造，也包括对建筑群、城镇的整体仿造。

这方面的例子很多，著名的如杭州宋城等。王衍用及其规划组成员在梁山景区的规划中，也设计了一个水浒城项目。城内按宋代市井的基本格局，突出建设一条街，呈东西走向，东部设一门，入门后沿街两侧依次布局各类店铺，为突出《水浒传》特色，建筑体现宋代风格，店铺以水浒中有特长的人的名称命名，如孙二娘酒店、圣手书生萧让书画店、玉臂匠金大坚玉器店、通臂猿侯健裁缝店、神医安道全诊所、铁叫子乐和歌厅、金钱豹子汤隆铁匠铺、武大郎炊饼店，出售相应的物品。酒食以及器物的名称可依《水浒传》中的记载命名，店员着宋代服饰，全方位地体现宋代的历史背景和《水浒传》的原有气息。也可选某段街道通过真人表演来活化场景，如杨志卖刀、鲁提辖拳打镇关西等。

传说故事　可以将传说故事融入旅游景观设计。例如，王衍用等旅游规划组成员曾经将《水浒传》中的故事传说应用于旅游景观设计。

梁山景区三关小区的设计

　　梁山景区三关小区沿黄山与东狗爪山之间的山谷南北向延伸，是登山到达梁山大寨的必经之路。设计思路：充分利用地形特点，通过人工建设，形成三处险关，与左右军寨构成完整的山寨防御系统，再现《水浒传》中描写的宏大场面。游人可溯关而上，既能印证《水浒传》的故事，也对梁山的防御功能有全面的了解和认识。第一关突出"雄"，第二关突出"奇"，第三关突出"险"。

　　(1) 第一关

　　第一关以雄为突出特色。设于下部马家林北端，规划依山就势，建一座石质门楼，门楼东西连接寨墙。墙用石筑，西延至山坡，东延至水面；墙上隔数米设一石碟，用于藏兵和防守，桥下掘深壕，东连水面。门口置虎车、枪栅，门楼上插青龙、白虎、朱雀、玄武四方旗。沿墙上竖二十八星宿旗，寨墙上设三面垂钟板，置石炮、轰天炮、子母炮等。门楼上横额题"梁山寨"三字，两侧可题联"替天行道人将至，仗义疏财汉便来"。关上另竖两面大旗，大书"步军头领解珍、解宝"，旗上分别画两头蛇和双尾蝎的图案。

　　目前，第一关已建成，为木栅栏式结构。在第一关与第二关之间建有迷魂阵、水寨等景点。

　　第一关也是检票口所在，检票人员可以着梁山泊头领服装，身后有戎装持枪、刀的兵士，验看腰牌(门票)后方可放游客入关。

　　水门　待人工环山湖完成后，将会在山北麓形成最大的水面，应充分利用这片水面，精心设计项目，消除和弥补游客看山寨不见水泊造成的心理落差，营造一处完整的"水泊梁山"。因而与朱贵酒店相对应，设立一处水门。

　　水门造在湖南岸正对谷口的最深冲沟的临水部位，谷底海拔高度约在47m左右，门采用闸门式，用缆绳启闭，沿沟壁上设暗箭、狼牙拍、弩弓等，用于防御。此处重点接纳从朱贵酒店来的游客。水门上插三才九曜旗，竖阮小五和童威的将旗，检票人员着水军头领服装。

　　游客由此处弃船后登岸，沿谷底修台阶路至第二关，或上行与第一关后的游路相连。

　　水亭　于水门以东沿湖边地势较平坦处，建一水亭，亭为四面长方形。按书中描写，该亭常是豪杰聚会饮宴或接纳客人的场所，其环境特征是："四面水帘高举，周围花压朱阑。满目香风，万朵芙蓉铺绿水；迎眸翠色，千枝荷叶绕芳塘。华檐外阴阴柳影，锁窗前细细松声。江山秀气满亭台，豪杰一群来聚会。"

　　(2) 第二关

　　第二关以奇为特色，以调动游人的兴趣，引导游人参与，扩展旅游活动的层次。

　　设关于黄山与东狗爪山之间谷地的北口，雪桥之上，正对冲沟。关用木栅栏做成，门外沿栅栏可设陷阱、拒马桥。关内布置上需进行系统考虑。

第二关内通道用木桩和石块组合成迷魂阵，入关口后，需从迷魂阵中穿行走生路方能通过。在死路上，可设仿制的弩、箭等阻挡。另外，在关内建数座较高的木质敌台，台上设悬帘、悬户和遮箭架，放置狼牙拍和夜叉擂。谷两侧崖壁上石砌藏兵处，开视口和射孔，既用于藏兵，又用于防御。于后部可陈列抛石机、回回炮等远战兵器，游客可以参与活动。

该关把守头领为鲁智深和武松。在关门上树"鲁""武"字将旗，寨墙上插五斗四方旗。

目前，第二关已建成，为石质山门，设有云梯且可攀登远眺。

过第二关后，沿途道路尽可能曲折透迤，并隔一段设枪栅、刀阵等，给人以险象环生、步步涉险的感觉。

点将台 二关内东侧，有采石后形成的较大面积的平台，可辟为点将台。台南靠山设中军台。点将台周围插周天九宫八卦旗。中军台后立飞龙飞虎旗、飞熊飞豹旗。营造一种庞大的阵势。

(3) 第三关

第三关突出险的特色。作为防御的最后一道关口既有险可据，又守之有方，从而有效地阻挡和歼灭来犯之敌。

第三关设于谷上部地势骤然变陡处，此处地势高峻，两侧崖壁陡峭，且柏林茂密，有易守难攻之相。

第三关截谷而建，关用石筑，关门较狭窄，可用石券门，门内有影壁，壁上开射孔，路从影壁处向西转而上山。门下石阶路尽可能陡峻，几近直立。两侧崖壁上垒较低护墙，上置檑木、炮石、火箭等。

第三关门上立美髯公朱仝、插翅虎雷横旗号，周围环插六十四封旗。

以上三关及朱贵酒店各设多色号旗及彩灯，用于报信和联络，三关上可分别设号炮，定时施放，营造气势。

影视基地 影视基地是为拍摄电影、电视作品而建设的，实质上也就是对剧本情景的模拟。由于影视基地是电影场景拍摄地，有许多场景已经在电视电影中出现，因此更为一般旅游者所感兴趣。著名的案例有如宁夏的华夏西部影视城等。

(2) 文化展示

文化展示指以特定的文化内涵为线索，以特定的场所为载体，将抽象的文化主题通过具体的形态展示出来的一种景观设计方法。

综合性展示基地 如果利用多种场所进行综合性的文化展示，则称之为综合性展示基地。由于采用的展示手段比较丰富，能够给旅游者以非常丰富的感知。

华夏文化标志城

(1) 中华和合塔

为华夏文化标志城(位于山东曲阜)的主体建筑，外型整体由3个部分组成，在方形的基座上，耸立着64根各种尺寸的柱子，顶起一个立体太极球，整体呈金字塔型，展示中华文化的道德内涵和数学架构。其顶上立体太极球，是将中国传统的平面太极图做出立体化的结果，方形的基座和顶上的太极球，共同展示中华文化天圆地方、天转地静的意蕴，而64根柱是具有内在和谐统一关系的数表的表现，是《河图》《易经》精髓的浓缩。

(2) 汉画展示基地

建立《汉画学》研究院；仿制或移居，建立汉画基地；开发武氏祠，使华夏文化标志城的研究基地和武氏祠汉画像石形成一个完整的系列产品。

(3) 华夏先祖文化苑

将纲鉴碑仿制或移居至标志城中；建设中华先祖塑像园，以尊祖供祖；开发始祖文化遗址公园(羲皇庙)和微山伏羲庙，使之同华夏先祖文化苑构成系列产品。

(4) 华夏故土地图

为"华夏文化标志城"的另一文化标志物，根据国家测绘总局的批准，采集全国各省、自治区、直辖市、特区政府等地方富有文化内涵地区的原土，用专利技术，填入用有关材料制成国界和国内各地区边界的特型地图框架内，制作体现中华民族团结融合与国家领土完整统一，满足海内外华人故土情思和乡土情结的特型地图。

(5) 龙凤文化园

摆脱传统普遍意义的龙、凤形象，给之赋予时代特征，使古老文化焕发新意。

(6) 华夏民族文化标志园

收集华夏56个民族在建筑上、服饰上、生活生产习惯、民俗风情方面的特征点，加以抽象，以静态和动态相结合，以场景式展示和标志性建设相结合，以民族文化为主线突出中华大家庭多民族统一，共同构筑中华文化的历史。

(7) 中国34个地区文化标志园

采用中国34个地区(省、直辖市、自治区、特别行政区、地区)的地形地貌、历史名人、物产，主要城市市树、市花、市徽，标志性建筑或标志性景观体现祖国的统一。

(8) 华夏归宗林

选九龙山区域建设华夏归宗林，开展各种形式的游客参与活动。

(9) 中国文化博物馆

在九龙山区域选址建中国文化博物馆。

(10) 国际文化交流中心

建设集会议、展览、学术研究、接待服务为一体的文化交流中心。

广场 广场是人们的活动中心和聚会的场所，有着自发性和合理性。现代广场所具有的多功能性、多景观、多活动、多信息、大容量的作用和现代人所追求的交往性、娱乐性、参与性、文化性、宽松性、多样性是相吻合的。现代广场设计越来越强调文化和主题，从而使得广场成为重要的文化展示场所。通常运用喷泉、雕塑、舞台等手段构建主题景观。

东方寿山景区寿山广场

寿山广场位于山东青州东方寿山坊南侧，设计思想是将文化广场建设成为标志性的核心广场，凸显人文内涵和文化底蕴，起到展示形象的作用。

(1) 宜子孙影壁

位置：位于南山广场北部。

设计内容：宜子孙影壁的作用在于进一步收景，避免从大门外就将内部景色一览无余，起到障景和标志的作用，同时与寿文化对接。

将青州国宝"宜子孙玉壁"放大若干倍，影壁可用砖石修砌，影壁最上面是黄色的琉璃瓦顶，采用庑殿顶的形式，影壁周围以黄、橙等颜色刻上寿星像。寿星像周围被儿童所环绕，形成子孙环绕寿星的景象。让游人瞻仰和钻入其中的孔壁，寓意庇佑子孙，形成又一独特亮点。

与宜子孙影壁对应，在广场的南端设寿山石，巨石上可请名书法家题写"东方寿山"。

景观功能：象征性、寓意性景观。

材质：砖、石、琉璃瓦等材料。

(2) 广场景观

广场的主体景观可通过不同类型和体量的人造石质景观予以体现。

开敞空间：广场前端为开敞型空间，为游客进入观景提供前导空间，地面铺装采用较为粗糙的石块，石块表面可刻印反映长寿寓意、不同姿态的动植物图案。

寿山苑：位于广场中后部位，苑中种植有长寿富贵寓意的乔灌木(松、柏、葫芦、佛手、玉兰、海棠、牡丹)和花卉(长寿花、芍药等)，建设一个个富有特色的园林空间，组成自然式的粗犷型园林景观。

雕塑：雕塑可与文化广场相匹配形成组景，可在广场四角设置反映广场主题的雕塑。雕塑可以选体量大、造型的砾石，在石上镂空雕刻各种南山仙人，让游客辨认，以提高游览的兴致。

周边景观：广场外围及雕塑周围设绿地，衬托寿山广场，并移植一定数量的大树加以绿化，增强近期景观效果，以营造绿色背景空间。绿化形式采用自然式布局，富有一定的野趣，设置少量桌椅等休闲设施，让游客能进入休憩。

无障碍通道：广场采用无障碍设计，按国家标准设置满足残疾人使用的设施及通道，以方便残疾人游览。

造型描述：自然背景的生态广场。

景观功能：形象展示，游客引导，市民休憩。

材质：砖石、各种绿化树种。

(3) 知识展示

和文化展示有所差异，知识展示的内容不是一般的历史文化主题，而是较为深奥、纯粹的科学知识。博物馆、动植物园等是现代景观设计的常用知识展示手法。

中卫沙漠博物馆

王衍用及旅游规划组成员在宁夏中卫策划了沙漠博物馆项目。

(1) 项目背景

全球沙漠面积3140万 km^2，约占全球大陆面积的1/4。在南北纬15°~35°之间为热带、亚热带沙漠的分布地区，此地处于副热带高压带的控制范围，在其控制下，大气稳定、湿度低、少云而寡雨，成为地球上雨量稀少的干燥区。世界上多数大沙漠皆分布于此带，特别是副热带大陆西岸，沙漠分布直达海边。如北非的撒哈拉沙漠、西南亚的阿拉伯沙漠、澳大利亚沙漠、非洲西南的纳米布沙漠。

世界沙漠的另一个分布带在温带欧亚大陆中心区域的温带沙漠，如我国的内陆沙漠均属这种类型。在我国，沙漠（沙地）主要分布于西北，内蒙古温带与暖温带的干旱、半干旱地区，约北纬$35°\sim50°$、东经$75°\sim125°$的地域内，由于深居欧亚大陆中部，距海洋远，同时由于天山、昆仑山、秦岭、太行山、吕梁山的边缘阻挡，使南来水汽隔绝，具备了干燥少雨、日照强烈、冷热剧变和风大等气候特点。形成了塔克拉玛干沙漠、吉尔班通古特沙漠、毛乌素沙漠、腾格里沙漠等沙漠。

不同的地理位置形成了各异的自然景观，不同的地区养育了不同的民族，形成了绚丽多姿的历史文化、风土人情。规划在铁路北侧腾格里沙漠南部建立沙漠博物馆，采用室内室外相结合，传统的文字+图片+沙盘+标本的展览方式和现代的声、光、电和多媒体展示手段相结合的方法，全方位、多角度展示全球沙漠。

（2）规划内容

热带沙漠厅与亚热带沙漠厅：规划位于今观光塔附近，采用膜结构建筑形式，两座建筑可相连。营造热带和亚热带气候特征，种植该地区标志沙漠或荒漠地区的植物，导游或讲解员着装服饰按原地区包装，全面介绍当地自然、文化特点，尤其是与沙漠有关的内容，如沙漠形成与发展、沙漠与当地民俗文化、沙漠与历史文化、防沙治沙措施、动植物分布、沙漠文化等。

中国沙漠厅：建筑风格为小型西北民居式展室。主要介绍中国沙漠的分布、形成、防沙治沙的古今情况，沙漠地区的民俗、风土人情、历史文化。

野外展示区：可以沙坡头一带的治沙成果和大漠作为展示区，可分为治沙示范区和原生沙漠区。让游客在了解了沙漠之后体会感受真正的沙漠。

治沙示范区（或沙生植物园）：集中地全方位地展示40多年来，沙坡头在治沙领域取得的重大成绩，尤其利用麦草方格沙障解决流沙固定的世界难题。同时对示范区内的沙生植物挂牌讲解，如沙拐枣、花棒、胡杨、骆驼刺、沙冬青等，标明其科属种、分布、习性、经济价值、特点，等等，让游客游览之余增长知识。同时可将铁路沿线与治沙站等纳入游览线路。

通过参观中卫治沙成果，让游人从理性上全面认识沙漠的形成演化规律，特别是我国在沙漠治理方面取得的伟大成果，在经济、社会、生态方面取得的宏大效益以及在国际上获得的崇高荣誉。并以此唤起人们正确认识与掌握自然规律，积极宣传，参与防风治沙行动，为改善人类生存环境做出努力。

原生沙漠展示区：即整个沙漠。可通过沙漠漫游或入住沙漠营地让游客充分感受温带沙漠的奇妙魅力和体验回归大自然的美妙享受。

中国科学院寒区环境与工程研究所沙坡头实验研究站：规划对游客开放，建成一座集科研、学术交流、人员培训、大众观光为主要功能的国际知名的沙漠治理科研、教育、培训、学术交流基地和旅游中心。

沙坡头治沙博物馆：作为中卫沙漠博物馆的前期工程，向游客开放。

(4) 景观重构

景观重构是指利用移植、模仿、组合、分解、夸张、变形等手段，对现实景观进行重新组构，以达到景观设计的目的。

移植 移植是指将甲地区的景观迁移到乙地区来。移植手段由于受技术、成本、情感、法律、利益等方面的制约，一般很少有大规模的使用。但是单体景观的移植还是经常使用的。如将农村用的水车、石磨等移植到城中的景区中来。

模仿 在不能移植的情况下，通过模仿也可以达到在此地了解异地景观的目的。被模仿的景观多是非常著名的景观，以民族风情、异域风情等最为常见。这一手法在我国近代园林设计中已经采用过，如颐和园的苏州街、圆明园的西洋建筑等。

模仿和移植之间有时难以区分，比如说昆明的民族文化村，很难说它是景观的移植还是模仿。

组合(集锦) 组合是指将多种景观集中到同一地域，当然集中手段往往是通过模仿。如深圳的世界之窗、锦绣中华等，将世界上和全国最著名的景观集中在一起，构成独特的组合景观(集锦)，旅游者在此以达到一日周游全国和世界的目的。

微缩 在组合景观中，由于受地域空间以及人力、财力、物力的限制，通常还采用了微缩手段。如深圳的"世界之窗"和"锦绣中华"景区。

夸张和变形 将现实生活场景以夸张和变形的方式展示出来，也可能产生很好的景观效果。如重庆"洋人街"景区奇形怪状且看似濒临倒闭的各式建筑、体量庞大的帝王椅等，给游客留下了深刻印象。

文化包装 在宁夏的旅游策划中，王衍用等提出用景区名称包装星级饭店，包括沙湖饭店、六盘山饭店、沙坡头饭店、青铜峡饭店等。各饭店不仅名称体现景区特色，而且外形特征、内部接待设施、相应空间装饰以及各方面细节都要适度体现与景区名称相一致的文化特色。

5.4.2 景观建设项目的构景方法

中国古典园林在构景方法上已经积累了很多经验和技巧，可以为现代景观设计所借鉴。古人总结构景有18种方法，即：对景、借景、夹景、框景、隔景、障景、泄景、引景、分景、藏景、露景、影景、朦景、色景、香景、眼景、题景、天景。这部分知识有的已经在旅游文化学和旅游美学课程中介绍过，这里就不再赘述。

5.5 旅游景观策划的手法与技巧

5.5.1 提炼主题，进行剪裁

一般来讲，未经人工开发的自然物，显得单调、芜杂，主题不突出。若想把自然物转化为供欣赏的景物，需经过人工的概括、提炼、选择、加工，去杂存真，去粗存精，突出特色，突出主题，成为文化的一部分，使景点独放异彩。如宜昌车溪旅游主题(一级理念)"梦里老家"的提炼。主题提炼出后，应围绕主题形成一个意象系统(二级理念及 BI、VI 设计)并进行景观策划。

5.5.2 点景引人

在旅游开发中,常常会遇到被开发的景点是平淡无奇的,若用恰当的建筑进行点缀,往往起到画龙点睛或化平凡为神奇的作用。一个平淡无奇的山丘,若山上建一个亭阁,人们远远就会望到,自然会产生"谁家亭子碧山巅"的疑问,引导游人进行攀登。点景也可以理解为给景点起个好名,如"西湖十景"之名,平湖秋月、断桥残雪等,可以起到吸引游人的作用(图5-8、图5-9)。

图5-8 平湖秋月　　　　　　　　图5-9 断桥残雪

5.5.3 充实丰富自然景色

自然景色若没有人文内容,总会给人一种单调感和不满足感。如果遵循自然规律,把握地域文脉,经过人工修饰,增加文化内涵,景观特色就会更集中、更突出地体现出来,内容更加丰富,如杭州西湖的"三潭印月"的设计(图5-10)。

图5-10 三潭印月

5.5.4 协调环境,烘托景物

在风景区自然环境中布置建筑物,一是体量不能过大,要留出更多的游览空间;二是尺度、造型和色调要同环境协调,烘托景物如北京香山宾馆(图5-11)。与此相反,在风景区建造高楼大厦,则破坏整体景观并大煞风景。如扬州梅岭宾馆、杭州西湖边的高大方正的宾馆建筑等。

5.5.5 夸张、强化自然美

有些山体低矮、平淡无奇，可以常采用夸张的手法，布置有特色的建筑物，使其在整体背景中突出出来，成为有吸引力的景点。如江苏省镇江的金山寺（图5-12），采用了"寺裹山"的夸张手法。又如重庆市忠州的石宝寨（图5-13），建筑师看中了它临江的位置，利用峭壁建阁修楼。飞阁与崇楼相结合，一竖一横，一险一夷，对比强烈，呼应紧密。侧看，如一座多层宝塔，展翅欲飞；正看，重阁叠楼，十分雄奇。这种夸张的建筑手法，使观赏者的景观感受经历"小（山）—大（阁）—无限（江天）"的变化。

图5-11 北京香山宾馆

图5-12 镇江金山寺

图5-13 忠州石宝寨

5.5.6 创造性运用各种方法进行构景

关于"景观建设项目的构景方法"前面已有论述，这里着重强调根据环境条件及游客体验要求，对这些方法加以创造性运用。如其中的借景、对景方法。

借景，是将景点以外的景色组织到景点内衬托景点的一种艺术手法。借景能使观赏空间扩大，小中见大，形成有限空间、无限景色，使画面层次丰富而生动。借景有远借、邻借、仰借、应时而借等，如无锡寄畅园(图5-14)方法，有借形、借声、借色、借香等内容。

图5-14 无锡寄畅园

对景，是在主要观景点与游览线的前进方向所面对的景物。这样能起到点缀风景与观赏风景的双重作用。建筑物之间互为对景，有轴线对景、交错对景两种方式。

5.5.7 巧妙利用错觉原理组景

透视错觉。例如，为了让仰视的某景物显得更加雄伟高大，可以将观赏视距安排在景物高度1倍以内，形成视错觉。

遮挡错觉。如古典园林的欲扬先抑的造园手法。

模仿错觉。如北京的天坛是一件成功的抽象模仿杰作，"天圆地方"的构图手法高超，寓意深刻，发人联想和想象。

对比错觉。利用景物的尺度、颜色、方向、高低等参照物对比造成错觉。如沈阳的怪坡、台湾都兰村的水倒流奇观等。

时间错觉。我们可以把时间错觉看成是游赏质量的主观衡量标准之一，越是觉得时间过得快，游赏质量就越高，这正是景观策划与设计应追求的效果与境界。

错觉强化景观的方式主要有显(夸张)、隐(含蓄)、喻(寓意)。

5.5.8 化平凡为非凡

如在山海浦西世博园区里，不少原先老厂房的建筑都保留了下来，包括位于城市未来生活馆前的烟囱(图5-15)。这根烟囱被改建成一根硕大的温度计，显示着实时气温，成为一个吸引眼球的美丽景观。又如，曹诗图教授在孟良崮景区旅游规划中设想将突兀的瞭望塔改建成"兵民乃胜利之本"的地标建筑(将英烈亭后的不和谐的建筑物——观光瞭望塔改建为巨型雕塑。下为"推车"，上为"步枪"，象征兵民团结乃胜

图 5-15 上海浦西世博园的温度计景观

图 5-16 孟良崮景区旅游规划对瞭望塔景观改造的设想

利之本)(图 5-16)。

5.6 旅游景观建筑选址

旅游景观建筑应顺应自然,融入自然,因地制宜,因境而成。

在人工建筑选址中,由于自然环境的不同,应采取不同的建筑形式。

5.6.1 山巅

山巅,即山之最高点,或称绝顶。山巅一般有尖顶、圆顶和平顶之分。山顶地势高,鹤立鸡群之上,犹如人首,最能反映山的气势。游人登上峰顶,有"山为绝顶我为峰"的无限征服感和快意;站在山巅,居高临下,极目远眺,视野开阔,鸟瞰周围景色,会产生"登高壮观天地间"的高远意境,也会产生"上观碧落星辰远,下视红尘世界遥"的超然于世、羽化成仙的感受。因此,登山顶活动常成为游览中的高潮点,给人留下终生难忘的记忆。

山顶上布置建筑物,可以丰富山峰的立体轮廓,增加生气,又是游人登顶观景的最佳处。山顶多以亭、塔等竖向建筑物居多,与高指蓝天、气势向上的山峰相匹配。

在山顶夷平面处，多建色调鲜明的寺观，有天上仙境气氛。例如，峨眉山金顶、泰山绝顶玉皇顶、华山峰顶的真武宫、武当山的金顶（图5-17）、长阳武落钟离山的廪君庙等。

图5-17　武当山的金顶

5.6.2　山脊

山脊是两个山坡的交接带，是两条河流的分水岭。山脊有的浑圆；有的窄如鱼脊，呈条状或线状延伸，连绵起伏而成岭。站在山脊，可观两面景色。九华山的百岁宫，建于摩空岭山脊的最北端，上下5层，东以悬崖为基，西临峡谷，群山环抱，云雾缥缈，是山脊建屋的佳构。

万里长城，依山岭而建，用险制塞，蜿蜒起伏，盘于崇山峻岭之中，宛如游龙啸天，气势磅礴（图5-18）。

图5-18　万里长城

5.6.3 山坡

山坡是山顶至山麓的斜坡,分直形坡、凹形坡、凸形坡和阶梯状坡。因为坡地地域面积较大,视野开阔,可仰观山岭峰峦、俯视锦绣田园,因此山坡建筑可选择性也大。

在凸坡或阶梯状坡修建建筑物,可环视三方,并同周围的峰、峦、麓环境相呼应。建筑可随山势陡缓,前低后高,旁低中高,分段叠落,参差布置,产生动态变化的景观效果。例如,杭州的虎跑寺沿着山坡地布置,自前至后逐渐升高,建筑参差错落,空间院落交替穿插,有着浓厚的寺观园林气氛。

凹坡,"山腰掩抱,寺舍可安",幽曲而含蓄,隐殿宇于林间,露屋脊于树梢。此环境最适建筑寺观,如嵩山嵩阳书院、泰山普照寺等。

5.6.4 山间盆地

在山地中,受陷落等地质构造作用,形成山间小盆地。这里径流丰富,清溪相伴,风力轻柔,空气清新,土壤肥沃,植被茂密,生态环境良好。在此布置建筑物,有"深山藏古寺"和"世外桃源"的意境。如五台山的寺庙(图 5-19)、九华山的九华街、武夷山的"小桃源"等。

图 5-19　五台山寺庙

5.6.5 山麓

山麓,为山地与平原地形转折过渡带。山麓环境:背山面向平地,地面组成物质多由冲积物和洪积物组成,地势平缓,地表水与地下水丰富,土质肥沃,森林茂密,交通条件方便,多有居民点分布。在此适宜布置大体量的景观建筑,中线可对着山峰。如泰山的岱庙、华山的西岳庙、衡山的南岳庙、当阳的玉泉寺等。

5.6.6 峭壁

峭壁是山地受断层作用的界面。利用峭壁布置人文建筑成为险景，使游人望而生畏，联想非神仙不可居之地，达到人工"神造"的意境。恒山悬空寺（图5-20）是一处依峭壁而建、以险著名的成功建筑。上载危岩，下临深涧，异常奇险、神奇。有诗曰："飞阁丹崖上，白云几度封"，"蜃楼疑海上，鸟道没云中"；民谚曰："悬空寺、半天高，三根马尾空中吊。"可谓世间罕见之建筑杰作。武当山的南岩宫也是建筑在峭壁上。

图5-20　恒山悬空寺

5.6.7 水体

水是旅游区不可缺少的因素。水给人以清新、明净、亲切的感受；平静水面的倒影，景物成双，使空间扩大，有一种虚幻感；水的流动产生各种声音，拨动人的心弦，令人愉悦、欢快。因此，在水体中各种类型景观建筑是游人最喜欢去的地方。

水面风景处理手法　主要有"见大"和"见小"两种处理手法。

小水面宜做"见大"处理　在进入小水面之前的空间上做文章；在小水面上做文章；在湖岸上做文章（"破""掩"）；在湖岸的建筑和树木上做文章。

大水面宜做"见小"处理　利用堤围分隔水面（分为粗犷水面和精致水面）；在大湖中修筑环堤。例如，武汉东湖和杭州西湖等的水面风景处理就是采用这种手法。

水文取景常用手法　利用水文取景的常用手法有"框景入画"和"架桥或筑堤"两种。

框景入画　把水景引入建筑空间，作为观赏对象。

架桥或筑堤　通过架桥或筑堤等手法，使人能登临水面，或亲临水面观赏。

水体景观建筑选址技法　主要分为"点""凸""跨""飘""引"等技法。

点　就是将景观建筑点缀于水中，或建在水中孤立的小岛上。如杭州西湖的三潭印月（图5-21）。

凸　即建筑物布置在岬角或水堤的前端，三面临水，一面同陆地相连，与水面结合紧密。如青岛栈桥一景，是一条宽10m、长440m伸向大海的水泥大堤，在前端半圆形防波堤上，建一大型双层八角琉璃瓦顶、雕梁画栋的回澜阁，远望像一条巨龙漂浮在万顷波涛之中，成为青岛第一景"飞阁回澜"（图5-22），也是青岛的象征。宜昌葛洲坝前方的西坝半岛上可建"水电明珠塔"雕塑。

跨　即跨越河道、溪涧上的建筑物，如桥或水廊。它兼有游览与交通双重功能。例如，我国赵州古桥（图5-23）为弧形单孔石拱桥，造型精巧空灵，于雄伟中见秀逸，如初月出云，似彩虹当空，"水从碧玉环中过，人从苍龙背上行"，是我国桥梁史上的一颗明珠。广西三江县程阳村林溪河上的风雨桥,桥上建避风雨长廊,5个桥墩上各有楼亭1座,两端尽头是歇山屋面。造型优美,风格独特,是侗族民间建筑精品、国家重点文物保护单位。

图 5-21　西湖三潭印月

图 5-22　青岛飞阁回澜

图 5-23　河北赵县的赵州桥

旅游景区、景点的小溪上一般适宜建小拱桥、平桥、曲桥等(图 5-24)。

图 5-24　景区的平桥、曲桥

飘　即伸入水中建筑的基址一般不用粗石砌成驳岸，而采取下部架空的办法，使水漫入建筑物底部，建筑物如漂浮在水面。例如，拙政园的波形廊（图5-25），是临近建筑中挑出飞梁，承托浮廊。

引　就是把水引入建筑物中来，形成水院。如杭州的玉泉观鱼，水池在中，三面轩庭环抱，水庭成为建筑内部空间的一部分。又如，广州白天鹅宾馆中庭的"故乡水"景观（图5-26）。

图 5-25　拙政园的波形廊

图 5-26　白天鹅宾馆中庭

5.7　引景空间和景观廊道的策划

5.7.1　引景空间的策划

王衍用教授于1994年首次提出"引景空间"理论，其内容是：多数风景区或景区前面都有一个引景空间，如山岳风景区前的进山道路、陵墓前的神道，府第、寺观前的街巷、空地、山路。认为这是风景区或景区的"前奏"，是其必不可少的组成部分。后来有研究者认为风景区空间结构中，穿越过渡空间、连接外围空间和核心空间的旅游交通路线及其两侧游客视野所及的空间都可视为引景空间，并认为其包括背景、节点、廊道、标识物四类要素（苏平等，2001），对该理论进行了发展。

引景空间的作用是可以营造环境氛围，使游人收敛思绪，消除杂念，培养感情，渐入佳境，思想感情乃至身心与主景区内涵逐步接轨，从而融汇到主景区的氛围之中，"水到渠成"地去游览主景区，增加游人的审美感受和文化体验。

遗憾的是，我国绝大多数风景区或景区的引景空间（如天安门至午门的过渡空间、少林寺前的东西向山路、避暑山庄丽正门前的空地及两侧的道路）变成了商业街区和停车场，乃至汽车可以深入风景区或到达山腰、山顶等，严重破坏了游人的审美情趣。因此在景观建设中，要特别注意引景空间的保留和净化。

石门山景区

山东曲阜石门山景区规划在设计中对引景空间理论做了新的发展。将引景空间和生态农业等结合起来，把引景带建成生态路、景观路和生态农业综合经济开发带。

石门山景区引景观光带设计从歇马亭104国道入口起至石门山谷口，长约4km，原为歇(马亭)华(丰)公路的西段，穿过3个村庄，该区呈条带状延伸，用地不属于景区管理，但却是进入石门山的重要引景、招徕和过渡空间。

(1) 引景大牌坊

石门山虽然区位条件优越，但由于宣传不足，加之原来立于104国道上的宣传牌招徕和宣传作用不突出，客观上影响到了该景区的客源，因而必须考虑有计划、有震撼力的引导景观。计划建设的石门胜境石牌坊立于两路的交叉口东部、歇马亭汽车站以东。牌坊要有气势，面向正西，其后直对歇华公路，石门山主景框于中门之内。南北两侧，要做好景区引导功能的开发。出入山道路以牌坊作为环形岛，从南北环绕，路两侧分别建设引导景观，南侧利用河堤和高大的杨树林做背景，用水泥仿古建造巨木逢春林，建设几处树干直径在3m以上的古榕树或仿古栎树，此建筑景观要有气势，夏天绿树与天然林融为一体，以气势吸引游人的注意力；冬季以绿为特色，引起过往游人的关注。以北用好河水，用毛面花岗岩叠砌高度约3m左右的弧形墙体，长度约40m左右。中间25m形成人造跌水瀑布，用抽水机提水造成动感的水景，背后河内修建小型拦河坝，存蓄足够的水量。弧形墙体上镌刻石门山的标志性形象和孔尚任咏石门山的诗："山头山尾拖翠长，吟鞭摇雨路苍苍。不成村舍三家住，稍有田塍半断荒。铺地云容如海市，遮天峰势似边墙。溪回岭转无穷志，直到门前是夕阳。"以上两景以及主牌坊均要进行夜间灯光装饰，以形成强烈的视觉冲击力。

(2) 引景标志

其一，保存和修复好石门山庄村近路的古朴民居，形成民俗村的外在风貌，并在入口处组装一座嵌有"石门山庄"(建议将梨园更名为石门山庄)四字的古牌坊。

其二，在牛山入口处，建设一座与山林风貌相同的自然石块叠垒的柱状标志物，上书"石门山居"。

(3) 两侧植被

引景路以生态为基调，以绿色为特征，规划用树形较美的桧、柏和间植的阔叶树为主。层次上里低外高，高低错落，外侧植3~5行高乔木，树种建议以柳、杨为主，因其生长快，而且柳树发芽早、落叶晚，生存能力强。树木大小粗细以及栽植间距要求具有显著的变化，不能搞成城市行道树。在林相、花期上也有明显的季节变化，季季有景，规划建议道路两旁的农田和果林，结合农业产业结构调整和土地整理，进行经济观赏林建设，形成一条常年有景、两季有花、三季有果的绿色廊道景观，形成随时间和空间有序变化的生长着的风景画。

(4) 道路

现有道路受其多功能的干扰，游路的特征难以发挥，规划在杨柳村以东改由南行，从已建成于板栗园中的游路通过，引导游览过程从旷转幽，由放转收；也避免由于远东大学的建筑对主景区正面视觉造成的干扰。出栗林后下行,由收转放,近距离全景展示石门秀色,在张弛变化中转入主景区。

(5)绿色走廊

在二山门以南谷地中,沿新路线建设绿色走廊,用竹木或仿木的水泥柱搭建架子,分段种植藤本植物,如藤萝、丝瓜、葫芦、葡萄等,一段一景,游人从中穿过,在生态感觉中进入主景区。

(6)相关景观环境的营造

在引导景区公路两旁,重点对有"衬景、点景"作用的水域、树木、景石和民居进行协调改造,引导游人渐入佳境。

5.7.2 景观廊道的策划

(1)景观廊道理论

景观廊道理论其实和古典园林中的游线理论一脉相承。景观廊道理论认为,旅游者在旅游景区的游览往往是按照一定的路线进行的,因此提出根据旅游者的游览路线进行景观设计,保持廊道景观内在的一致性,使旅游者在整个旅游线路的游览中都能够感受和谐的氛围,从而能够加深旅游者对景观的体验。

(2)景观廊道理论的运用

根据景观廊道理论的思想,王衍用等规划人员曾对曲阜"三孔"的游览线路进行了设计,即游人要从孔庙神道(孔庙的引景空间)做起点,北行穿越万仞宫墙(南城门)进入孔庙,游完孔庙后返回南门,东行北拐走阙里街(孔庙东墙外古街,孔府的引景空间),进入孔府,然后出孔府后花园西门,北行到达后作街(新建东西向古街,时值中午前后,游人必然吃饭、休息、购物),然后从后作街东端北拐沿复圣颜庙西侧古街道至仰圣门(北城门),北行又接孔林神道(孔林的引景空间),游完孔林后返回孔庙神道前停车场。这样游览,使"三孔"形成了一个虽各自独立但又紧密相连的封闭系统,把游、购、食、行都纳入到了这条一贯到底的"封闭"线路之中,使游人一直沉浸在古庙堂、古牌坊、古碑碣、古柏树、古陵园、古围墙、古街、古城门、古代文化、圣人儒学所构成的浓厚历史文化氛围之中,领略儒家文化博大精深的内涵,获得丰富而深刻的旅游体验。这样的游览线路设计,既合理地安排了饮食、购物、交通,且路线长、时间长,会使大多数游客当日不离开曲阜,无疑使曲阜的宾馆、饭店、商店有了更多的消费者,从而增加了经济效益。解决了游客来曲阜大多一日游的缺憾。

5.8 旅游景观策划与设计中的花木配置

花木配置是景点建设中的重要内容,也是绿化体系的一部分。它是景点绿化的精品,起着维护生态平衡和改善环境质量的作用。

5.8.1 花木在景点建设中的作用

花木配置扩大了绿化面积,而且在景点建设中起着重要作用。

(1)花木是风景素材,也是风景的主题

在旅游景点中,有的以建筑、或文物、或山石、或水体为主题,也有一些景点以花木为主题。例如，承德避暑山庄的"万壑松风"景点即以离宫周围古松林为主题，每当风掠松林，发出瑟瑟涛声，山壑、松林和清风构成"万壑松风"美景；丽江的茶树王即以玉峰寺内的500年茶树为主题，每年春夏之交，有2万多朵盘子大小的茶花竞相开放，形成"树头万朵齐吞火，残雪烧红半边天"的壮观奇景。

(2) 丰富景点构图，软化视觉环境

景点的山石、屋宇线条较硬、直，色调也较单一，而植物线条柔软、弯曲，色调丰富，二者相结合，可以改变景点的构图，打破生硬轮廓，在树木环境中得到"软化"，调整单一色调。例如，西安大雁塔景点（图5-27）由于有松柏、垂柳、花卉陪衬，在蓝天白云下，大雁塔更加显得雄伟、秀丽、高耸。

(3) 赋予景点时空变化和生气

植物是生长变化的物体，花叶一年有周期性季相变化，蓬蓬勃勃，焕发着生机。因此，在植物的陪衬下，山石、屋宇就显示出了生气，一年中有春花、夏荫、秋叶（色）、冬雪的变化，四时有景，四时景异。

图5-27 大雁塔

(4) 植物有分割空间和隐蔽建筑物的功能

景区、景点常常划分若干个独立空间，用树木进行空间分隔，便于游人游览。同时，有的地物和建筑物观赏效果差，可用树木隐蔽，形成完整、优美的观赏环境。例如，颐和园西侧平直呆板的围墙，割断了颐和园同玉泉山和西山的视觉联系，在造园时用西堤垂柳挡住墙体，将中景玉泉山和远景西山纳入到颐和园内，扩大了观赏空间。

5.8.2 花木种类

风景树木各有特殊之美，或以树古，或以花胜，或以叶形，或以果名，或成"茂林"，或成"浓荫"，按生态和观赏特点可划分为以下6类。

(1) 林木类

林木类分针叶树、阔叶树和竹类，其中富有观赏价值的以苍劲、古老和有一定造型的树木风景为最。在我国旅游区中，著名的古树有黄帝陵的轩辕柏、晋祠的周柏（3000年左右）及孔庙的古柏、嵩阳书院的"大将军"与"二将军"（2000年左右）。

黄山松分布在江南海拔800～1000m的凉湿、贫瘠的岩石裂缝生态环境中，因而以造型奇特著称，有迎客松、送客松、蒲团松、凤凰松、黑虎松、卧虎松等。

松、竹深受人们的喜爱。松，冬夏常青，生命力强，象征着坚强不屈，"经隆冬而不凋，蒙霜雪而不变"。竹，清丽拔秀，静雅高洁，"未曾出土先有节，纵入凌霄亦虚心"。古人曾有"宁可食无肉，不可居无竹"的偏爱。

(2)花木类

花木以花大、浓艳、花期长为贵。白色玉兰,莹洁清丽,花香袭人;红色茶花,鲜艳,热烈。牡丹有"花中之王"的美称;杜鹃有"花中西施"之誉;月季有"花中皇后"之说;水仙有"凌波仙子"之谓。樱花是春天的使者;梅花铁骨冰肌,顶霜傲雪,气质高雅;荷花"出污泥而不染",亭亭玉立;紫薇色彩丰富,花期长。

(3)果木类

树果色彩以红、紫为贵,黄色次之。果实成熟正值盛夏、凉秋之际,自然景观处于冷色系统中,为浓绿(夏)和黄绿(秋),此时成熟果实以红色、黄色特别引人注目,如苹果、桃、李、杨梅、荔枝、樱桃、柑、橘、橙、柿、枇杷、火棘等。

(4)叶木类

以树叶观赏的树木,以新绿和红叶为最。当早春之际,天气渐暖,叶芽初崭,呈鹅黄或微绿色,出现"枝间新绿一重重,小蕾深藏数点红"的景象;夏去秋来,叶色随变,如枫、栌等树叶,经霜变红,妖艳如锦,呈现"霜叶红于二月花"的艳丽景象。

(5)荫木类

荫木类具有修干密叶之特点,供蔽荫用。如桉树、樟树、榕树、梧桐等。

(6)藤本类

藤本植物具有攀缘习性,干部纤弱,依附于山石、墙壁和花架之上。如葡萄、紫藤、蔷薇、凌霄、爬山虎等。

5.8.3 花木配植方式

花木所引起的感观效应,不单由花木本身的特性所支配,而且在很大程度上由配植方式所决定。花木配植的主要方式如下。

(1)孤植

花木有着独特的性格,或名贵,或挺拔,或苍劲,或古拙,或盘根错节,或婀娜多姿,或娇艳,或芬芳。从花木独特性格的角度考虑,可孤植。栽植位置可选择院内一角,切忌居中。其高低、大小、疏密要与院落空间相适应。

(2)点植

庭院较大,孤树不能蔽荫,从空间布局的角度考虑,可点植,即点植二三株或三四株。根据树干大小、树叶疏密、姿态的差别、色调明暗适当地安排,切忌对称和平均排列。例如,拙政园玉兰堂庭院平面呈矩形,共有乔木两株,一大一小,分列两侧,大者玉兰是主景,小者桂花起烘托、陪衬作用。

(3)丛植

丛植是从植物生态和季相变化考虑而栽植。乔木与灌木结合,常绿树与落叶树结合,使园林构图内容丰富,错落有致,形成枝叶繁茂、嘉木葱茏的气氛。树种和数量的选择要考虑季相变化、开花先后、色彩的对比和协调。

(4)群植

在一定空间范围内,为强化某一主题,可将花木成片栽植,即群植,形成森林或花海。如苏州邓尉山的梅花"香雪海"、长白山二道白河的美人松林等。

5.8.4　花木配植技巧

花草树木是景观设计不可或缺的要素，在配植上应注意技巧。

我国传统园林中的林木，有很明显的特征，就是遵循"取其自然，顺其自然"之原则，无论松、柏、柳、梧、梅、竹、樟、槐等，都按它们自己生长的姿态种植，几乎不加修饰；林木组合也不将树木列队而植，而是自然而然地散植于园中。这和中西方传统园林美学理念的差异有关。

园中之植树，须看树而种树。有的树往往宜单植，如松、柏、樟、梧桐、棕榈等。或者也有多株同类之树植于一处，但总是有自己单独的形象、轮廓线。我们欣赏这类树，也总是赏其单棵树的形态。观松柏之矫健，看梧桐之魁然，视银杏之高耸，赏竹枝之秀雅。有的宜合种，如冬青、女贞、木樨、柑橘以及竹类等，种得浓密，意象丛生。这种树往往不欣赏其单株的形象，而且是起渲染环境的作用，作为某个主题景物（如单石、独树、孤亭等）的陪衬物。这种"丛林"宜密不宜疏。这也是中国画之方法论，所谓"疏可跑马，密不通风"。

园中之植树，须注意主次，切忌松柳竹槐乱种一起。所谓主次，就是一处地方以某树为主题，其余则作为陪衬。主题之树，不在数量之多少，而在于位置是否显要，形态是否突出。陪衬之林木，一要少个性（如冬青、女贞、刺槐之类），二要对主题之树起烘托作用，位置疏密等是关键。一处景观，树的种类宜少不宜多。树的种类多，难以统一，不成个性。

园中之植树，也须注意植于何处。柳宜植水边，有"杨柳岸晓风残月"之趣。梧桐不宜植阳处，否则它会疯长，太高则不好看。庭中宜植槐、榆之类，数年后亭亭如盖，夏荫于庭，能生凉意；冬则落叶，阳光满院。樟宜植于园宅前部，楝宜植于其后部。我国民俗有"前樟后楝"之说，表吉利之意。松柏多植于山丘，虽为假山，但有真山之精神。山石松柏，其美学思想多有"言志""比德"之意。竹宜丛生，山前、屋后、庭内皆宜。文人爱竹，因此，大多数园林均有竹。梅与竹相仿，也为文人喜欢之物。园中之梅，不可能有那漫山遍野大片梅的条件，所以多为零星种植。

园中林木要注意由小至大。新建园林多小树，植时不能太密，要考虑长大后的情形。如今有很多人不懂这个道理，如梧桐、香樟之类，种得很密，殊不知这类树将来会长得很大，树冠会相互冲突。树长大后少移动，须知"人挪活，树挪死"，特别忌移动大树。

花卉在园林中也须重视手法。这种手法关键在于意境。如苏州拙政园海棠春坞小院中植海棠，院周有回廊，这是取苏东坡诗《海棠》之意："东风袅袅泛崇光，香雾空蒙月转廊。只恐夜深花睡去，故烧高烛照红妆。"

荷花也植于园林池中，而且往往把它诗化了。夏日荷花盛开，"映日荷花别样红"。苏州拙政园大水池中有荷风四面亭，与岸有小桥相连，亭有楹联："四壁荷花三面柳，半潭秋水一房山"。荷到秋末冬初，荷叶残败，有萧瑟之感，似悲凉之美。拙政园有座留听阁，阁前水池，池中有荷。留听阁之名取自李商隐诗"秋阴不散霜飞晚，留得枯荷听雨声"。

和中国园林林木手法一样，中国园林的花卉，也不同于西方园林之规则构图，布局十分灵活。草的处理也不一样，西方园林多做成几何图案的地毯式的大草坪；中国传统园林则不同，多为分散的、点缀式的，在土坡表面植些草皮，而且往往还要植些灌木，置几块石头。园林中的草，还有一个用途是假山单石脚下植之，作为石与地面交接。所谓"山露脚不露顶，露顶不露脚"也。

5.8.5 花木选择与观赏应注意的问题

各地景点配植花木时，要多选择本土树种，因为土生土长的花木成活率高，生长快，几年就可成林，显示地方特点。

在栽植花木时，要考虑季节时令的变化，使园林景色四季常新，做到细竹迎春、荷莲爽夏、秋菊烂漫、蜡梅傲雪、松柏常青。

在组织赏花时，也要注意季节时令变化。寒花（如蜡梅等）宜初雪，宜雪霁，宜新月，宜暖房；温花（如牡丹等）宜晴日，宜轻寒，宜华堂；暑花（如荷花等）宜雨后，宜徐风，宜林荫，宜竹下，宜水阁；凉花（如菊花等）宜爽月，宜夕阳，宜空阶，宜苔径，宜古藤、叠石旁。

5.9 旅游景观策划与设计应注意的问题

当前旅游景区（点）特别是自然的风景区设计与开发应注意的问题主要是防止和克服资源开发的过分人工化。由于对旅游资源的开发利用不当，目前在旅游开发中常常出现递减效应：一流的资源，二流的规划，三流的开发，四流的产品。造成这种现象或是因为旅游规划师、策划者和开发商的旅游文化素养和专业水平不高，或受经济利益的驱动。急功近利使旅游资源开发中出现破坏性的建设，人工化的痕迹过多过重，其主要表现为：景区建设公园化、城市化、商业化、庸俗化，大兴土木之风，"屋满为患"，破坏了人与自然的和谐关系；热衷搞"工业化生产式的旅游"，以追求游客量最大化为目标。有过度"人文关怀"的倾向，公路直达景区，毫无隔离过渡或引景空间，索道上下来去匆匆，大搞走马观花到此一游的大流量旅游。把旅游当作一种标准化生产、流水化作业的生产线，背离了旅游的目的和宗旨（旅快游慢，审美消遣，回归自然，体验文化等）。

在自然风景区旅游开发中应尽量少一些人为设计，少一些人工痕迹，越是保持自然的原生性和人文的延续性，越有价值。旅游应从人与自然环境的同构、互动出发，追求人与自然的和谐。旅游应多多关注旅游的本质（旅游者异地身心自由的体验）和充盈人的精神世界。旅游景区（点）建设应淡化"硬开发"，注重"软开发"。这是旅游景观策划与设计应注意的基本问题。

此外，旅游景观策划应紧扣时代脉搏，把握"旅游景观主题化、旅游景观情景化、旅游景观生态化、旅游景观游乐化、旅游景观动感艺术化"等发展趋势。

【思考题】
1. 说明旅游景观策划的原则。
2. 说明旅游景观策划的主要任务和重点。
3. 试述现代景观策划理念。
4. 常用的旅游景观建设项目的策划方法有哪些?
5. 说明旅游景观策划方法与技巧。
6. 旅游景观策划与设计应注意哪些问题?
7. 你如何理解"天人合一是真谛"这句话在旅游景观策划与设计中的含义?

第 6 章　旅游商品策划

【本章概要】

本章阐述了旅游商品含义、旅游商品的特点；分析了影响旅游商品需求的主要因素；指出了我国旅游商品开发中存在的主要问题；介绍了旅游商品开发策划的原则、方法与计策。

【教学目标】

理解旅游商品含义；认识旅游商品的特点；学会分析影响旅游商品需求的主要因素；了解我国旅游商品开发中存在的主要问题；掌握旅游商品开发策划的原则、方法与计策。

【关键性术语】

旅游商品；旅游商品策划；消费需求；旅游商品开发

深受欢迎的旅游商品往往反映一地特有的自然及人文景观风貌，集浓郁的地方文化性、贴切的实用性及艺术的装饰性等于一身，让游客爱不释手，且能被较为持久地保存留念，因此，在传播旅游目的地或景区形象、文化特色等方面发挥着其他媒介难以替代的作用。此外，开发特色旅游商品在增加购物在旅游经济中的比重、促进旅游产业链合理化、带动相关行业的发展等方面也起着重要作用。随着旅游开发如火如荼地进行，越来越多的地方开始重视旅游商品的策划。

6.1　旅游商品概述

6.1.1　旅游商品的含义

目前学术界关于旅游商品的定义有很多种，有广义和狭义之分。普遍的观点认为广义的旅游商品就是旅游产品，即旅游供给者为了满足旅游者的需求，为旅游者提供的具有使用价值和价值的有形劳动物品和无形的服务的综合。但旅游商品和旅游产品又有一些不同的特点，两者有时又是两个不同的概念。因此，为了便于研究，一般情况下我们将旅游商品定义为在旅游活动过程中，由旅游者用货币购买的各种物质性的产品，也就是狭义的旅游商品定义。

6.1.2 旅游商品的分类

旅游商品可分为三大部分：旅游纪念品、旅游日用品和旅游消耗品。

旅游纪念品是指旅游者在旅游过程中所购买的具有区域文化特征、民族特征、景区特征的有纪念意义的一切物品。一般包括文物古董、工艺美术品、土特产、珠宝首饰、服装这五大类。

旅游日用品是指旅游者为了更好地实现自身旅游的目的，购买在旅游过程中所需要的商品。如手杖、风雨衣、太阳镜、登山器械，等等。随着旅游者旅游个性化要求的增强以及各种新兴旅游项目的兴起，这类旅游商品的市场前景非常广阔。

旅游消耗品是指旅游者在旅游过程中所消耗的商品。如旅游目的地的风味小吃，所消耗的食品、饮料、日常生活用品等。

6.1.3 旅游商品的特点

(1) 艺术性

旅游商品必须给予旅游者一定的艺术享受。旅游者进行旅游的目的之一就是获得美的享受，具有美感的旅游商品必然成为旅游者购买的首选对象。旅游商品越具有艺术性，其感染力、吸引力也就越强。例如，中国的砚台本是砚墨用的，但有些高级砚台上经常雕刻些麟凤龟龙、山水人物、梅兰竹菊等精美图案，所以这些砚台已不只是实用文具，而且还是别具一格、可供陈列欣赏的艺术珍品。

(2) 可存储性

旅游商品具有可存储性的特点。这是因为，当天没有售出的旅游商品不会因为时间的流逝而丧失其使用价值，仍可以择日向旅游者出售。旅游者购买旅游商品后也可以依据自身的需要选择即时消费或未来消费。

(3) 纪念性

纪念性是指旅游商品所具有的能够显示旅游所在地的某种特点，或与旅游地的人和事有某种联系，而事后又能引起游客美好回忆的属性。旅游是一种文化经历，旅游者购买旅游商品的一个非常重要的动机，就是通过旅游商品将其旅游经历物化。如到巴黎的旅游者多会购买艾菲尔铁塔微缩模型这件旅游商品，到西藏的旅游者多会购买具有藏族文化特色的饰品等作为旅游纪念。

(4) 民族性

旅游者在异地他乡旅游，总想买到该国或者该地富有民族特色的商品。如来中国的游客大多数选择购买瓷器、丝绸和书法、绘画作品，去墨西哥的游客首选的则是宽边草帽，美国西部的全套牛仔服也吸引着许多游客。

(5) 地方性

地方性是指旅游商品具有浓厚地方特色，并能够反映地方的文化特色与资源特色。这些商品一般都是旅游者的首选。如潍坊的风筝、苏州的扇子、安顺的蜡染、宜兴的紫砂陶器、三峡的奇石，等等。

6.1.4 影响旅游商品需求的主要因素

我国旅游商品从策划、设计到生产等各环节上的问题,症结在于供给与需求之间缺乏信息沟通渠道。对于旅游商品生产者来说,他们希望自己能策划、设计、生产出独具特色的旅游商品,并使其旅游商品在市场竞争中处于有利地位,实现旅游商品的经济效益。但问题在于生产者不一定了解市场需求,不了解旅游者究竟需要什么样的旅游商品。因此,对旅游商品生产者来说,分析、研究旅游商品需求至关重要。只有了解旅游商品需求,旅游商品生产者才会策划、设计、开发出适销对路的,深受旅游者喜爱的旅游商品。对旅游商品需求的分析可以从需求动机和其他影响因素两方面进行研究。

(1) 旅游者需求动机

根据调查分析结果表明,旅游者在旅途过程中购买旅游商品或进行旅游商品消费时,主要出于以下几个动机:

- 回味旅游经历;
- 回忆旅游地点或某地的经历;
- 作为礼品馈赠亲友;
- 炫耀自己走过的地方,表明自己眼界开阔和游历丰富;
- 有收藏各地旅游商品、工艺品和古董的爱好;
- 供自己使用和享受(物质享受或精神享受)。

需求动机影响着需求的种类和特点,因此是旅游商品策划者首先应该考虑和分析的。

(2) 影响旅游商品需求的其他因素

在对旅游商品需求进行分析时发现,下面的几个因素会影响旅游者购买旅游商品及实现旅游商品需求。

购买旅游商品的地点 从旅游的意义上分析,旅游商品在某种程度上都具有纪念意义。正是因为旅游商品的纪念意义,大多数旅游者在进行旅游商品消费时,理所当然地首先要考虑到购物的地点。旅游者都希望在产地或具有纪念意义的地方购买自己所喜欢的旅游商品,只有这样,所购买的物品才具有商品以外的特殊价值,即纪念意义,才能唤起旅游途中的美好回忆。

旅游商品的特色和质量 旅游商品鲜明的地方特色和优良的品质是激发旅游者进行消费的另一个重要因素。特色强、质量佳的旅游商品,能够促进旅游者的购买欲望。我国一些旅游地区的旅游商品有着鲜明的地方特色。地方特色无疑是激发旅游者购买旅游商品的重要动机。同时,特色鲜明的旅游商品必须以高质量做保证,任何没有质量保证的旅游商品都不会有长足的市场发展,因此也谈不上形成具有地方特色的名产。

旅游商品的艺术价值 其艺术价值在于旅游商品蕴含着浓郁的纪念意义,因此,旅游者对旅游商品的艺术性的要求主要是美观且具品位。当然,由于人与人的文化修养不同,生活习惯不同,审美情趣也存在着很大的差异。因此,一种旅游商品的艺术价值，不论它的内容和形式如何，它们都会在自己的艺术圈子内和各自的文化框架内，在其艺术性上有些分量。

旅游商品的包装 据调查分析结果表明，旅游者在进行旅游购物时，总会带回一部分当地特产作为礼品和纪念品馈赠亲朋好友。旅游者对旅游商品的包装一般要求很高，既要求造型美观、包装精巧，又要大小适中、便于携带等。

旅游商品的价格 旅游商品的价格，要求定价适中，合理灵活，应照顾到大多数旅游者的购买能力。

6.2 我国旅游商品开发中存在的主要问题

(1) 缺少主打旅游商品

这里所讲的主打旅游商品主要是指能反映当地旅游资源特色、带有浓郁地方特色的旅游商品。比如，加拿大的枫叶等。加拿大的专家以当地枫叶为原材料设计出许多别具特色的旅游商品，使枫叶日益成为加拿大的象征。我国旅游商品无论从设计还是从生产上都缺乏鲜明的地方特色，不是因为没有好的资源，而是对本地区的资源没有充分认识，没有在本地区旅游资源的深度和广度上进行开发，这样做导致的结果是旅游商品文化特征及地方特色不鲜明。

(2) 开发设计、生产与销售严重脱节

目前，绝大多数旅游商品的开发都缺乏统一的协调性，旅游商品的策划、设计、生产、销售乃至研究都存在各自的不足。旅游商品的策划缺乏创意，设计陈旧；生产的工艺水平偏低，难以生产出高水平、高质量的产品；销售渠道不畅，没有专门销售正牌商品的销售点，景点出售的商品往往价格与质量不匹配；研究还处在浅层次的商品开发阶段，缺乏深入系统的分析。

(3) 缺乏文化内涵和地方特色

不同的旅游地区，只有生产和销售不同于别处、具有鲜明地方特征、设计独具特色的旅游商品，才能引起旅游者的消费行为，增加旅游商品的销售收入，从而促进旅游业整体收入的提高和收入结构的改善。我国地大物博，旅游资源丰富，但各地区却缺乏具有文化内涵、地方特色的旅游商品，致使出现许多旅游地区出售雷同的旅游商品，使旅游者很难购买到具有文化内涵、地方特色且具有纪念意义的旅游商品。旅游商品雷同现象的症结在于旅游者与旅游商品生产者之间缺乏信息沟通，缺乏对旅游商品需求市场的了解和研究。

(4) 包装形象较差，档次偏低，附加值低

一件好的旅游商品，绝对不可缺少好的包装。精美的包装不仅可以满足旅游者的审美要求，而且又是增加附加值的手段和提高商品档次的办法。在我国许多旅游地区却不太重视旅游商品的包装，不太了解国内外旅游市场的行情，只强调货真价实，常常出现"一等货色，二等包装，三等价钱"的现象。表现为旅游商品包装形象较差、档次偏低、附加值低等不足。

(5) 缺乏相关产业支持

旅游商品的生产是物质的生产，因此需要相关产业的支持。一方面，旅游商品的

设计、生产和销售会给相关产业提供就业机会，促进相关产业的发展；另一方面，旅游商品的发展也需要相关产业的支持，相关产业的发展同时又会促进旅游商品的发展。我国旅游商品在生产、销售环节上都缺乏相关产业的支持。旅游商品涉及多种行业部门，其发展规模、覆盖面的弹性很大，旅游商品的发展必须由相关产业支持，形成旅游商品的开发与产、供、销的良性循环。

6.3 旅游商品开发策划

6.3.1 旅游商品开发策划的原则

(1) 美学原则

爱美、追求美是人的天性。以审美为核心的身心自由的愉悦体验是旅游的本质。在旅游商品的开发过程中要充分重视美、挖掘美。美好的旅游商品能使旅游者赏心悦目，增强旅游者在旅游中对美的体验，同时也能引起旅游者在旅游之后对此段旅游历程的美好回忆。

(2) 特色原则

特色原则一般是指在旅游商品中要体现中国特色、地方特色和民族特色。而特色的根源在于文化，即用文化去包装产品。文化是旅游的灵魂，也是旅游商品开发的核心。旅游商品的文化特征越明显、文化品位越高，越受旅游者的欢迎。

(3) 市场导向原则

任何商品都要接受市场的检验，不被消费者认可和接受的商品是不成功的，旅游商品也不例外。生产什么样的旅游商品、生产多少、何时生产，都必须根据市场的需求和导向来确定。

(4) 乡土原则

旅游商品开发要充分考虑地方乡土资源和地方工艺，以当地优势资源和特色资源为依托。比如，当地的自然资源、旅游景观、名胜古迹、民俗风情、历史人物等，利用当地乡土工艺进行开发和生产。如宜昌利用当地的名人文化资源和旅游景观，开发和生产了关公坊酒、屈原故里酒、昭君美酒、《离骚》竹简、三峡紫砂壶艺、采花毛尖茶叶等，成为当地有名的旅游商品。

6.3.2 旅游商品开发策划应注意的问题

(1) 加强对旅游市场和旅游者消费心理的研究

我国目前旅游商品存在的诸多问题，在很大程度上是由于旅游商品生产者不了解国内外旅游商品市场，不了解旅游者消费心理，从而导致所生产的旅游商品不能满足市场的需求。旅游商品设计与生产者只有充分了解市场，了解旅游者的购物需求，才能为旅游商品的开发提供必要的依据，才能生产设计出适销对路的旅游商品，满足市场的需求，并在激烈的市场竞争中处于有利的位置。由此可见，调查分析旅游商品市场和旅游者消费心理对旅游商品的开发至关重要，抓住了游客的消费心理，就等于牵住了旅游商品开发的"牛鼻子"。

(2) 以地方文化背景为依托

在策划、设计和生产旅游商品时，除了充分调查了解国内外旅游商品市场，了解旅游者的心理和需求之外，更重要的是深度挖掘自己的地域文化，以当地文化背景为依托，设计出独具特色的旅游商品。旅游商品消费是一种娱乐性、休闲性的消费活动，其目的是为了丰富和美化人们的生活，陶冶人们的情操，使人们在进行旅游商品购物与消费的同时，开阔眼界，增长知识，满足人们对物质资料和精神文化的双重消费。因此，在设计旅游商品时，应充分体现当地浓郁的文化底蕴。旅游商品的文化含量是旅游者在进行旅游商品购物时更深层次的需求。实践证明，文化内涵越丰富、文化特征越鲜明、文化品位越高的旅游商品，其价值越高，也越受游客欢迎。鲜明的地方特色是旅游商品吸引旅游者进行消费的重要因素。以非洲木雕为例，其形象奇异，独特而神秘，不仅登上国内外的博物馆殿堂，而且也成为最受旅游者欢迎的商品之一。

(3) 充分利用当地资源

一种资源，从某种意义上讲，可以成为一个国家或一个地区的象征。在设计旅游商品时必须考虑到这一点。充分利用当地资源，不仅经济实惠，更为重要的是具有浓郁的地方特色。以当地资源为依托设计的具有浓郁地方特色的旅游商品不但能激发旅游者的购物兴趣，而且是当地旅游资源活生生的广告，起到对当地旅游资源的广告宣传作用。比如，中国瓷都景德镇的专家们，以当地的瓷土为资源，设计出成千上万种深受国内外旅游者喜欢的精致瓷器；宜昌车溪旅游景区的农户利用当地的竹子制作小水车旅游商品，也很受游客喜爱。因此，要充分认识当地的资源，发现它们的价值，以当地丰富的资源为原材料设计、生产出独具地方特色的旅游商品。

(4) 利用地方工业优势

旅游商品的生产是物质的生产，离不开地方工业的支持。因此，在策划、设计、开发旅游商品时，应充分利用当地的工业优势。一方面，策划、设计、生产出与地方优势工业相匹配的旅游商品，可以降低生产成本，获得更大的经济效益；另一方面，旅游商品的发展，可以促进地方优势工业的发展，使旅游商品成为本地区新的经济增长点，带动整个地区的经济增长。同时，还可以起到扩大就业机会等作用。

(5) 深度开发旅游商品

对旅游商品开发时，不仅要认真分析旅游商品市场的需求，正确认识当地资源和工业优势以及当地文化等因素，还应加大对旅游商品的开发力度。在策划、设计、开发旅游商品时，除考虑旅游商品的核心功能以外，还应考虑旅游商品的质量水平、特色、式样、厂牌及包装等因素，以及可提供的附加利益和附加服务等。这样，策划、设计、生产出的旅游商品具有特色鲜明、包装精美、携带方便、高质量、高附加值等特点，才会有较好的经济效益。

(6) 适当应用嫁接(或联姻)方法

旅游商品开发可以采用嫁接或联姻的方法，即以外地某些著名的工艺品技术、特种材料为载体，以当地的文化为内涵，将二者有机结合进行开发。例如，宜昌利用江苏宜兴的紫砂陶器制作工艺，以长江三峡为文化进行包装，开发出茶具"三峡紫砂壶艺"——瞿塘壶、巫峡壶、西陵壶（瞿塘壶以昔日瞿塘峡西口巨涡回旋的"滟滪堆"为题材创作而成；巫峡壶以巫峡和小三峡两岸千姿百态的页片石为题材创作而成；西陵壶以昔日西陵峡中的"莲沱三漩"为题材创作而成），深受游客欢迎。

6.3.3 旅游商品开发策划的计策

（1）心理需求计策

根据游客的心理特征来发现游客的需求是旅游商品开发设计的第一步。旅游商品策划要仔细分析游客的心理，有些游客喜欢求新、求异、求时尚、求保健、求舒适，我们要根据游客的这些心理设计出他们喜欢的商品。如随着全球环境污染的加剧，人们会更加认识到环保的重要性，那么旅游商品开发则应侧重商品的天然性和环保特色。

（2）文化包装计策

充分结合旅游地的文化特色，将当地的文化理念融入到商品的策划、设计、生产、销售的全过程中，用文化来包装商品，使文化成为当地旅游商品的灵魂。如在慈禧故里的商品策划中，策划师就充分发挥了文化的作用，设计出四本具有浓厚慈禧文化的旅游书籍：《慈禧：长治人，汉家女》《慈禧故里北坡村》《慈禧故里上秦村》《慈禧故里潞安府》。

（3）推陈出新计策

"推陈出新"计是指摒弃那些已经不被消费者认可的，没有销售市场的旅游商品，推出新的旅游商品。新的旅游商品可以是对原有旅游商品的改进，也可以是创造出来的新产品。如在威海的旅游规划中，规划者就对当地的金猴皮鞋、皓菲牌睡衣、好当家牌海产品等旅游商品进行了重新包装，新设计出"福如东海"旅游纪念品系列、"随息居"牌海洋药物保健品、"幸福时光"牌运动器械与服饰系列等旅游商品。

（4）聚优组合计策

旅游商品开发商可以仔细分析各类商品的优势，博采众长，取其精华，打破原有的组合形式，重新组合。如在雕塑工艺的制造过程中，将古代人物的形象加上一些现代人的元素，会发挥出微妙的效果。

（5）细分专攻计策

依据不同的标准将市场进行细分，再根据不同细分市场的需求特色，"集中优势兵力"进行设计、开发商品。我国的旅游开发商往往没有足够的实力开发多种商品，而应选择某一市场作为自己的主攻对象，开发针对该市场的商品。

（6）借鉴计策

一个企业或一个人要想做好一件事，至少要了解十个同行在做什么和怎么做。也许有的同行做得不如你，但是总有比你有独特或优秀之处的同行，因此，注意借鉴和吸收别人的优秀成果，在旅游商品的开发过程中非常重要。

（7）亮点计策

任何旅游商品的开发都要有亮点，亮点能激起游客的好奇心，是形成购买力的主要推动因素。如湖北宜都奥陶纪石林景区根据当地土壤含锌量高的地方优势推出的

"富锌养生食品"的理念,使富锌食品成为旅游商品消费的亮点。

(8) 仿古计策

怀旧是人类所共有的一种情愫,在不对真古董影响的基础上,可开发出一些做工精美的仿制品满足游客的需求。如仿制的兵马俑、长城等。

(9) 名望计策

利用知名的事件、人物、景点的名望,开发旅游商品,例如东坡肉、孔明扇等。

(10) 冷门计策

在人们挖空心思在大家都熟悉的商品上进行你争我夺时,有头脑的商家往往将目光投向被人们忽视的事物。如唐装,在人们喜欢了西服、T 恤泛滥的时候,唐装着实丰富了人们的眼球,而取得的成效也再次印证了冷门也往往是最大的热门的道理。

(11) 细分计策

对市场根据各种不同的标准进行分类,再根据不同细分市场的需求特色开发和设计商品。如老年人和儿童以及青少年的商品是不一样的。旅游商品开发商也可以把某一类细分市场作为自己的主攻对象,开发针对该市场的商品。

(12) 发散计策

根据某一个能够引起旅游者兴趣的原点,进行发散性思维,开发出与此点相关的各个系列产品。例如围绕苗族的民族风情可以开发出服装、饮食、工艺品、乐器等等各种系列的产品。

(13) 再生计策

旅游商品的再生,主要是对已经停止经营的商品经过加工和修改设计,重新推向市场。例如蜀绣,曾经一度销声匿迹,但是随着人们对历史遗产保护意识的增强,蜀锦又焕发出勃勃生机,成为畅销商品之一。

(14) 连环计策

旅游商品之间的关系十分密切,一环扣一环。通过开发一种旅游商品,带动另一种或几种旅游商品的开发。

(15) "外行"计策

"不识庐山真面目,只缘身在此山中"。对于旅游商品的开发而言,往往有时本行业看不出问题或机遇所在,因此可以打破常规,不妨听听"外行"的意见,或许可以得到意想不到的效果。

【思考题】

1. 旅游商品策划应注意哪些问题?
2. 说明旅游商品开发策划原则。
3. 我国旅游商品开发中存在的主要问题有哪些?如何改进?
4. 试述旅游商品开发策划的计策,并举例说明。
5. 你如何理解"货卖一张皮"这句话在旅游商品策划中的含义?

第 7 章 旅游线路策划

【本章概要】

本章介绍了旅游线路策划的指导思想与总体思路,旅游线路策划与设计的原则,旅游线路策划与设计的组合方式、组合类型、组合模式;分析了旅游线路策划与设计的影响因素;说明了旅游线路的策划与设计程序、步骤。

【教学目标】

了解旅游线路策划的指导思想与总体思路,旅游线路策划与设计的原则,旅游线路策划与设计的组合方式、组合类型、组合模式;掌握旅游线路的策划与设计程序、步骤。

【关键性术语】

旅游线路策划;组合方式;组合类型;组合模式;设计程序

旅游活动是人在地域空间上的流动过程。旅游线路实际上是旅游系统在地域空间线性轨迹上的投射。任何一种类型的旅游规划,都必须安排好路线,搞好交通建设,组织畅通的旅游网络。旅游线路策划与设计对旅游景区的发展有着非常重要的影响,并直接影响旅游景区项目效果。因为线路策划与设计的优劣决定着线路在市场上的影响力与吸引力,从而决定了旅游者的购买行为。这里主要探讨旅游区的游览线路组织和开发建设策划中的几个重要问题。

7.1 旅游线路策划的指导思想与总体思路

(1)指导思想

无论是何种旅游线路,其行为属性不外乎属于成本(费用、时间、距离)最小化行为或愿望满足最大化行为。这样,在设计成本最小化的线路时,要注重可能条件下的旅游者满足最大化;而在设计满足最大化的线路时,又要注意成本的最小化。在设计旅游线路时,不仅要从投资者成本最小化、旅游者花费的成本最小化的角度出发,也要从旅游者满足最大化的立场考虑,使旅游者的期望从线路中得到最大的满足,从二者的平衡点找到旅游线路设计的最佳方案。追求"成本最小化、满足最大化"是旅游线路策划的重点和关键。

(2) 总体思路

根据总体布局，坚持从旅游风景区的实际出发，突出资源特色，注重资源的深层次开发和旅游线路质量的提高，推出名品、特品、精品和绝品。

实施以国际旅游线路绝品和国内旅游线路名品为重点的旅游线路创新模式。集中力量组织一些能代表旅游风景区形象的、独树一帜的旅游线路产品展示在旅游者面前，建设一批竞争力强、配套完善的旅游项目，成为带动旅游风景区旅游业发展的拳头线路，在海内外旅游市场上产生轰动效应。

本着"市场导向""突出重点"和"旅游线路创新及生态环境保护同步并重，以确保旅游资源永续利用"的原则，合理地优化配置旅游风景区的资源。对于旅游风景区稀缺的不可再生的旅游资源，要把保护放在第一位，有限度、科学地创新利用，防止在旅游线路开发中"建设性的破坏"。

在旅游风景区旅游线路创新的过程中，突出当地资源特色和民俗风情特色，加强"自然"和"文化"的融合、"新"与"旧"的融合、"动"与"静"的结合，以满足不同层次旅游者的需要。

7.2　旅游线路策划与设计的原则

旅游线路销售的成败同线路策划与设计水平的高低密切相关。旅游线路的设计是一项技术与经验性很强的工作。在旅游线路策划与设计中必须遵循以下原则。

(1) 市场性原则

旅游线路设计的关键是适应旅游客源市场的需求，最大限度地满足旅游者的需要，线路策划与设计必须符合旅游者的意愿和旅游行为规律。旅游者出游的一般规律是"最大效益原则"，即在花费最少的时间和旅游费用的基础上，力争获得最大限度的旅游愿望满足。通常能让旅游者满意的旅游线路是，当旅游费用一定时，整个游程所带来的各种体验水准等于甚至高于某一预定的水平。因此，在旅游线路策划与设计上，所安排的观赏时间长短、游览项目多少与途中时间、旅游费用之间的比值大小，都将影响旅游者出游决策和对旅游线路的选择。

(2) 特色性原则 (主题突出的原则)

由于旅游者动机、旅游活动形式以及各地旅游资源的属性特征各不相同，旅游路线策划与设计一定要突出特色，形成有别于其他路线的鲜明主题，唯此才能具有较大的旅游吸引力。特别是从旅游者的心理倾向来说，线路特色性越强，吸引力也就越大。因此，旅游线路设计要根据各地旅游资源的不同属性，从不同旅游动机与旅游活动内容出发，突出线路的特色性。一是要有鲜明并富有特色的线路主题；二是用文化进行包装，如宜昌太阳山景区旅游规划中的月亮湾游览线路设计将音乐(咏月歌曲)、诗词(咏月诗词)、书法文化有机融入旅游线路；三是尽可能串联更多的、有内在联系的旅游点和丰富的旅游活动内容，将其形成群体规模，并在旅游交通、食宿、服务、娱乐、购物等方面选择与此相适应的方式，展示其整体特色效果。

(3) 效益性原则

旅游线路的设计，既要注重其经济效益，又要注重其整体效应。首先，设计中尽可能做到"游长旅短"，旅游点精华多样，旅游费用较低，重复路线少，避免大的迁回、往返等，以满足旅游者"最大效益原则"和达到经济效益最大化。特别应注意不得随意缩减已承诺的景点，而增加某些购物点的不良做法，这种做法极令游客反感，并有损于线路所串联的若干景点的和谐性，应该把整条线路的游览重点放在中间偏后的位置。这样"好戏在后头"会使游客对整个游程留下更加深刻和美好的印象。此外，旅游线路的设计还应从整体效应出发，可以加大旅游点、旅游地的开发力度与深度，提高目前旅游温点、冷点的文化品位和有效卖点，将旅游热点、温点和冷点进行合理搭配，科学地组织到旅游线路中。

(4) 季节性原则

旅游线路上的各景点有着明显的淡旺季之分，不同季节的游客量悬殊。因此，旅游线路策划与设计要考虑和依照旅游客流的季节性特点，以旅游旺季的游客量最大波动率来作为旅游路线设计的依据，注意季节波动，保持客流平衡。具体做法是：淡季尽量以"热点"为主，旺季适当搭配"温冷点"，但不要硬性搭配。这样不但有利于"热点"的旅游环境保护，而且有助于"温冷点"的旅游发展，是保持客流时空平衡的有效办法。但是，要注意"温冷点"必须也要有较高的质量和一定的知名度，而不是游客很不愿意去的地方。比如，人们把江苏省的苏州、无锡、常州称为"金三角"，而把南京、镇江、扬州称为"银三角"，后者比前者虽然较"温冷"，但是实际的旅游质量并不低。

(5) 安全性原则

出门旅游，安全第一。因此，安全性是旅游者，更应该是旅游线路设计者首先必须考虑的重要因素。没有安全，就谈不上其他任何效果。所以旅游线路设计中要特别关注游客的安全，一方面要避免线路中游客发生拥挤、碰撞而阻塞线路，甚至造成事故；另一方面要避免气象、地质等非人为灾害的影响。可在旅游线路上设置必要的安全保护和救护措施，如在旅游线路的危险地段设置警示牌，设置旅游车辆安全检修站、江河漂流救护队、山地救护队等。

(6) 网络化原则

旅游路线体系具有 3 个不同层次：第一层次是由若干旅游中心城市连接而组成的进入性旅游路线；第二层次是由旅游中心城市作为"大本营"联结各旅游景区、景点的主体性旅游路线；第三层次是景区内部的游览路线。旅游路线设计要根据各层次的不同功能对线型和交通工具进行网络化安排。旅游路线网络化不仅是指一定密度的交通路线网络，而且包括不同交通形式的相互组合与配套，其目的是使旅游线路的组合设计包含更多的旅游点，并有可供选择的多种线路形式和交通方式，避免游程大的迂回与往返。旅游线路网络化的另一层含义，在于旅游路线设计要借助现有的技术手段，如计算机图形技术、多媒体技术、网络技术等，达到全方位展示旅游路线精华的视听效果，并利用网上促销，以及跨区域、跨国界的旅游路线优化组合。

(7) 多样性原则

旅游线路的策划与设计要尽量满足不同的旅游者的旅游需求。由于旅游者年龄、职业、旅游偏好、消费水平等方面的差异，旅游线路的种类与数量也应是极其丰富的。遵循这一原则，旅游线路需适应旅游者的要求而组合成多种类型。

(8) 协调性原则

在旅游线路的策划与设计中，要协调好旅游风景区、旅游交通、饭店等各项服务与项目，避免偏重于其中一点，而忽略了其他，致使旅游者不能形成完整的旅游体验。

(9) 节奏性原则

旅游线路的策划与设计使旅游过程做到有张有弛、动静结合、富有节奏、高潮迭起，游客始终兴致满怀。

(10) 弹性原则

旅游线路的策划与设计应留有余地，机动灵活，以应对意外情况的发生。

简要地说，旅游线路策划与设计的具体原则是：一短（旅途时间短），二长（游览时间长），三多（景点变化多），四少（重复路线少），五高（观赏对象知名度高），六低（旅游费用低）。总之，旅游线路的设计应符合旅游者的意愿和行为法则。

7.3 旅游线路策划与设计应考虑的因素

在冯若梅、黄文波编著的《旅游业营销》中比较系统地介绍了旅游线路设计时应考虑的因素。通常旅游线路的策划与设计需考虑以下因素。

7.3.1 目的地的选择

(1) 目的地的类型

目的地类型是满足游客偏好的首要因素，即使是同类型的目的地，也有各种次级类型，如观光型目的地就有动植物景观、山水景观、天气天象景观、历史文化景观、宗教活动景观、城市景观、民族风情景观等诸多分支。因此，旅游线路的策划与设计应考虑游客对旅游目的地的选择这一因素。

(2) 目的地的级别

旅游者在作为散客旅行时，往往只选择自己认为理想的、感兴趣的目的地，但在旅行社的实际操作中并非如此，这涉及旅游目的地的"热、温、冷"点的问题。一个区域在一定时期内，需求度很高的旅游目的地不一定足够多，因此在满意度可接受的情况下，旅行社往往在线路中加入一些需求度相对低的目的地或景区，即温点或冷点。它的目的有二：一是在延长线路游览时间的同时，依靠温冷点的低价格降低成本；二是缩短核心目的地或景区之间的心理距离使线路内容显得更加丰富多彩。

(3) 目的地的数量

适当的目的地的数量是旅游线路合理组织追求的又一目标。首先我们应该考虑所针对的顾客群通常的假期天数。目前，短期、廉价是大众旅游者所要求的，旅游者远距离出游的旅游时间通常为 1~2 周，近距离出游的时间通常为 2~3 天。在时间一定的情况下，过多地安排旅游点，容易使游客紧张疲劳，达不到消遣和娱乐的目的，也难以让游客深入细致地了解目的地。因此，在目的地数量的选择上，应该考虑旅游者可能出游的时间长度、目的地之间的空间距离以及交通状况。

(4) 目的地的相似性与差异性

同一条旅游线路各个目的地的风格是相似还是相异会对游客心理感受产生影响，进而影响游客的满意度。一般来讲，同一条旅游线路各个目的地的风格相异为好，这符合游客求新求异的心理要求。但某些专题式旅游线路例外，它需要围绕一定的专题，把相似的景点有机串联起来，如宗教文化旅游、建筑文化旅游、名人文化旅游、书法旅游、地质科考旅游、探险旅游等。

7.3.2 空间的合理组织

(1) 行程最短

行程最短是降低成本的最直接的手段，而行程的缩短直接作用于交通时间，使之相对减少，有利于提高旅游满意度。

(2) 顺序科学

"顺序"包含两个方面意义：空间顺序和时间顺序。大多数的线路是以空间顺序为其根本指导的。如"福建主要城市游"就基本上按照福州—泉州—石狮—厦门自北向南的顺序。这样以空间顺序为游览顺序的安排方式有利于降低成本。随着旅游线路主题性要求的提高，西欧的文化旅游企业推出了一些以时间顺序为核心顺序的线路。例如，以建筑文化为主题，线路选择了各个历史时期有代表性的建筑，以历史发展过程为顺序进行组织。通常，这样的线路主要针对文化层次较高的游客，他们希望通过旅行对某一个自己感兴趣的问题有一个全面的了解。目前我国还基本上没有这样的线路产品。

(3) 点间距离适中

点间距离适中的"适中"通常只意味着"不宜过大"。线路中各节点的距离主要考虑目的地级别的吸引范围。在小尺度线路和节点的每一日安排中，应结合每天的选点量和点的位置，将交通时间控制在整个旅程时间的 1/3 以内。

(4) 在有限的时间内多选择景点

这个要求实现的前提是不增加额外的旅行负担和疲劳感，不减少对主要目的地的游览时间。应以延长实质的游览时间为实现该目标的手段。

以上只是一般而言，还要根据具体情况进行变通。如从实际上看，并不一定要"行程最短"，否则旅游线路就会缺乏多样性，而失去部分的潜在市场。行程长，对旅游经营者来讲，只能是相对于短行程的线路成本高，同时效益也会相应地提高。不能简单谈"行程最短"，而应考虑到长与短行程线路间的相对成本及效益等方面的对比。再如，提出"点间距离适中"是合理的。但有一点缺陷是，没有考虑空间组织中点与线、面的关系。谈"空间"，就不能只谈"点"，因而还应考虑到点与线、面间的比例，做到点、线、面相协调。

(5) 注重差异性

内容的差异性 即对旅游线路的风格、特色、主题等方面实行差别化，以强调自己经营的旅游线路具有竞争者所不具备的独到之处。如同样是名山，黄山奇、泰山雄、华山险、庐山秀，尽管古语说"黄山归来不看山"，但大多数旅游者的审美情趣和感受是不一样的。

形式的差异性　旅游线路的内容并无变化或变化不大，而是通过一些表面变化，使旅游者心理上产生差异，满足旅游者在心理上对旅游线路的某种需要。实际上，在很多情况下，从改变或改善旅游线路的文化包装实行差异化，比改变线路内容实现差异化更为有效。

7.4　旅游线路策划与设计的组合方式、组合类型、组织模式

7.4.1　组合方式

旅游线路的创新，不需要也不可能完全用另一种线路取代原有的线路。关键的问题是通过对原有的线路进行重新设计、规划、组合而形成新线路。

旅游路线的组合方式通常有以下几种方式。

（1）类似组合方式

利用现有的基本景点，将其中一些具有相同美学风格或类似性质的旅游景点或旅游项目组合在一起，推出某项专题旅游线路。例如，可以将"世界水电旅游名城"宜昌周边的大型水电站（三峡大坝、葛洲坝、隔河岩、高坝洲、水布垭）串联组合起来，形成水电旅游文化专线。

我国三国时期主要的政治、军事、外交活动多发生在陕、川、鄂、豫、甘、渝6省市，这6省市与三国有关的遗迹和景点达300余处，其中许多景点很早就已经开发，如武侯祠、剑门关古栈道、白帝城、襄樊古隆中、荆州古城、当阳关陵、长坂坡古战场、猇亭古战场、赤壁古战场等，但大多数只限于本地区的狭窄范围内开放。当这些景点单独开放时，充其量只是三国时代的遗址，游人寥寥。后来6省市联合开发，将这些孤立的旅游景点串联起来，赋予其新的历史文化内涵，从而形成了新的旅游线路三国文化旅游，不仅成为国内旅游的热点，而且成为国外游客乐于选择的重要线路之一。

（2）反差组合方式

利用现有的基本景点，将一些特色反差较大的旅游景点或旅游项目组合在一起，推出另一个新的专题旅游线路。例如，将三峡工程与附近的西陵峡、屈原故里、昭君村、神农架等旅游景点或旅游项目组合在一起，形成三峡特色旅游线。

7.4.2　组合类型

（1）地域组合类型

这种线路是由跨越一定地域空间、资源特色突出、差异性较大的若干个旅游风景区构成。如长江三峡旅游线。

（2）内容组合类型

这种组合线路是根据旅游活动的主题选择其组成部分。所选定的组成部分不受地域的限制。一般可以分专题型组合线路与综合型线路。

（3）时间组合类型

即根据季节的变化组合不同的旅游线路，如春季的踏青旅游、夏季的避暑休闲旅

游、秋季的登山健身旅游、冬季的冰雪旅游等。

7.4.3 组织模式

基于游客行为的旅游线路组织模式主要有以下几种。

（1）串珠式

从客源地出发，沿直线顺次游览若干景点，然后原路返回，以观光旅行为主要对象。

（2）直达式

直接到达特定目的地，停留一定时间后返回，以疗养度假为主要对象。

（3）链环式

从客源地出发，沿环线顺次游览若干景点，然后回到客源地，以观光旅游为主要对象。

（4）基营式

从客源地出发，到达某一目的地，以该目的地为根据地，分别游览与该目的地相邻的景点，然后从该目的地返回客源地，以大型、具有完备服务设施的目的地区域为主要对象。

（5）环路式

从客源地出发，到达某一目的地，以该目的地为起点，采用链环的方式顺次游览景点，然后从该目的地按原路返回。

（6）过境式

目的地偏居于主干道一侧，从客源地出发，需到达某一中转结点，经二次转运方可到达目的地，然后原路返回。

（7）混合式

包括上述模式中若干个的综合。

7.5 旅游线路的策划与设计程序、技术方法

7.5.1 旅游线路的策划与设计程序

（1）环境分析

旅游风景区的环境分析是旅游风景区旅游线路策划与设计的首要步骤。包括旅游风景区的内部环境分析，主要对风景区内的旅游资源、设施设备、交通工具、活动项目的分析，通过分析了解旅游风景区自身的资源特色、基础设施设备水平和发展潜力；旅游风景区的外部环境分析，主要是对旅游市场需求、竞争状况和旅游需求趋势分析。在环境分析的基础上，才利于线路的构思。

（2）线路构思

线路构思是指人们对某一种潜在需要和欲望，用功能性加以勾画和描述。寻找线路构思不能依赖于偶然发现，而应在分析旅游风景区内外环境的基础上，善于把握线路构思的来源，并从中确定线路设计的方向与内容。

(3) 形成多种旅游线路

在线路构思的基础上，结合旅游市场和旅游风景区资源的特点，对相关旅游基础设施和专用设施进行分析，设计出若干可供选择的多条旅游线路。

(4) 线路的选择

根据旅游线路策划与设计的主要原则进行分析、比较、评价，从中选取合适的线路。

7.5.2 旅游线路策划与设计的技术方法

旅游线路策划与设计可采用图上作业的技术方法，并进行比较、筛选、优化。

7.6 游览线路的策划与设计

7.6.1 游览线路的策划与设计原理——组景

游览线路的策划与设计的关键是组景。组景，就是按照美学和心理学的原理，通过科学设计和组织游览线，使旅游者在游览中获得大量信息和快感，达到最佳的观赏效果。其具体内容如下。

(1) 景物之间要有时空连续性，讲求动观感受

因为静观的感受只产生一个个孤零零的不连续画面，动观的感受则是把一个个孤立画面联系起来，形成景观整体的印象。游览线组合成的各个艺术画面，正如连续镜头组合成的电影画面，能使人产生强烈的整体印象和动观感受。因此，在组景设计时应充分考虑时空连续性和动观的效果。

(2) 力求突出突变的动观效果

突变的动观比渐变的动观给人感受量大、感受强烈。"山塞疑无路，湾回别有天"是人们对游三峡巫峡段的突变动观效果的概括。因此，在组景中常常采用先藏后露的障景手法，使游客的感受达到最大限度的强化。

(3) 适当重复出现某一事物，以达到加深认识、强化美感的目的

一个旅游区或一条旅游线路总是以一定的主题展开，其中的主景就是为突出主题而服务。在游览线设计中，要使旅游者从不同角度、不同侧面观赏到主景或标志性景物，以强化他们的感受。

(4) 动观游览线的布局要富于变化

动观游览线要做到有扬有抑、有旷有奥、有虚有实、高低起伏、曲曲折折，达到使人目不暇接、步移景异的目的。就像乘船游武夷山的九曲溪一样，"曲曲山回转，峰峰水回流"。

(5) 加强景观提示

有提示的景观比无提示的景观给游客的感受更强。在规划中应在游览道路的重要出入口、功能区，景区、重要景点设置导游标志，对游览内容和注意事项加以说明，突出线路的组织与主要景点，增强游览效果。

7.6.2 游览线路的策划与设计

(1) 组景主题鲜明,既要有统一感,又要有层次感和变化感

游览线路的策划与设计中要对反映主题的景物多设计几个观景点,以便从不同角度、部分重复观览,以强化游人的感受;策划与设计游览线路时,在层次变化中渐入主景,使游客在感受到层次与变化的同时,也品味到这条线路的鲜明、统一的主题。

(2) 游览线组织要有序,要符合人们认识事物的过程

可采取文学创作中的"凤头、猪肚、豹尾"的创作原则安排游览路线,做到有入景、有展开、有高潮、有结尾。入景要新奇,引人入胜;展开,即在景象特征、景感类型、游览方式和活动内容上不断变换,一波未平,一波又起,迂回曲折,起伏跌宕,使旅游者驰骋想象、流连忘返;高潮是游览感受最集中、最突出的体现,应安排在游人兴致最浓之际,有时利用泄景手法制造悬念,使之隔而不断,若即若离,延长高潮时间,待成熟时达到"千呼万唤始出来"的高潮效果;结尾,应响亮、明快,让人感到"余音绕梁,回味无穷"。

(3) 在策划与设计游览线路时,应选择最佳的观赏点

观赏点应有最佳位置,形成远景、近景、特写景的组合,本着"美则显之,丑则隐之"的原则进行设计。并善于运用"距离美"的原理。

观赏角度的变化会获得不同的观赏效果。被观赏的景物由于观赏点的变化,可以改变其相关位置,导致景象发生变化,使旅游者产生不同的意境。旅游策划中对线路布局和观赏点确定应有远、中、近、特写画面的变化,角度也应有平、俯、仰的变化,它们相互组合,可称为游览线的"蒙太奇"。蒙太奇(这是电影制作的术语,指剪接组合镜头,以形成完整的画面)手法在规划中的运用会大大提高游览质量。

7.6.3 不同类型游览线路的策划与设计

(1) 景外游览线

景外游览线为旅游区主要干道,用作游览运输和供应运输。要求路面平整,无尘土,符合行车技术标准。汽车行驶在游览线上既有远景吸引,又可在近处注意观看,车过后还能够回味,留在记忆中。路两旁用树木组成景窗,有景则开,无景则合,切忌两侧林深无缝,视线夹在狭窄的无变化的空间走廊里。为了保证游览区的安静和组景的意境,道路同景区间应有一定的间隔(引景空间),合理设置停车场,游人下车后需步行一段进入游览区。丹霞山的阳元石景区、昭君村的景外游览线策划与设计就存在这方面的问题,一条宽阔的车路直达景点和景点大门,可谓"大煞风景"。

(2) 景内游览线

景区内的道路一般以步行或小型车辆通行为主。具体要求如下:

第一,沿途有丰富的风景观赏面,有最佳的视角和视距,以扬景之长、避景之短。

第二,景内小径宜曲不宜直,宜险不宜夷,宜狭不宜宽,宜粗不宜平,保留自然风貌、质朴风格。游人或攀山、或越涧、或穿林、或涉水,不断变幻空间、变幻视

线，处处领会诗情画意的意境。

第三，根据步行的距离和攀登的高度，适时设休息点，走走停停，随处可安，灵活行止。

第四，景区游览线有多条，供不同年龄、兴趣的游人选择。

第五，游览线尽量为环形，不走回头路，使游人处处感到新奇，游兴未尽。

7.6.4 游览线路的策划与设计手法和游览方式的组织

游览线路的策划、设计既是科学的旅游网络组织，也是美学的艺术的创造，因此在手法上常常采用步移景异、曲径通幽、豁然开朗、峰回路转和渐入佳境等手法，运用时采用单一手法或几个手法并用。

游览方式的组织有空中游、陆上游、水上(中)游、地下游览等，力求丰富多彩。

【思考题】

1. 旅游线路策划与设计应该注意哪些问题？
2. 旅游线路策划与设计的原则有哪些？
3. 旅游线路策划中应考虑哪些因素？
4. 试对某旅游区或旅游景区(点)进行旅游线路策划。
5. 你如何理解"成本最小化与满足最大化"在旅游线路策划中的含义？
6. 说明游览线路的策划与设计的基本要求。

【案例分析】

山东省济宁市旅游线路策划与设计

一、区内主要旅游线路

1. 面向国外市场

(1) 曲阜精华一日游：孔庙—孔府—孔子文化广场—孔林。

(2) 水泊梁山一日游：后寨—三关—左右军寨—前寨—杏花村—水浒城。

(3) 孔孟之乡寻踪游：孔庙—孔府—孔林—凫村—孟母林—孟庙—孟府—中华母亲苑—峄山。

(4) 书法修学旅游线：孔庙碑刻—孟庙碑刻—铁山寺摩崖石刻—岗山摩崖石刻—济宁汉碑馆—肖王庄汉墓。

2. 面向国内市场

(1) 曲阜精华二日游：孔庙—孔府—孔子文化广场—孔林—六艺城—少昊陵—尼山。

(2) 曲阜儒家寻踪三日游：孔庙—孔府—孔子文化广场—颜庙—孔林—周公庙—少昊陵—尼山—六艺城—论语碑苑—孔子研究院—杏坛剧场(祭孔乐舞演出)—石门山。

(3) 邹城精华一日游：孟庙—孟府—峄山—鲁荒王陵。

（4）孟子故里寻踪二日游：孟庙—孟府—中华母亲苑—峄山—铁山—鲁荒王陵—凫村。

（5）水泊梁山二日游：后寨—三关—左右军寨—前寨—杏花村—水浒城—黄河铁路大桥—国那里村黄河运河交汇处。

（6）运河怀古风情游：南旺分水龙王庙—市中区古运河—运河博物馆—玉堂酱园—竹竿巷—东大寺—南阳岛。

（7）孟母教子寻踪游：凫村—庙户营—断机堂—中华母亲苑。

（8）先祖寻根凭吊游：寿丘、少昊陵—峄山娲皇宫—凫山老磨台—羲皇庙。

（9）民俗风情旅游线：孔府婚俗、曲阜民俗—微山湖渔家风情—市中区运河风俗—嘉祥县织锦唢呐—梁山县水浒遗风。

3. 面向区域市场

（1）微山湖一日游：荷文化广场—渡口—湿地观鸟—湖上小学—船屋—荷花荡—微山岛。

（2）微山湖二日游：荷文化广场—二级坝—渡口—湿地观鸟—水上学校—船屋—苇荡迷宫—十万亩荷花荡—微山岛—大湖风光。

（3）微山湖三日游：前二日同。第三日：伏羲庙—独山岛—南阳岛—仲子庙—梁祝墓。

（4）济宁一日游：博物馆—汉碑馆—铁塔声远楼—太白楼—玉堂酱园—竹竿巷—东大寺—圣母阁—岱庄教堂—肖王庄汉墓。

（5）泗水生态观光二日游：安山寺—圣公山—泉林—西侯幽谷—龙门山—凤仙山。

（6）圣都诗圣二日游：少陵台—兴隆塔—文庙—中都博物馆—太子灵踪塔—龙王分水庄—蚩尤冢。

（7）嘉祥一日游：青山寺—曾子庙—武氏祠。

（8）金乡鱼台二日游：羊山烈士陵园—王杰纪念馆—大蒜国际商贸城—星湖公园—鲁隐公观鱼处—栖霞堌堆—旧城海子园。

二、区际主要旅游线路

1. 面向国内外市场

（1）山水圣人旅游线：济南—泰山—曲阜—邹城—滕州—微山湖。

（2）一山二汉三孔游：泰山—曲阜—徐州。

（3）水泊梁山寻踪游：宋江武术学校—水浒山寨—梁山水泊—武松遗踪（景阳冈、狮子楼）。

2. 面向国内市场

（1）内陆齐鲁精品游：西安/洛阳/开封—曲阜—日照—青岛—泰山游。

（2）运河风情寻踪游：台儿庄—南阳岛—市中区—南旺镇—大安山—东昌（聊城）—临清—德州。

（3）书法旅游线：文峰山（莱州）—天柱山（平度）—经石峪（泰山）—二洪顶（东平）—孔庙—孟庙—铁山—岗山—汉碑馆—肖王庄汉墓。

（4）秦皇东巡胜迹旅游线：峄山—泰山—蓬莱—芝罘岛—养马岛—成山头—琅

琅台。

(5) 孔子周游列国齐鲁线：曲阜—泰安—莱芜—淄博。

(6) 齐鲁文化寻古游：济宁—泰安—济南—淄博。

(7) 乾隆皇帝南巡旅游线：济南(或济宁)—曲阜—泉林—蒙山。

3. 面向区域市场

(1) 两汉文化旅游线：徐州—沛县—微山岛。

(2) 铁道游击队旅游线：市中区—薛城—微山岛。

(3) 寻踪赏花专线游(游水泊梁山，看国花牡丹)：济南—梁山泊—梁山—宋江武校—菏泽。

【案例思考题】

1. 山东省济宁市旅游线路策划与设计有什么特点？
2. 假若你到山东省济宁市旅游，你会选择哪些旅游线路？为什么？

第8章　旅游营销策划

【本章概要】

本章阐述了旅游市场营销的要义与基本理念，进行了旅游市场需求和环境分析，说明了旅游目的地促销原则与策略，旅游目的地的促销方式。旅游目的地促销策略主要有联合促销策略、产品及营销策略、价格策略、细分营销策略、绿色营销策略、稳扎稳打与重点突破策略等。旅游目的地的促销方式主要有人员促销、公共关系促销、政府促销、节事活动、网络促销、概念促销、广告促销、销售激励、旅游展览等。介绍了旅游广告策划与旅游公共关系策划的主要内容。

【教学目标】

理解旅游市场营销的要义与基本理念，学会进行旅游市场需求和环境分析，掌握旅游目的地促销原则与策略、旅游目的地的促销方式。以及旅游广告、旅游公共关系的策划要领。

【关键性术语】

旅游营销策划；策划即营销；营销策略；促销方式；旅游广告策划；旅游公共关系策划

在了解旅游营销策划之前，我们应首先了解什么是市场营销。下面我们先看一个有趣的案例，看看营销到底是什么？

营销就是一种交换

有一家效益相当好的大公司，决定进一步扩大经营规模，高薪招聘营销主管。广告一打出来，报名者云集。面对众多的应聘者，招聘工作的负责人说："相马不如赛马。为了能选拔出高素质的营销人员，我们出一道实践性的试题，就是想办法把木梳尽量多地卖给和尚。"

绝大多数应聘者感到困惑不解，甚至愤怒：出家人剃度为僧，要木梳有何用？岂不是神经错乱，拿人开涮？

过一会儿，应聘者接连拂袖而去，几乎散尽。最后只剩下三个应聘者：小伊、小石和小钱。负责人对剩下的3个应聘者交代："以10日为限，届时请各位将销售成果向我汇报。"

10日期限到。

负责人问小伊："卖出多少？"

答："1把。"

"怎么卖的？"小伊讲述了历尽的辛苦以及受到众和尚的责骂和追打的委屈。好在下山途中遇到一个小和尚一边晒太阳，一边使劲挠着又脏又厚的头皮。小伊灵机一动，赶忙递上木梳，小和尚用后满心欢喜，于是买下一把。

负责人又问小石："卖出多少？"

答："10把。"

"怎么卖的？"

小石说他去了一座名山古寺。由于山高风大，进香者的头发都被吹乱了。小石找到了寺院的住持说："蓬头垢面是对佛的不敬，应在每座庙的香案前放把木梳，供善男信女梳理鬓发。"住持采纳了小石的建议。那座山共有10座庙，于是买下10把木梳。

负责人又问小钱："卖出多少？"

答："1000把。"

负责人惊问："怎么卖的？"

小钱说他到一个颇具盛名、香火极旺的深山古刹，朝圣者如云，施主络绎不绝。小钱对住持说："凡来进香朝拜者，多有一颗虔诚之心，宝刹应有所回赠，以做纪念，保佑其平安吉祥，鼓励其多做善事。我有一批木梳，您的书法超群，可先刻上'积善梳'3个字，然后便可做赠品。"住持大喜，立即买下1000把木梳，并请小钱小住几天，共同出席了首次赠送"积善梳"的仪式。得到"积善梳"的施主与香客，很是高兴，一传十，十传百，朝圣者更多，香火也更旺。这还不算完，好戏还在后头。住持希望小钱再多卖一些不同档次的木梳，以便分层次地赠给各种类型的施主与香客。

由上述案例分析可见：营销水平就是把"梳子卖给和尚"，就是在别人认为不可能的地方开发出新的市场来。木梳有实用功能，也还有其他潜在需求的功能，找准消费者需求并予以满足，这就是营销的真谛。

管理学家彼得·杜拉克说过一句意味深长的话："营销就是要让销售成为多余"。营销不只是向顾客兜售产品或服务，而主要是为客户创造真正的价值。市场营销是企业通过创造并同客户交换产品和价值以获得其所需所欲之物的一种社会过程。营销的实质是一种交换。

旅游营销就是开发新的旅游市场，就是满足旅游消费者的需求，就是为游客创造真正的价值。旅游营销的实质是一种旅游供给方与旅游需求方的价值交换。

现代旅游开发的主要导向是以市场定位而不是以资源定位。旅游策划应该树立正确的市场营销理念，将营销看作是一种经营哲学，而不仅仅是一种经营手段。现代市场营销理念的核心是"以顾客需求为中心，最大化地实现顾客价值"。因此，旅游策划、旅游开发和旅游经营，首先必须解决以下问题：谁是我们的目标顾客？这些顾客的需求特点在哪里？我们如何提供优势产品和采用有效策略吸引这些游客？我们如何能够留住顾客并最大化地实现顾客的价值？无论是市场调研、市场细分、市场定位还是竞争战略的实施、营销组合策略的运用，都必须围绕如何实现和增加顾客价值这一核心思想来进行。

我们应该树立"策划即营销"的先进旅游策划思想。即用市场营销的眼光、思维和理念来指导旅游策划方案的编制，来考量旅游策划的质量。营销应该贯穿旅游策划的全过程，营销应该体现在策划的每一部分和每一步骤。遵循"策划即营销"的指导思想来开展旅游策划方案的编制工作，可以避免制定出的旅游策划方案"好看不中用"和"束之高阁"的局面。

8.1 旅游市场营销的要义与基本理念

旅游市场营销工作者应把握以下要义和基本理念。

8.1.1 旅游市场营销的本质

旅游市场营销的本质是为旅游消费者服务（包括为什么样的旅游消费者服务？怎样为旅游消费者服务）。其基本原则是公平交易。应以公平交易为原则，通过为消费者服务获得自身利益。

8.1.2 旅游市场营销的特点

旅游市场营销是一种公共营销模式和弹性营销模式，它具有整体性、整合性、综合性、复杂性、艺术性等特点。这些特点的形成与旅游业的特殊性、旅游消费心理的复杂性和旅游市场的多变性有关。

8.1.3 旅游市场营销的对象

旅游市场营销的对象不限于游客，它包括游客（旅游者）、旅游投资商、旅游供应商（旅行社、旅游饭店等中间商）、旅游竞争对手、宣传媒体等。

8.1.4 旅游市场营销的任务

旅游市场营销的任务是分析、捕捉旅游市场机会；制定正确的旅游营销战略；营销计划及其实施；打造旅游品牌；选择营销渠道与搞好客户关系。一句话，如何让众人认识我自己。

8.1.5 旅游市场营销的内容

旅游市场要营销什么？一般认为有这样一些内容，如旅游产品、旅游地形象、旅游投资环境、人力资本的创业环境等。

8.1.6 旅游市场营销的核心

旅游市场营销的核心是创意。创意是旅游策划、旅游开发与规划的灵魂。旅游的本质是求美、求知、求异并追求身心自由的愉悦体验。旅游业作为以满足人们身心自由的愉悦体验为根本目的的时尚产业,无论是产品开发,还是宣传促销,处处都离不开智慧的创意。旅游营销是创意营销。因此,创意是旅游业发展的生命线,离开了创意,旅游产业就失去了活力。随着旅游产业的发展,区域旅游竞争日趋激烈,旅游消费需求不断变化,旅游信息纷繁变幻,通过新颖独特的产品创意和营销创意来吸引广大游客的眼球,就显得格外重要。具有创意的促销理念和手法,可以使旅游产品更具生命活力,起到点石成金、事半功倍的效果。从这种角度讲,创意已经成为旅游营销最关键的内核。发散思维是创意的源泉,富有创意的旅游营销应该是一种发散营销,这就要求我们打破传统思维、思维定势的束缚,跳出旅游搞旅游,在旅游与社会、经济、文化、自然等方面的交叉点上,不断撞击出灵感,形成新的营销创意,努力抓住卖点、寻找异点、创造亮点(表 8-1)。

表 8-1 近年来中国出现的旅游创意营销典型案例

序号	名称	具体案例
1	张家界十大旅游创意营销案例	国家森林保护节、黄龙洞定海神针亿元投保、飞机穿越天门洞、易程天下自由行、乡村音乐周卡通市长与民歌书记、中外高空钢丝极限对决、佛祖舍利"安家"天门寺、《虹猫蓝兔七侠传》拍摄、南天一柱改名"哈里路亚山"、出售"空气罐头"
2	湖南省十大旅游创意营销案例	黄龙洞定海神针亿元投保、张家界飞机穿越天门洞、凤凰"棋行大地"中韩围棋邀请赛、"五岳联盟"金庸出山、新晃争打夜郎文化牌、"蜘蛛侠"挑战崀山、莽山开山大典、石燕湖"鸟人"飞行比赛、浏阳"万人同唱浏阳河"、株洲万龙归宗祭始祖
3	中国各地十大旅游创意营销案例	黄龙洞定海神针亿元投保、中甸县更名香格里拉、盛大游戏龙穿峡建造永恒之塔、普京访问少林寺、碧峰峡景区的媒体营销、安阳"零门票"旅游、猎塔湖水怪事件、《非诚勿扰》影视嵌入式营销、澳门蓝牙旅游传播、西江苗寨最美局长
4	中国最具影响力的十大旅游营销事件案例	设立 5.19 中国旅游日的倡议和践行、好客山东品牌营销、长三角世博主题体验之旅、翼装飞行穿越天门山、世界小姐大赛打造美丽经济、成都借《功夫熊猫》传播城市形象、走出"家门"的浙江旅交会、《富春山居图》合璧引发的旅游主题营销、绿动全球——线上游戏带动线下旅游

8.1.7 旅游市场营销的方略

熊元斌教授等对旅游市场营销的方略进行过以下形象而生动的概括。

一个中心 即打造旅游地品牌。

两个基本点 即地理性分析(发掘地脉、文脉特色)和市场性分析(商脉分析)。

四项基本原则 即坚持旅游的整体性原则、差异化原则(产品差异化、服务差异化、渠道差异化、形象差异化等)、效益性原则(经济效益、社会效益、生态效益兼顾)、伦理性原则(体现旅游文化精神属性扼守道德底线,拒绝恶俗创意)。

九大策略 即概念性营销策略(如宜昌车溪的"梦里老家"概念营销)、节事营销策略(如宜昌的国际龙舟拉力赛)、名人营销策略(如宜昌利用屈原、昭君等名人文化进行旅游商品包装和节庆营销)、联合营销策略(如湖北与重庆联合营销长江三峡旅游产品)、关系营销策略、艺术(娱乐)营销策略、价值链营销策略、网络营销策略、深度营销策略(充分考虑终端消费者需求及达成交易的整个系统各个环节的营销方式,其核心是由对一个点的思考转为对一个消费链条的思考)。

8.1.8 旅游市场营销策划要点

(1) 更新营销策略与营销理念

营销策略经历了 4P(产品、价格、渠道、促销)—4C(顾客、成本、便利性、沟通)—4R(关联、反应、关系、回报)—4V(差异化、功能化、附加价值、共鸣)—4S(创新、速度、系统、满足)的更新。

营销理念经历了生产观念—产品观念—推销观念—市场营销观念—社会营销观念等逐步演变。

(2) 把握营销发展趋势

如体验营销、整合营销、深度营销、系统营销、社会营销等。

(3) 准确进行市场定位

(4) 注重市场营销创意

(5) 灵活组合营销方式

8.2 旅游市场分析与项目市场细分

8.2.1 旅游市场现状分析

现有市场的人口特征 包括地区构成、性别构成、年龄构成、文化构成、职业构成、家庭结构、收入构成等。

现有市场的行为特征 包括影响出游决策的因素、休闲方式的选择、旅游偏好等。

现有市场的满意程度和期望 包括满意程度、影响满意程度的因素、重游意向、推荐意向、期望和建议等。

8.2.2 旅游市场需求发展趋势

进入体验经济时代,旅游者的消费和需求发生或将发生巨大的变化。认识这些对于策划旅游项目非常重要。

(1) 旅游消费结构

从旅游消费结构看,产品中情感要素的比重逐渐增加。旅游本身所追求的是审美、消遣并获得身心自由体验的愉悦。在体验经济时代,旅游者在注重旅游产品质量的同时,更加注重情感的愉悦和满足。旅游业的发展也表明,近年来随着人们旅游观念的变化和认识的提高,越来越多的人认为现代旅游不完全在于我到过哪里,更多的是一种生活方式的体验,一种身心自由愉悦的分享。体验旅游,已经成为现代旅游中最具开发潜力的部分。"到农民家里体验田园生活""像职业探险家一样穿越西部无人区""去国外入住当地人家"……这些已经成为许多旅游者共同的心声。

(2) 旅游消费内容

从旅游消费内容看,人们越来越追求那些能够促成自己个性化形象的形成、彰显自己与众不同的产品或服务。传统的"走马观花"式旅游已难以适应人们追求个性和实现自我成就的需求,参与性和互动性强的特色旅游(如野外生存训练、素质拓展训练、户外运动等旅游)项目,正吸引着越来越多的游客,成为深受旅游者喜爱的旅游产品。

(3) 旅游者价值取向

从游客追求的价值目标看,消费者从注重产品本身转移到注重接受产品时的感受。现代旅游消费者不仅仅关注得到什么样的旅游产品,而是更加关注在哪里和如何体验这一产品。也就是说,旅游者不仅仅重视旅游的结果,而且更加重视旅游过程中的体验或感受。

(4) 旅游产品接受方式

从接受旅游产品的方式看,人们已经不再满足于被动地接受企业的诱导和操纵,而是主动参与到产品的设计中。旅游者参与旅游活动设计的程度进一步增强,主要表现在旅游者从被动购买整体产品发展到自己设计、组织旅游产品和旅游路线,在旅游过程中,更愿意选择散客旅游而非团队旅游形式。

(5) 旅游动机

从游客的旅游终极目标来说是为了追求快乐的体验,也就是要追求新鲜感、亲切感与自豪感。新鲜感,即新奇与鲜活;亲切感也就是希望相互交流、相互理解;自豪感是对自我价值的肯定,是一种对自己需求满足的感觉。

8.2.3 旅游市场环境分析

(1) PEST 分析方法

PEST 分析方法是对项目宏观环境进行分析的有用工具。PEST(politics, economy, society, technology)分析:即从政治(法律)的、经济的、社会文化的和技术的角度分析环境变化对企业的影响。

政治/法律环境　包括反垄断法、环境保护法、税法、劳动法、对外贸易规定、政府稳定性等。

经济环境　包括经济周期、GNP 趋势、利率、货币供给、通货膨胀、失业率、可支配收入、能源供给、成本等。

社会文化环境　包括人口统计、收入分配、社会稳定、生活方式的变化、教育水平、消费等。

技术环境　包括政府对研究的投入、政府和行业对技术的重视、新技术的发明和进展、技术传播的速度、折旧与报废的速度等。

(2) SWOT 分析方法

SWOT 分析是市场营销管理中经常使用的功能强大的分析工具:S 代表 strength (优势),W 代表 weakness(劣势),O 代表 opportunity(机会),T 代表 threat(威胁)。其中,S、W 是内部因素,O、T 是外部因素。SWOT 分析主要用于市场竞争环境。它是将对企业内外部条件各方面内容进行综合和概括,进而分析组织的优劣势、面临的机会和威胁的一种方法。其中,优劣势分析主要着眼于旅游企业自身的实力及其与竞争对手的比较,而机会和威胁分析则将注意力放在外部环境的变化及对旅游企业的可能影响上,但是,外部环境的同一变化给具有不同资源和能力的旅游企业带来的机会和威胁却可能完全不同，因此，两者之间又有着紧密联系。

优势与劣势分析（SW） 当两个旅游企业处在同一市场或者说它们都有能力向同一顾客群体提供产品和服务时，如果其中一个企业有更高的盈利率或盈利潜力，那么，我们就认为这个企业比另外一个企业更具有竞争优势。换句话说，所谓竞争优势是指一个企业超越其竞争对手的能力，这种能力有助于实现企业的主要目标——盈利。但值得注意的是：竞争优势并不完全体现在较高的盈利率上，因为有时企业更希望增加市场份额等。

竞争优势可以指消费者眼中一个旅游企业或它的产品有别于其竞争对手的任何优越的东西，它可以是产品线的宽度、产品的数量、质量、可靠性、适用性、风格和形象以及服务的及时、态度的热情等。虽然竞争优势实际上指的是一个企业比其竞争对手有较强的综合优势，但是明确企业究竟在哪一个方面具有优势则更有意义，因为只有这样，才可以扬长避短，或者以强（优）击弱（劣）。

由于企业是一个整体，并且由于竞争优势来源广泛，所以，在做优劣势分析时必须从整个价值链的每个环节上，将旅游企业与竞争对手做详细的对比，如产品是否新颖，销售渠道是否畅通，以及价格是否具有竞争性等。如果一个企业在某一方面或几个方面的优势正是该行业企业应具备的关键成功要素，那么，该企业的综合竞争优势就强一些。需要指出的是，衡量一个企业是否具有竞争优势，只能站在现有和潜在用户角度上，而不是站在企业的角度上。

旅游企业在维持竞争优势过程中，必须深刻认识自身的资源和能力，采取适当的措施。因为一个旅游企业一旦在某一方面具有了竞争优势，势必会吸引到竞争对手的注意。假如，竞争对手直接进攻企业的优势所在，或采取其他更为有力的策略，就会使这种优势受到削弱。

影响旅游企业竞争优势的持续时间，主要的是3个关键因素：①建立这种优势要多长时间？②能够获得的优势有多大？③竞争对手做出有力反应需要多长时间？如果旅游企业分析清楚了这一个因素，就会明确自己在建立和维持竞争优势中的地位。

机会与威胁分析（OT） 随着经济、社会、科技等诸多方面的迅速发展，特别是世界全球化、一体化过程的加快，全球信息网络的建立和消费需求的多样化，旅游企业所处的环境更为开放和动荡，这种变化几乎对所有旅游企业都产生了深刻的影响。正因为如此，环境分析成为一种日益重要的企业职能。

环境发展趋势分为两大类：一类表示环境威胁；另一类表示环境机会。环境威胁指的是环境中一种不利的发展趋势所形成的挑战，如果不采取果断的战略行为，这种不利趋势将导致旅游企业的竞争地位受到削弱。环境机会就是对旅游企业行为富有吸引力的领域，在这一领域中，该旅游企业将拥有竞争优势。

（3）旅游产品竞争的组合分析法

旅游产品的竞争能力，对旅游开发影响很大。旅游产品或吸引物的构成一般呈现多元结构，策划必须要在众多的产品中遴选出有竞争力和有前途的产品，并加以开发和培育。在遴选优势产品时，既要做旅游地区内部产品间的异类竞争分析，还应该把内部遴选出的产品与周边旅游地区中的同类产品做同类竞争分析，也称空间相对竞争分析。

这需要一个切实可行的方法和技术手段来支持。在国外已经有一些经济地理学家把一些典型的用于企业营销与管理战略规划的定量分析方法借用到空间竞争分析之中。例如,"定位战略""产品-市场扩张网格"以及"组合分析"等作为工具,已经有效地运用到面向空间对象的分析之中,其中的"组合分析"很适合于空间旅游产品的竞争分析。

"组合分析"通常又称作"投资组合分析"。这种方法最初是由波士顿证券顾问团开发出来的。证券组合分析的最初模型是一个由"市场增长"与"市场份额"构成的矩阵数据为坐标绘出的形势图。

这个图由4个区构成,4个区类似于笛卡儿坐标系中的4个象限。"增长-份额矩阵"的2个坐标轴分别为"市场增长"和"市场份额"。4个区分别命名为"问题区""明星区""金牛区"和"瘦狗区"。

其中的"问题区"指市场增长好,但占有的市场份额却很低,因此后势难定;"明星区"指市场增长情况好,占有的市场份额也大,走势看好;"金牛区"指虽然增长情况不好,但目前市场份额大,即现势好而增长不佳;"瘦狗区"指市场占有份额低,并且增长也不好,没有发展前途。

把组合分析用于旅游产品分析时,可用旅游景区(旅游产品)的接待游客数量作为吸引力指标来替换模型中的市场份额,用接待游客的增长作为相对竞争力来替换模型中的市场增长。根据各个旅游景区或旅游产品的这两项指标值可确定它们分别落入图中的位置(哪个区中)。它们的发展前景可以通过它们所在区的特征反映出来,旅游景区中各种产品的竞争形势和格局也就显现出来,以便合理地制定旅游景区产品开发战略。

值得注意的是,这种方法是辅助性的,有助于直观地显示旅游景区产品的一些特性,很多其他相关因素的定性分析仍然非常重要,不容忽视。

8.2.4 项目市场细分

项目市场细分就是指按照项目消费者或用户的差异性把市场划分为若干个子市场的过程。市场细分的客观基础是消费者需求的差异性。

(1) 项目市场细分作用

第一,项目市场细分有利于集中使用资源,优化资源配置,避免分散力量。对市场进行细分,深入了解每一个子市场,衡量子市场的开发潜力,然后集中投入人力、物力、财力资源,形成相对的力量优势,减少费用,提高效益,降低风险,发展能力。

第二,项目市场细分有利于提高项目的成功率,产生一定的社会效益。市场细分充分关注了相关产业项目消费者的需求差异性,以消费者为中心来进行市场理性思考,市场细分的间接效果是广大相关行业消费者的需求得到满足,在项目活动获益,从而营造起项目企业的美誉度,达到企业的可持续发展的目标。

第三,项目市场细分有利于增强项目企业的适应能力和应变能力。通过对消费者市场进行细分,可以增强市场调研的针对性,加快市场信息的反馈速度,使得项目企业能够及时、准确地规划项目活动的进行。

第四,项目市场细分有利于提高项目的市场竞争力。市场细分的过程中,不仅要对消费者需求进行细分,而且也是对竞争对手进行细分,能够清楚地知道,哪个子市场上存在竞争者,哪个子市场上竞争者比较少,哪个子市场竞争压力大,哪个子市场竞争比较缓和,在此基础上,制定合理的项目战略,争取市场份额,增强竞争能力。

第五,项目市场细分有利于挖掘更多的市场机会。通过对市场进行细分,可以全面了解项目市场广大消费者群体之间在需求程度上的差异。在市场中,往往满足程度不够,或者满足出现真空时,市场便有可获利的余地,市场机会也就随之而来。抓住这样的时机,结合自身的资源状况,推出特色的项目产品,从而占领市场,取得效益。

(2) 项目消费者细分因素

对项目消费者细分,主要考虑到地理因素、人口因素、心理因素、行为因素、受益因素等,这里以前3个因素为例进行说明。

地理因素　其具体变量有:①国家;②地区;③城市;④乡村;⑤气候;⑥地形地貌。例如,旅游项目中,南方人一般比北方人更喜欢出行旅游,旅游企业可以推出针对南方人的旅游项目,如冰雪文化旅游、避暑度假旅游等;多水的秀美的旅游景区对北方游客富有吸引力,旅游企业可针对目标市场开发相应产品。

人口因素　其具体变量有:①年龄、性别;②职业、教育;③家庭人口;④家庭生命周期;⑤民族;⑥宗教;⑦社会阶层。旅游项目活动的开展要充分注意到人口的因素影响,针对消费者的不同特点,策划出不同口味的项目活动。

心理因素　其具体变量有:①生活格调;②个性;③购买动机;④价值取向;⑤对价格的敏感程度。旅游项目活动与消费者心理因素的关系十分密切,要根据消费者心理因素不同,推出符合多种口味的不同档次活动,以满足不同消费者的心理需求。

以上我们只对3种因素进行简要分析,其实细分因素还有很多。

(3) 项目市场细分过程

项目市场细分是一个连续的过程,具体要经过划分细分范围、确认细分依据、权衡细分变量、实施小型调查、评估细分市场、选择目标市场、设计项目策略等步骤。

第一,划分细分范围。就是对细分哪一种服务市场以及在哪一范围内进行细分进行界定。这个细分范围取决于多种因素,其中主要有项目承办单位的人力、物力和财力,项目的目标与任务,项目目前的行业优势状况。

第二,确认细分依据。就是确认市场细分标准。这些细分标准主要有人口因素(包括性别、年龄、收入等)、心理因素和地理因素等。

第三,权衡细分变量。细分变量对项目市场细分起着重要的作用。细分变量使用不当,有可能使细分结果与市场的实际情况相差甚远,从而导致项目决策的失误,由此可见,对细分变量,要做深入的了解分析,科学合理地权衡比较。

第四,进行小型调查。在项目调查中,对项目市场状况进行数据的收集、整理、分析,可以说大致掌握了整体情况。为了进一步了解细分市场,检测项目调查的效率，可以安排小规模的市场调查。

第五，评估细分市场。根据小型市场的调查结果，对各个子市场进行评价、分析。

第六，选择目标市场。即通过评估，从众多的子市场中选出最好的一个。按加权平均方法综合考虑各相关因素。

第七，设计项目策略。目标市场确定后，相应地制定出产品策略、价格策略、渠道策略、促销组合策略。

这里需要特别指出的是，市场调研和分析要掌握科学的调研与分析方法。今天的中国正如策划专家王志纲先生所说的："面对中国这样一个不成熟的市场，尤其是在知识经济时代，市场瞬息万变，仅靠统计得来的数据很难准确反映出动态中的市场变化，搞不好就会犯刻舟求剑的错误。"因此，市场调查与分析80%靠数据、20%靠直觉。就像烧水一样，可以烧到80℃，最后的20℃得靠直觉、经验来把握。所以，最根本的是要动态地把握市场需求的趋势，从而适度超前地引导和创造市场，才能掌握竞争的主动权。

8.3 旅游目的地促销原则与策略

8.3.1 促销原则

（1）产品—市场反馈原则

旅游市场需求是一个不断发展的动态变化过程，对旅游市场信息的收集和分析，对新的旅游趋势的敏感捕捉，是旅游目的地促销的一个关键所在。因此需要建立完善、高效的产品—市场反馈体系，根据市场变化选择主打（龙头）产品，不断更新旅游产品，将主打产品、重要产品、一般产品有机排列组合，形成楔形阵容或雁阵模式，确定产品和高效促销的组合。

（2）产品形象一体化原则

鲜明的旅游形象是吸引游客关键的因素之一，旅游目的地形象影响着旅游者对旅游目的地的意识和情感，旅游者通过各种途径对旅游目的地形象进行认知，从而决定是否到该目的地进行旅游；同时，旅游目的地形象对旅游目的地未来的旅游发展也起着至关重要的作用。将旅游目的地多种产品包装为统一的目的地形象，既保证产品的层次化、系列化，又有利于围绕统一、协调的形象加以宣传。以重点产品的促销为主，努力推广旅游目的地的整体形象。只有树立起旅游目的地独特而又统一的形象，才能保证产品的特色和稳定的客源，保持旅游目的地不断发展的活力。

（3）多部门合作原则

旅游业是一项综合性的民生产业，具有广泛的关联度，其宣传促销离不开政府、企业、媒体、社会群体等多方面的广泛合作，共同营销旅游目的地，促进旅游产品的销售。同时，游客的旅游活动空间位移比较大，这就需要区域内外的旅游目的地加强联合促销，达到双赢甚至多赢的效果。

（4）差异性原则

游客旅游心理主要是建立在求新、求奇的需求动机基础之上的，这就需要旅游目的地为旅游市场上提供出个性化的旅游产品。为了更好地促进旅游目的地产品的销售，不断开拓旅游市场，就需要不断提高旅游目的地与外界的识别性，突出强调地方旅游特色，以独特性个性化的旅游产品吸引市场。旅游目的地产品差异主要体现在旅游资源特色、地方文化、旅游形象、旅游服务等多个方面。

8.3.2 促销策略

（1）联合促销策略

联合促销策略是指一个旅游区与其他利益共同体联合行动，共同促销的行为策略。若干个距离接近、产品互补、线路相连并具有共同的客源市场的目的地，最为适合此种联合促销。如鄂西与渝东、宜昌与重庆的区域旅游合作与联合促销。这种促销策略既能够不断满足和丰富市场的需要，又能够提高区域旅游知名度，增强地方的旅游竞争力。

（2）产品策略及营销方法

产品策略主要包括提高现有产品的档次，开拓主题产品，开发新产品，开发散客产品等，以适应市场需求。

在旅游产品的营销方面，包奇宗等人总结出了有效的营销方法即深度的旅游产品实战营销法。其核心内容是：一个中心——以游客"核心价值需求"（最大满意价值）为中心；两个基本点——旅游营销差异点（实行差异化营销，采取产品差异化、形象差异化、市场差异化战略）和旅游产品整合点（以游客"核心价值需求"为产品的整合点，把广告、促销、公关、直销、CI等营销活动进行有机整合，实行一元化策略）；四项基本原则——人群细分原则（即进行市场细分，寻找自己的目标市场）、内涵丰富原则（产品的内容和文化内涵都应该丰富多彩，注重互动体验）、实效推广原则（在产品的推广中，做有"实效"的广告）、品牌积淀原则（树立品牌意识，让每个产品都突出其品牌核心，以品牌推动新产品的销售，并注重时间积累和价值积淀）。

（3）价格策略

价格是营销组合中唯一直接产生效益的因素，其他因素都意味着成本。影响价格的因素有很多，这就需要在制定价格时对影响因素进行一个综合的考虑。一般说来，对于价格-需求弹性系数大的产品，即需求受价格因素影响明显的产品（如一般观光产品）可采取低价格以吸引客源；反之，可采取高价格以提高产品品位，提高收入（如特种旅游、度假旅游、探险旅游、文化旅游、科考旅游、蜜月旅游等）。

（4）细分营销策略

随着各地旅游产品开发的不断加快和旅游市场竞争的不断加剧，游客的选择越来越多，消费观念也变得越来越成熟，旅游需求逐渐从大众化的观光旅游向多样化的专项旅游方面发展。因此，在旅游产品的营销中，就要树立营销不是卖"最好"、而是卖"不同"的营销观念。旅游市场营销应在市场上不断寻求差异，如细分产品、细分市场、细分口号等，采用细分营销策略来最大可能地满足游客需求，增强旅游产品在市场上的竞争力。

（5）绿色营销策略

随着经济发展，人们在消费上更加关注自身健康和环境保护，绿色消费浪潮在全球蓬勃兴起,旅游目的地实施绿色营销策略成为一种趋势。旅游目的地促销要顺应绿色消费潮流,从环境保护、充分利用资源的角度出发,通过产品开发,利用自然,变平常为珍贵等措施,满足旅游者的绿色需求,实现营销目标。

(6)稳扎稳打、重点突破策略

总体说来,旅游圈层有一个距离衰减的规律,因此,旅游目的地在产品促销和市场开拓上,应注意稳近拓远,固老培新,稳扎稳打,步步为营。同时,针对自身的旅游产品,不断科学地细分市场,实行重点突破的策略,紧抓重点市场乃至高端客源市场,以此示范效应来带动大众市场的发展。

8.4 旅游目的地常用的促销方式

(1)人员促销

人员促销是建立旅游企业与游客关系的纽带。推销员对外代表旅游企业,同时,他们也将搜集到许多旅游企业急需的客户信息。人员促销的重点往往是旅游企业和旅游景区(点)周边主要城市和其他主要的客源地,通过到目标市场举办旅游展览会等形式,与重点客源市场的代表性单位、团体(如工会)、企业、家庭建立长期的互惠互利关系,达到促销的目的。

(2)公共关系(关系促销)

旅游公共关系是一种重要的而且是有效的市场营销手段,主要是通过第三方的支持来树立自身积极的形象和培育游客的偏好。可邀请公关专家策划"大手笔"的公关活动使目的地的旅游形象在相关地区产生轰动效应。公关方式可采取邀请参观(如旅行社的高层主管、新闻记者、专栏作家等)、邀请度假(如有名望的专家学者、社会人士、英雄劳模等)等方式,让社会名流亲身体验,进行口碑宣传。

(3)政府促销(政治促销)

政府促销是借助政府部门的力量和关系或利用行政资源进行旅游营销,利用政府促销能够很容易让游客对宣传的真实性有一种不容置疑的信赖感,宣传效果明显。如三峡峡口风景区邀请宜昌政府部门和各县市旅游局领导以及各界名流观看大型真山水实景演出《梦·三峡》,利用政府资源组织客源和进行《梦·三峡》的宣传促销,曾经收到了很好的效果。

(4)节事活动(事件促销)

举办有特色、有生命力、有市场前景的节事活动,是促使一个地方旅游业上台阶、上水平的重要平台。节事活动的举办对旅游目的地能够起到轰动性的效应,能够迅速地扩大旅游目的地的知名度和影响力。同时,以节事活动为平台,还能够充分调动和发挥各种旅游资源的潜能,促进淡季旅游的发展。因此,旅游目的地应因地制宜地积极申请承办或与其他地区联合举办国际性、全国性或区域性会议、体育赛事、会展等活动以及举办具有地方特色的旅游节事,来扩大旅游目的地旅游的影响力。如山东潍坊一年一度举办的国际风筝节就有效地拉动了地方经济的发展,极大地提高了当地的知名度。

(5)网络促销

互联网的兴起、数字时代的来临,给旅游业的发展带来了新的契机。网络技术在旅游业得到广泛运用，其关互性、实时性、丰富性和便捷性等优势促使传统旅游业迅速融入网络旅游的浪潮，并使网络促销成为当今旅游营销发展的一大趋势。消费者通过网络可以轻松实现旅游信息资料的互补，尤其是通过集体订购可以让游客实现旅游费用支出的最小化，对消费者的出行决策做出了技术和费用的双重支持。网络充分实现了信息资源的共享，游客在出行前通过网络了解目的地的风景、住宿、行程等方面的信息。21世纪的旅游营销，进入了与多媒体密切合作的全新发展时期。因此，要充分开展电子商务、互联网促销、微信促销等，借助旅行社网络推销等手段来扩大旅游目的地的宣传途径。

(6) 微信促销

微信促销是网络经济时代企业促销模式的一种创新，是伴随着微信的火热而兴起的一种网络促销方式。微信不存在距离的限制，用户注册微信后，可与周围同样注册的"朋友"形成一种联系，用户订阅自己所需的信息，商家通过提供用户需要的信息，推广自己的产品，从而实现点对点的促销。旅游微信促销，包括旅游微信平台基础内容搭建、旅游微官网开发、旅游促销功能扩展；另外还可针对旅游不同行业进行微景区（点）、微旅行社、微餐饮、微酒店、微旅游服务等个性化功能开发，微信促销在旅游促销上具有巨大的优势和潜力。

(7) 概念促销

概念促销是20世纪90年代新兴的一种促销方式，它是指以某种有形或无形的产品为依托，借助现代传媒技术，将一种新的消费概念向消费者宣传推广，赋予企业或产品以丰富的想象内涵或特定的品位和社会定位，从而引起消费者的关注与认同，并最终唤起消费者对新产品需求的一种促销策略。概念促销强调顺应消费者需求变化趋势，推出新的消费概念，借助大众宣传媒介的大力宣传推广，使消费者最终接受这种消费概念，产生购买欲望。

旅游业推出的如绿色饭店、生态旅游、低碳旅游、保健旅游、乐活（洛哈思）旅游等方式都属于概念促销的范畴。概念促销的成败，概念的运作至关重要；概念促销不是纯粹的概念炒作，应与产品打造紧密结合，否则将会毁掉概念促销，砸掉自己品牌。

(8) 广告促销

广告是为了某种特定的需要，通过一定形式的媒体，公开而广泛地向公众传递信息的宣传手段。旅游目的地可以广泛利用各种媒体（如电视台、广播电台、报刊杂志、户外广告等）进行旅游宣传促销。旅游景区（点）的旅游广告诉求应主要侧重于激发人们来此旅游的欲求，并打消人们来此旅游的顾虑。

(9) 销售激励

销售激励（或优惠价格促销）是旅游目的地采取的一种特殊的优惠措施，以企望增强目的地吸引力，达到扩大销售的目的。如向游客赠送旅游地纪念品，发放优惠券；旅游淡季时降低价格，奖励销售；对旅游代理商，批发商进行销售激励。对团体、老客户或在节日期间实行价格优惠。

(10) 旅游展览

旅游展览是有效展示旅游目的地品质特色的一个舞台，可以充分利用各种展览会和博览会的机会，进行旅游目的地吸引力的推介活动。在客源地布展时应注意文化的差异程度，采取差异策略，处理好"异中求同"和"同中求异"的关系，增强旅游目的地的吸引力。

(11) 其他间接促销方式或策略

旅游促销还有很多很多促销的方式，如邀请旅行作家创作旅游读物，设计发行或赠送旅游画册、挂历、台历；出版有关目的地的书籍，拍摄以旅游地为背景的电影、电视剧，创作推广具有地方特色的乐曲等。此外，还有名人促销策略、艺术（娱乐）促销策略、价值链促销策略、微博促销策略、体验促销策略、口碑促销策略等。无论利用那种方式或者策略，都需要因地制宜地结合当地实际来进行市场的宣传促销，从而达到事半功倍的效果。

8.5 旅游广告策划

西方流行的一句形容形象的成语是：Out of sight, out of mind. 即不在眼前，不在脑中。只有不断地通过广告市场营销，才能保持长远的良好形象，进而确保稳定的客源市场。

旅游目的地向游客营销的产品多为看不见、摸不到、拿不走的无形产品，对于游客主要表现为一种经历、一种体验。如何向游客更为有效地传达旅游目的地信息，难度就比普通商品更大。因此，旅游业的发展与繁荣，在很大程度上就离不开旅游广告的支持，而旅游发展的实践也充分证明了旅游广告是向旅游者展示旅游目的地形象魅力的重要途径。

8.5.1 旅游广告的内涵

(1) 广告的概念

广告一词的来源：英语广告一词源于拉丁语 Adverture，原意是"我大喊大叫"。后演变为英语中的广告 Advertise，其含义是"一个人注意到某件事"，再以后演变为"引起别人的注意，通知别人某件事"。

关于广告人们有狭义和广义的理解。狭义广告是指营利性的经济广告，即商业广告。

在现实生活中，绝大多数人所理解的广告实为经济广告。哈佛《企业管理百科全书》认为："广告是一项销售信息，指向一群视听大众，为了付费广告主的利益去寻求经由说服来销售商品、服务或观念。"广义广告就是泛指一切营利性的和非营利性的广告。

美国广告学家克劳德·霍普金斯（Claude Hopkins）将广告定义为："广告是将各种高度精练的信息，采用艺术手法，通过各种媒介传播给大众，以加强或改变人们的观念，最终引导人们行动的事物和活动。"

可见，广义广告的定义和解释表述虽不完全相同，但其基本内涵是一致的，即指一切面向大众的广而告之活动。

长期以来许多专家学者都为广告下了定义，其内涵不尽相同。具有一定代表性的是美国市场学会为广告所作的定义："广告是由可识别的倡议者用公开付费的方式对产品或服务或某项行为的设想所进行的非人性的介绍。"

这个广告定义虽然仍把主体定在产品概念上，但在含义上也涉及非商品类广告，因而是比较准确的，被许多国家广告界所接受。

（2）旅游广告的概念

旅游广告是指由广告主付费，运用各种媒体，介绍旅游目的地的整体特点，树立旅游目的地形象，以刺激旅游消费、增强旅游收入的信息传播活动。主要包括商业营利性旅游广告和非营利性旅游广告。

旅游广告是付出费用的信息和活动　首先，旅游广告作为经济活动，具有一切经济活动所具有的投入产出特点。其次，旅游广告作为信息传播活动，旅游广告信息必然是经过提炼加工而来，这必然需要对信息进行研究和加工，其研究和制作是以一定的费用支付而保证的。最后，旅游广告主和旅游广告经营者都需要营利才能维持组织生存和保证组织发展。

旅游广告必须明确旅游广告主　一是可以把旅游广告主的组织形象通过旅游广告使信息接受者认知、熟悉、牢记，使旅游广告信息带上较多的附加价值；二是可以通过告知旅游广告使信息接受者知道谁是旅游广告主，使旅游广告主自我约束、自我提高，从而公开正视旅游广告主自身的责任和义务，从法律上保证信息接受者的合法权益。

旅游广告是经过"艺术处理"的信息　旅游广告要经过艺术处理才具有较强的影响力、感染力和诱导力。现代旅游广告追求艺术与技术于一身，熔抽象与具象于一炉，其形象塑造、形式表现，都为高度表现的信息符号。旅游广告是一种艺术形式，但旅游广告不等同于纯艺术，它是与产业化、社会化紧密结合的艺术。

旅游广告通过大众传播媒介进行传播活动　旅游广告是属于非人员的传播行为，即主要通过大众传播媒介来进行。这是旅游广告与其他传播活动的本质区别之一。旅游广告不同于面对面地个人对个人、小组对小组进行游说的促销。旅游广告必须是借助于某种大众传播工具向非特定的受众广泛传达信息的活动形式。

旅游广告是围绕目标市场而进行的信息定位传播活动　旅游广告主以自己所拥有的经营管理目标而构成自己的信息系统，并且把这些特定信息通过整合而定位，向自己所针对的目标市场进行传播。旅游广告主对于旅游广告信息定位是以特定目标市场为标准。旅游广告就是围绕目标市场而进行的信息定位传播。

旅游广告传播信息的范围十分广泛　旅游广告传播的信息包括产品、劳务或某项行动的意见和想法，即实在的物质产品和非实在的思想观念与倾向。

旅游广告以说服方法以期达到改变或强化观念和行为　旅游广告以说服社会公众接受自己的建议和观点为己任。旅游广告突出自己的鲜明特征，表明自己的独特优点，显示自己的与众不同的功效，其目的就是影响信息受众。不同时期旅游广告的定位、创意、传媒选择及策略运用，都是为了形成独具特色的说服力和影响力。

8.5.2　旅游广告的发展阶段

到目前为止，旅游广告在中国大致经历了3个发展阶段。

(1) 自发萌芽阶段

旅游广告的自发萌芽阶段主要是指从改革开放之初到20世纪80年代末期这个阶段。20世纪70年代末，改革开放政策使大批国外旅游者蜂拥而至，国际旅游业迅速发展起来。在此背景之下，我国旅游业形成了以卖方市场为主导的局面，旅游市场多年保持供不应求的状况，这使得政府旅游部门和经营单位很少担心产品销售问题，加上长期以来形成一种"外事惯性"，"等客上门，就地服务"的单纯接待观念更加剧了旅游部门对旅游广告宣传促销意识的淡漠；客观上，又受计划经济体制的约束，旅游宣传一直为政府行为，宣传促销经费十分有限。主客观两方面的原因，导致我国旅游业早期的广告宣传促销工作长期处于呆板、水平低下的状况。国内旅游业由于旅游发展之初的政策导向原因，处于无专门机构管理的"自发"状态，在各大媒体上针对国内游客的旅游广告比较少见。

(2) 成长阶段

中国旅游业成长阶段主要体现在20世纪90年代。旅游业由卖方市场转变成为买方市场，促使旅游行业对旅游广告宣传和促销的观念发生了戏剧性变化，"等客上门"变成了"主动吆喝"；观念的更新，促使旅游广告逐渐成长起来。国际旅游市场上，争夺客源战日趋激烈，各地旅游局、旅游企业纷纷开展跨省、跨地区的联合宣传推销。旅游广告数量大大增加，旅游广告形式日趋多样，旅游广告的发布主体由单纯的涉外酒店和旅行社外，扩展到众多旅游经营企事业单位，甚至包括各级政府部门，同时，旅游广告的创作水平大有提高。1999年，云南省昆明世博会投巨资在中央电视台黄金时间推出以"99世博会，久久世博园"为主题的世博会旅游广告，开了国内省份在中央电视台做旅游广告的先河。

(3) 发展阶段

旅游广告的发展阶段主要指进入21世纪以来这段时期。互联网的兴起、数字时代的来临，给旅游业的发展带来了新的契机。网络技术在旅游业得到广泛运用，其互性、实时性、丰富性和便捷性等优势促使传统旅游业迅速融入网络旅游的浪潮，并使网络营销成为当今旅游营销发展的一大趋势。21世纪的旅游广告，进入了与多媒体密切合作的全新互动的发展时期。

8.5.3 广告决策

(1) 确定目标

制定广告计划的第一步是确定广告目标。广告目标应该以旅游目的地的目标市场、市场定位和营销组合等有关信息为基础加以确定。广告目标是在某个特定时期内需要完成的与目标市场受众群体进行的一项沟通工作。根据广告的目的，可以将广告目标划分为3种：宣传性广告、劝说性广告和提示性广告。一般说来，宣传性广告在旅游新产品刚推向市场、为吸引市场需求使用得比较多；劝说性广告在旅游市场竞争比较激烈的时候使用得比较多；而提示性广告在旅游产品进入成熟期时使用得比较多，用以提醒市场注意，以免遗忘。

(2) 编制广告预算

广告目标确定之后，旅游目的地应该为每一种产品编制出广告预算。广告的费用取决于预计要达到的销售量,可以采用销售百分比法、竞争对抗法、能力支付法、目标任务法等方法进行预算编制工作。同时,在编制广告预算时还要注意考虑产品所处的生命周期阶段、市场竞争状况等因素。

(3) 广告信息决策

大量的广告预算并不能确保广告的成功,旅游目的地有创意的广告信息引起目标市场的广泛关注并形成良好的沟通效果时,广告才能成功。因此,需要对广告信息进行周密细致的策划。一般来说,广告信息的决策需要经过大量的广告信息的产生、广告信息的评估及选择和广告信息的最终实现3个阶段。

(4) 媒体决策

广告决策最终需要把广告投放到市场,这就需要选择传递广告信息的媒体。选择媒体时首先,需要考虑旅游目的地的目标市场在哪里,从而确定广告的覆盖面和影响力;其次,主要的广告媒体(如报纸、电视、杂志、户外广告、广播、直邮等)都有各自的优势和局限,因此需要了解每一种主要广告媒体的覆盖面、频率和效应的大小。再次,在确定了某种广告媒体后,就需要选择具体的媒体工具来作为宣传的载体。如果选择了报纸作为广告媒体后,就需要在众多的报纸媒体中选择适合自己宣传的具体的报纸来进行广告宣传。最后,由于旅游活动具有季节性和很大的波动性,这就需要对广告的媒体投放时间进行一个系统周密的安排。

(5) 广告评估

广告投放市场后,旅游目的地需要适时对旅游广告效果进行评估,以便进行更有效的经营与管理。广告评估主要可以通过市场传播效果和销售效果来进行评价。前者主要是从广告的市场知名度方面进行考虑,而后者主要是从旅游目的地的经营业绩来评价。对于具有很强的综合性的旅游业来说,这两方面的评价都十分重要。

8.5.4 旅游广告策划原则

在旅游业发展的今天,旅游产品的广告宣传越来越受到人们的重视,要使旅游产品的广告宣传获得满意的效果,达到吸引旅游者、完成旅游产品促销的任务,取得良好的社会效益和经济效益,必须遵守以下原则。

(1) 真实性原则

广告是通过一定的传播媒介向目标市场介绍产品,广告的生命在于真实,既要引人入胜,又要传达真实信息。旅游产品要得到旅游者的认可,除了广告宣传效果以外,更重要的是要获得游客良好的口碑宣传。因此,广告宣传既要有绘声绘色的现场描述,更要实事求是,语言中肯,符合事实,真实性是旅游广告宣传的生命线。例如,河南嵩山少林寺的少林武术是中国功夫的代表,太极拳也发源于河南温县陈家沟,因此,河南省用"中国河南:功夫的摇篮"来进行旅游宣传就显得真实贴切。

(2) 针对性原则

由于旅游者的文化背景不一,年龄不同,职业背景复杂,喜好各异,要吸引到更多的旅游者,广告宣传只有研究游客心理,研究客源市场的组成层次、需求内容,以便有计划、有目标地进行旅游产品广告宣传的策划,才能对潜在的旅游客源市场产生较好的影响，切实引起旅游者注意，提供满足游客感兴趣的内容，形成较强的吸引力。例如，在北极冬天会出现极夜现象，一般情况下这是开展旅游的不利因素，而荷兰一家旅行社针对新婚夫妇旅游市场进行市场开发，打出了"请到北极来度蜜月吧，因为这里的夜长达24小时"的宣传口号，变不利为有利，市场效果良好。

（3）形象性原则

要满足人们的旅游需要，首先要激发、调动人们的旅游产品购买动机。广告宣传通过通俗易懂、生动的语言描述，引人入胜的场景画面，一系列创意构思，激发人们丰富的想象力，使旅游产品的形象油然而生，并深深印在游客的脑海中，促使游客在确认购买旅游产品的过程中，由旅游动机转化为购买行为。例如，杭州"人间天堂"之誉多半是因为西湖的存在，白居易的诗句"未能抛得杭州去，一半勾留是此湖"就说明了西湖旅游在杭州的重要地位。杭州打出了"中国杭州：平静似湖，柔滑似丝"宣传口号，形象地展示了江南的柔美、温婉特色。

（4）创新性原则

求新、好奇是人们进行旅游的重要动机之一，身在其中的景观不会引起人们的注意，旅游资源的不断开发和利用，为旅游广告宣传注入了新的生命活力，广告宣传要不断充实完善，推陈出新。广告宣传的设计新颖别致，才能引起世人的关注，起到促销旅游产品的作用。例如，黑龙江针对冰雪旅游打出了"激情燃烧在零下20度"。"黑龙江：最酷（cool）的省"的宣传口号；又如，湖北利川针对"火炉"重庆避暑市场推出"重庆42℃，利川24℃，热！到利川凉快去！"的广告语。这些广告新颖别致，富有吸引力。

（5）及时性原则

旅游行业是非常敏感和脆弱的行业，它的发展受到政治、经济、自然等因素的影响。人们的旅游活动只有在相对稳定的社会环境中才能进行，而社会环境的千变万化，会对旅游经济产生决定性的影响，因而旅游广告宣传必须抓住有利时机进行，一旦时机错过，便会丧失旅游产品的促销机会。根据旅游产品的广告宣传原则，在旅游产品的促销活动中，应该真实、生动、灵活地利用各种广告形式和宣传途径，进行立体的、全方位的广告宣传，激发旅游客源潜在市场的旅游动机，从而对旅游产品的促销活动产生巨大的作用，扩大旅游产品的知名度和占据旅游市场更多的客源份额。2003年"非典"过后，针对国际旅游市场萧条的现状，中国打出了"中国，魅力永存"的宣传口号，对改变中国旅游形象、恢复国际旅游市场起到了极大的推动作用。

（6）人性化原则

旅游广告直接作用对象是潜在的或者是现实的游客，因此旅游广告要注意广告的亲和力。例如，夏威夷针对国际旅游市场打出了"夏威夷：微笑的群岛"的宣传口号，加拿大打出了"加拿大：越往北越使你温暖"的宣传口号，极具亲和力，能够引起游客心理上的认同和好感。

8.6 旅游公共关系策划

8.6.1 旅游公共关系的界定

从旅游业的角度来界定公共关系，我们可以把它定义为：旅游公共关系就是旅游业以自己潜在的和现实的游客为中心，以现代传播沟通为媒介，通过塑造自身良好形象，使自己与潜在的和现实的游客及社会环境相互适应、共同发展的一种经营管理理念和经营管理活动。

由于旅游业具有很强的综合性，旅游产品的营销需要社会各方面的协作；同时，在激烈的旅游市场竞争中，旅游目的地的形象好坏直接影响着旅游目的地本身产品的销售。因此，利用旅游公共关系加强与旅游市场的沟通与交流，树立良好的社会形象就显得十分的重要。

旅游公共关系与旅游推销有着非常密切的联系，也有一定的区别。旅游公关和旅游推销的区别是：旅游公关"推销"的主要是旅游形象，旅游推销的则是旅游产品和服务。两者活动的目的不同，两者作用的时效也不同。

8.6.2 旅游公共关系的主要活动

（1）联系新闻界

官方的新闻媒体报道对于目标旅游市场来说，往往比旅游目的地自身单纯的广告宣传更具有可信赖性。因此，作为旅游目的地来说，需要紧密联系新闻界，积极为新闻界提供更具价值、更有吸引力的新闻信息，吸引目标旅游市场对旅游目的地产品和服务的高度关注。

（2）产品宣传

旅游目的地提供的各种旅游产品和服务需要不断地推向市场，因此，需要通过各种节事活动、推介活动进行宣传推销，这样能够在一个较短的时期内达到一个轰动性的效应，迅速扩大旅游产品的知名度。

（3）形象宣传

旅游是一项综合性的活动，整体性非常强，目标客源市场一般比较偏重于选择特色鲜明、主题明确的目的地进行旅游活动。因此，需要对目标客源市场进行良好的形象宣传，使目标客源市场对旅游目的地有一个总体的评价和良好的印象。

（4）咨询服务

目标客源市场在进行旅游活动之前，一般会对旅游目的地有一个比较详细的事前了解。针对目标客源市场提出的产品价格、产品特色、产品形象等各种问题，在进行旅游公共关系操作的时候，就需要提供优质的服务，进行耐心而又详细的解答。

（5）处理危机

由于旅游目的地在客观上和主观上存在着许多难以预料的因素，因此，在旅游过程中出现种种危机在所难免，这就需要灵活应变可能出现的不利问题，消除隐患，减少负面影响，化不利为有利。

这些主要公关活动可以借助于出版物、节庆活动、新闻、演讲、公共服务活动等方式来进行。

8.6.3 旅游公共关系活动过程

旅游公共关系是一个活动过程，这一公共关系的过程包括调研、建立营销目标、界定目标群体、选择公关信息和工具并实施计划以及公关效果评价5个步骤。

(1) 调研

旅游目的地在进行公关活动之前，必须全面把握旅游目的地的使命、目标、战略和文化，并能够对各种信息进行分析整理，预测未来的发展趋势，从而确定公关的活动机会。

(2) 建立营销目标

任何公关活动都应确立相应的具体的公关活动目标。如通过媒体的新闻报道引起目标市场对旅游产品、服务等方面的关注，从而建立旅游目的地的知名度；通过新闻报道树立旅游目的地的良好形象；通过公关活动激励中间商和员工；以及降低营销成本等营销目标。

(3) 界定目标群体

界定公关活动的目标群体非常重要，需要仔细研究需要影响到的目标市场群体；然后有针对性地根据这一目标市场群体的兴趣、爱好等特征，设置相应的公关主题和公关形象。

(4) 选择公关信息和工具并实施计划

针对界定的目标群体，就需要不断选择利用和制造出生动有趣、极具吸引力的公关信息。如通过举办有影响力的旅游学术交流会、聘请旅游行业大家演讲、组织新闻发布会等方式进行报道，吸引目标市场的眼球以图引起轰动。在此基础上，有效地实施营销性公关活动计划。

(5) 公关效果评价

由于公关活动和诸如旅游广告等促销活动通常是一起进行的，所以很难具体衡量公关活动的效果。如果不考虑其他促销活动的因素，单从公关方面来评价，可以通过公关活动在公众中的影响度、公关活动前后人们对旅游目的地知名度和态度等方面的变化、对旅游收入营业额的影响等方面来考虑。

【思考题】
1. 试述旅游营销策划的要义与基本理念。
2. 如何进行旅游市场需求和现状分析？
3. 说明旅游目的地促销的原则与策略。
4. 说明旅游目的地的促销方式，并举例说明。
5. 说明"酒香也怕巷子深"这句话在旅游营销中的含义。

【案例分析-1】

湖南旅游营销策划劲旅经典镜头

湖南旅游界许多策划堪称经典,强劲助推着湖南旅游大发展。黄龙洞股份有限公司总经理、凤凰古城旅游有限责任公司董事长叶文智先生等人,对旅游目的地大胆策划营销,舞长袖于青山绿水之间,在业界创造的许多奇迹,已经成为我国旅游策划界的一支劲旅,为业内人士叹服。让我们回眸一些经典镜头。

1998年4月17日,叶文智为张家界黄龙洞标志性景点"定海神针"投保1亿元保险,开了为资源性资产买保险之先河,在国内外产生强大的冲击波,黄龙洞美名远扬。

1999年12月8~11日,黄龙洞公司独家策划、出资2600多万元,成功组织和实施的以"穿越天门,飞向21世纪"为主题的张家界世界特技飞行大奖赛,实现了人类飞行史上驾机穿越自然山洞的伟大创举,国内外200多家媒体近500名记者现场采访,中央电视台、多家网络媒体全程直播,世界上好几亿观众目睹了这一历史性的时刻。该项活动的成功举办,让张家界以及湖南这片神奇的山水通过"天门洞"这条时空隧道,通过中央电视台的卫星及其他媒体的传播,迅速飞出中国,飞向世界。该项活动已成为中国旅游界策划和举办大型宣传促销活动的成功典范。

2001年叶文智又以8.3亿元获得了湘西凤凰古城等八大景点50年的经营权,合同一签,他立即启动新一轮的宣传攻势。2002年耗资千万的中韩围棋邀请赛"以人为棋子、地为棋盘",将有2000年历史的围棋文化演绎到一个新的高度。同时,他又投资1000万元建立了一个旅游推介网站,并再版沈从文系列小说、借黄永玉的画展、谭盾的音乐会、宋祖英的MTV拍摄等在凤凰古城举行的文化盛事进行营销,将凤凰古城的文化底蕴提升,将凤凰融进沈从文的书里、黄永玉的画里、宋祖英的歌里,文化凤凰变得可观赏、可聆听。叶文智因此被评为"2002年度中国旅游的风云人物"。从此中国乃至世界上的人们记住了"天下凤凰"的名字。

为整体打造湖南旅游形象,2005年他又投资110万美元,在日本爱知世博会上通过音乐、书画、围棋营销湖南。他说:这个活动,公司很难有直接收益,但是湖南作为目的地被世界各国代表和媒体所传播,来湖南的游客多了,自然会让我们公司受益。

除了叶文智外,品牌策划专家刘汉洪、刘汉清、欧阳斌在业界也是响当当的人物。2003年,金庸先生出任"五岳联盟"的盟主,中国五岳首次统一成整体对外促销,引起国内外华人和几亿金庸迷的高度关注。曾经在南岳生活工作了多年的刘汉洪、刘汉清、欧阳斌对南岳宣传促销倾注了大量心血,南岳衡山的旅游促销也非常成功,他们先后协助南岳衡山策划了南岳庙会、高僧出任中国第一位首席品牌导游、做一天和尚念一天经宗教体验游、万人同品万寿饼等活动,将南岳品牌促销推向高境界。刘汉洪等策划的"五岳联盟"入选2003年度中国旅游十大事件。

大手笔营销为湖南旅游产业发展插上了翅膀。叶文智在张家界策划组织的这一系列活动,对于黄龙洞乃至张家界所产生的深远意义是不言而喻的。1997年,黄龙洞的旅游人数不到30万,而到了2001年,游客人数已飚升到77万,2002年达到85万人,收入5500万元。五年间黄龙洞给当地政府带来直接收入1.1亿元。举行飞越天门洞的活动后,张家界旅游总收入由当年的12.6亿元上升到2000年的19.7亿元,2002年突破33亿。

通过一系列旅游营销,凤凰的旅游总收入一路劲升。从2001年到2004年,凤凰新增1.6万个就业岗位,旅游总收入增长了20倍,到2004年年底达到4亿多元。农民种植的生姜,原来每千克1元左右,现在达到了5.7元。在凤凰举行的"棋行大地"旅游营销活动,创造了世界唯一的也是最大的永久性围棋棋盘,每两年举行一次棋赛,对围棋爱好者众多的韩国、日本影响深远。2004年,来张家界和凤凰古城的韩国、日本游客有近50多万人次。同时,通过"棋行大地"旅游营销,将张家界山水和凤凰文化有机结合,与同质的黄山、九寨沟相比,大大增加了湘西旅游产品的竞争力。

南岳的一系列营销活动连续几年打造的"寿岳"品牌逐渐深入人心,成为南方几省的宗教文化旅游中心,每年游客络绎不绝。从2002年到2004年,南岳的旅游总收入分别为8.8亿元、9.3亿元、10.8亿元,尤其是2003年,旅游业遭受"非典"重创之后,绝大多数的旅游景区一片冷清时,南岳旅游却非常火爆,旅游总收入比上年增长5%。

【案例分析-2】

高僧出任中国第一位首席品牌导游

2003年2月上旬,南岳衡山正在积极申报参加"中国旅游报·2002年度中国旅游知名品牌"评选活动,为了配合申报中国旅游知名品牌的评选,需要开展一些活动造势,以吸引人们的注意力,博得2002年度中国旅游知名品牌评委会的好感。有鉴于此,湖南南岳区旅游局邀请了旅游策划专家刘汉清先生进行旅游策划活动。

刘汉清先生为南岳区旅游局策划了《2003年中国南岳衡山旅游品牌活动日策划方案》,大胆构想,反弹琵琶,建议中共南岳区委、南岳区人民政府将2003年2月17日定为"2003年中国南岳衡山旅游品牌活动日",开展以"聘请高僧(释大岳法师)出任中国南岳衡山首席品牌导游"为主打项目的旅游活动。策划以敢为人先,以四两拨千斤,出奇招而制胜,开全国之先河,打造了"中国旅游公关第一人"。此策划在思想、概念、方法、传播等方面都有创新,一箭双雕,步步皆赢,提升了衡山旅游形象,创造了一张名牌,传播了一座名山。此策划在全国引起轩然大波,轰动了海内外,堪称公关营销策划创新的经典之作。

上述这些成功的案例,对中国旅游策划界很有启迪。策划难在创意,贵在创新。陈旧雷同、缺乏新意已经成为当前我国旅游公关与营销策划中的通病,如何尽快走出这一怪圈,值得我们每一个旅游策划工作者深思。

【案例分析-3】

长城饭店传总统要闻声振海外

1983年，中国第一家五星级宾馆，也是第一家中美合资的宾馆——北京长城饭店正式开张营业。开业伊始，面临的首要问题就是如何招揽顾客。按照通常的做法，应该在中外报刊、电台、电视台做广告等。这笔费用是十分昂贵的，国内电视广告每30秒需数千元，每天需插播几次，一个月最少需要几十万元。但由于北京长城饭店的基本客户来自香港、澳门及海外各国，这就需要海外的宣传，而香港电视台每30秒的广告费最少是3.8万港元，若按内地方式插播，每个月需几百万元人民币。至于外国的广告费，一个月下来更是个天文数字了。一开始，北京长城饭店也曾在美国的几家报纸上登过几次广告，后来因为经费不足，收效又不佳，只得停止广告攻势。

广告攻势虽然停止了，北京长城饭店宣传自己的公关活动却没有停止，他们只不过是改变了策略。北京市为了缓解八达岭长城过于拥挤之苦，整修了慕田峪长城。当慕田峪长城刚刚修复、准备开放之际，北京长城饭店不失时机地向慕田峪长城管理处提出由他们来举办一次招待外国记者的活动，一切费用都由北京长城饭店负担。双方很快便达成了协议。在招待外国记者的活动中，有一项内容是请他们浏览整修一新的慕田峪长城，目的当然是想借他们之口向国外宣传新开辟的慕田峪长城。这一天，北京长城饭店特意在慕田峪长城脚下准备了一批小毛驴。毛驴是中国古代传统的代步工具，既能骑，也能驮东西。如果长城、毛驴被这些外国记者传到国外，更能增加中国这一东方文明古国的神秘感。这次北京长城饭店准备的毛驴，除了一批供愿意骑的记者外，大部分是用来驮饮料和食品。当外国记者们陆续来到山顶之际，主人们从毛驴背上取下法国香槟酒，在长城上打开，供记者们饮用。长城、毛驴、香槟、洋人，记者们觉得这个镜头对比太鲜明了，连连叫好，纷纷举起了照相机。照片发回各国之后，编辑们也甚为动心。于是，第二天世界各地的主要报纸几乎都刊登了慕田峪长城的照片。北京这家以长城命名的饭店名声也随之大振。通过这次活动，北京长城饭店的公关经理、这位当过记者的美国小姐，尝到了通过编辑、记者的笔头、镜头，把长城饭店介绍给世界各国，不仅效果远远超过广告，而且还尝到可少花钱的甜头。于是，精明的公关小姐心中盘算起举办一次更大规模的公关活动。

机会终于来了。1984年4月26日到5月1日，美国总统里根将访问中国。北京长城饭店立即着手了解里根访华的日程安排和随行人员。当得知随行来访的有一个500多人的新闻代表团，其中包括美国的三大电视广播公司和各通讯社及著名的报刊之后，北京长城饭店的这位公关经理真是喜出望外，她决定把早已酝酿的计谋有步骤地付诸实施。

首先，争取把500多人的新闻代表团请进饭店。他们三番五次免费邀请美国驻华使馆的工作人员来长城饭店参观品尝，在宴会上由饭店的总经理征求使馆对服务质量的意见，并多次上门求教。在这之后，他们以美国投资的一流饭店，应该接待美国的一流新闻代表团为理由，提出接待随同里根的新闻代表团的要求，经双方磋商，长城饭店如愿以偿地获得接待美国新闻代表团的任务。

其次，在优惠的服务中实现潜在动机，长城饭店对代表团的所有要求都给予满足。为了使代表团各新闻机构能够及时把稿件发回国内，长城饭店主动在楼顶上架起了扇形天线，并把客房的高级套房布置成便利发稿的工作间。对美国的三大电视广播公司，更是给予特殊的照顾。将富有中国园林特色的"艺亭苑"茶园的六角亭介绍给CBS公司、将中西合璧的顶楼酒吧"凌霄阁"介绍给NBC公司、将古朴典雅的露天花园介绍给ABC公司，分别当成他们播放电视新闻的背景。这样一来，长城饭店的精华部分，尽收西方各国公众的眼底。为了使收看、收听电视、广播的公众能记住长城饭店这一名字，饭店的总经理提出，如果各电视广播公司只要在播映时说上一句"我是在北京长城饭店向观众讲话"，一切费用都可以优惠。富有经济头脑的美国各电视广播公司自然愿意接受这个条件，暂当代言人、做免费的广告，把长城饭店的名字传向世界。

有了这两步成功的经验，长城饭店又把目标对准了高规格的里根总统的答谢宴会，要争取到这样高规格的答谢宴会是有相当大难度的，因为以往像这样的宴会，都要在人民大会堂或美国大使馆举行，移到其他地方尚无先例。他们决定用事实来说话。于是，长城饭店在向中美两国礼宾司的首脑及有关执行部门的工作人员详细介绍情况、赠送资料的同时，把重点放在了邀请各方首脑及各级负责人到饭店参观考察上，让他们亲眼看一看长城饭店的设施、店容店貌、酒菜质量和服务水平，不仅在中国，即使是在世界上也是一流的。到场的中美官员被事实说服了，当即拍板，还争取到了里根总统的同意。获得承办权之后，饭店经理立即与中外各大新闻机构联系，邀请他们到饭店租用场地，实况转播美国总统的答谢宴会，收费可以优惠，但条件当然是：在转播时要提到长城饭店。

答谢宴会举行的那一天，中美首脑、外国驻华使节、中外记者云集长城饭店。电视上在出现长城饭店宴会厅豪华的场面时，各国电视台记者和美国三大电视广播公司的节目主持人异口同声地说："现在我们是在中国北京的长城饭店转播里根总统访华的最后一项活动——答谢宴会……"在频频的举杯中，长城饭店的名字一次又一次地通过电波飞向了世界各地，长城饭店的风姿一次又一次地跃入各国公众的眼帘。里根总统的夫人南希后来给长城饭店写信说："感谢你们周到的服务，使我和我的丈夫在这里度过了一个愉快的夜晚。"通过这一成功的公关活动，北京长城饭店的名声大振。各国访问者、旅游者、经商者慕名而来；美国的珠宝号游艇来签合同了；美国的林德布来德旅游公司来签订合同了；几家外国航空公司也来签合同了。后来，有38个国家的首脑率代表团访问中国时，都在长城饭店举行了答谢宴会，以显示自己像里根总统一样对这次访华的重视和成功的表示。从此，北京长城饭店的名字传了出去。

——文章来源于企业培训网，www.gctmba.com

【案例分析-4】

深圳情旅·阳朔有约

深圳国旅新景界与阳朔县旅游局等针对未婚青年推出的"深圳情旅——阳朔有约"

活动，取得很大成功。深圳是一个精英汇聚的移民城市，但平日的工作繁忙，使得不少年轻人都疏于感情生活，大龄中青年的择偶问题已经成为一个受到普遍关注的社会问题。为此，深圳国旅新景界与阳朔县旅游局、《深圳晚报》及深圳电视台《天下行》栏目联合推出了"旅游+交友"模式的"情旅"活动，为深圳广大的单身男女提供一个爱情缘起的机会，一个改变人生的机会。"深圳情旅·阳朔有约"主题交友活动经过精心策划，可以说是周末假期大利用，周五下班后出发，周一还能准时上班，不影响工作。活动以深圳市青年男女为主角，通过举办"跋山涉水验真情""榕树绣球姻缘""情醉西街酒吧""谁上我的自驾车""车上一见钟情""竹筏山歌对唱""家庭厨艺比赛""吹吹枕边风""车上趣味操""乱点鸳鸯谱""情旅速配大写真"等丰富多彩、充满浪漫情趣的节目，让青年游客在哈哈大笑里忘却所有平日里的压力和疲惫，释放一个真正的自我。而等真情流露的一系列活动，会让游客在饱览沿途河谷村寨相连、鸡犬相闻、袅袅炊烟的田园风光的同时，犹如走进世外桃源和进入温柔梦乡之中。更让繁忙的深圳青年男女在美丽的阳朔旅游、交友一举两得。此外，也让美丽的阳朔风光走进深圳人的视野，以促使更多的深圳人来阳朔旅游。

【案例思考题】

1. 上述 4 个的案例对你有什么启示？
2. 为什么说策划难在创意，贵在创新？
3. 深圳国旅新景界等推出的"深圳情旅·阳朔有约"活动采取的是什么营销策略和营销方法？试分析说明。

第9章 文化与旅游策划

【本章概要】

本章论述了文化与旅游策划的关系；阐述了文化在旅游策划中应用的基本问题；指出了文化在旅游策划中的应用领域；分析说明了不同类型旅游地的文化策划和区域旅游的文化策划方略。

【教学目标】

认识文化与旅游策划的关系；了解文化在旅游策划中的应用领域；掌握不同类型旅游地的文化策划方法和区域旅游的文化策划方略。

【关键性术语】

文化导向；文化主题定位；附会文化；文化融入；旅游区域；旅游文化品牌

9.1 文化与旅游策划概述

文化是旅游的灵魂，同时文化也是一种潜在的旅游产品，如何发掘文化精华，将文化的潜在价值转化为旅游产品，提高旅游开发的文化品位，是旅游策划和旅游开发研究的一个重要课题。

旅游开发一项重要工作是文化特色的发掘和主题定位，即"找魂"，然后是研究其展示的途径和文化资源转化为产品的可行性与转化途径，在此基础上提出旅游文化开发的实施方案。这都需要进行旅游策划。

旅游策划（或旅游开发）者的旅游文化底蕴直接影响到旅游策划（或旅游开发）的质量与品位。

以往的研究认为旅游文化是人类文化成果在旅游活动中反映出来的观念形态及其外在表现。实际上旅游文化是包含于旅游客体、旅游介体、旅游主体以及旅游审美活动中的各种物质与精神文化现象的总和，由景观文化、服务文化和审美文化3个层次的内容构成。

学术界普遍认为，现代旅游实际上是一项以精神文化需要和身心自由的愉悦体验为核心的社会文化现象，文化是旅游的灵魂。

现在的旅游活动、旅游策划、旅游规划、旅游开发、旅游产品、旅游研究皆过份偏重经济、过于功利，最大的问题是缺少文化，有些"魂不附体"，需要"找魂"。目前往往许多旅游文化的潜在价值没有被发掘或是低层次利用，有的甚至是破坏性利用。尤其是普遍忽略审美文化，而把审美文化看成是旅游者个人的事，没有作为旅游文化建设的整体予以考虑。总体来说，旅游文化在旅游策划与开发的研究和应用比较薄弱。

9.2 文化在旅游策划中应用的基本问题

（1）文化导向

旅游策划的文化导向即确定旅游文化主格调或旅游文化开发方向。重点是确定旅游的文化属性和审美价值。正确的文化导向是保证旅游资源永续利用的前提。否则，旅游风景区的城市化、公园化或文化旅游区的时尚化、商业化都将使之失去持续发展的可能。

（2）文化主题定位

文化主题是景区建设的核心，不论是自然景观还是人文景观，都有其确定的主题或由人为提炼、设计的主题。总体来讲，旅游地的文化个性越鲜明，主题越突出，越具有特色。如三峡车溪景区开发的文化主题是农耕文化与民俗文化，宜昌大老岭森林公园开发的文化主题是生态文化与养生文化。

（3）文化内容策划

旅游区的文化内容策划应该围绕着一定的文化主题拓展。丰富有趣、格调高雅的文化内容使文化主题有血有肉。例如，三峡车溪景区开发的水车文化内容策划。

围绕着自然景观的内容设计既要避免单纯枯燥的科学解说，又要避免大量庸俗化的神话附会，而应以景观美学和科学美学为主线，适当加以附会文化的点缀，营造必要的文化载体点睛建筑。

9.3 文化在旅游策划中的应用领域

旅游策划和旅游开发在某种角度上是一种文化构建，文化在旅游策划和旅游开发中不但地位重要，而且运用领域广阔。

9.3.1 旅游资源开发

研究文化，有利于旅游资源的科学评价与开发，只有准确把握旅游资源的文化内涵与外显方法以及掌握旅游文化的客观规律，将旅游开发根植于文化的土壤之中，才能使开发出来的旅游产品受到旅游消费者的欢迎，从而具有市场竞争力与生命力。作家张贤亮在银川西郊镇北堡策划经营的华夏西部影视城(图9-1)，把一片荒凉地、两座废古寨堡变成颇有吸引力的旅游精品，这是将文化与旅游开发有机结合的典范。在这里，文化起了点石成金和化腐朽为神奇的作用。

图 9-1　华夏西部影视城

这一事例启示我们，在市场经济与知识经济时代，只有牢牢把握文化内涵这一主题，才能开发出有强大吸引力与长久生命力的旅游产品。如何将文化与旅游资源开发结合，我们不妨以建筑文化旅游资源和宗教文化旅游资源开发的策划为例简要说明。例如，建筑文化旅游资源的开发策划，关键在于用适当的方式来表现蕴藏其间的文化内涵或"意境"，追求应有的文化品位，在形式与内涵的统一和建筑与自然环境、历史文脉的和谐上做好文章，这就对规划师的文化素养提出了较高的要求。宗教文化旅游资源的开发，仅停留在寺庙、宫观、神祇修复的外在建设上是不够的，这只是一种浅层次的开发，更重要的是应在文化内涵的合理选择与科学发掘上下工夫。力求将宗教文化中最本质最宝贵最善美最感人的精神品格发掘出来，将其外显，使之物化，并通过旅游解说系统的信息传递，使游客目睹、耳闻、心悟、神会。旅游资源开发尤其是人造景观的建造，还应充分重视地域文化背景与跨文化分析，利用文化异同吸引原理进行市场营销，避免犯一些有悖文化常识的错误。将文化自觉地运用于旅游开发，具有开阔视野、发掘深度、把握文脉、创新产品以及更好发挥旅游开发效益等重要作用。而忽视文化，只能使旅游开发在质上徘徊于低层次、粗糙和浅薄状态。单纯从经济或技术的角度去搞旅游开发，路子只会越走越窄。

9.3.2　旅游地形象设计与塑造

旅游地形象设计是旅游策划和旅游开发与规划中的重要内容之一，其关键是把握地方文脉，提炼出旅游地的整体形象并进行 CIS 导入。这项工作的完成，需要旅游策划师、规划师具有较高的文化素养和一定的形象策划能力，否则，就难以对旅游地的历史、地理、文化现象与文化密码进行解读和破译，从而准确地把握文脉，提炼出应有的旅游形象和形成核心理念(MI)并科学定位。没有一定的文化修养，也谈不上进行 BI、VI 等系统的形象设计与塑造。在我国的旅游规划中，不少旅游地的形象定位与策划是比较成功的，如浙江的"诗画江南，山水浙江"；宁夏的"神奇宁夏，西部之窗"；山西的"晋善晋美"；海南的"柳风海韵"；安徽宏村的"中国画里乡村"；车溪的"梦里老家"等。这些旅游形象的理念识别，若缺乏一定的文化功底显然是很难提炼出来的。但更多的旅游地形象策划与塑造是不尽如人意的，与文化品位上的要求相去甚远。此外，旅游地形象策划中宣传促销口号的拟定也是文化素养要求较高的领域。如深圳华侨城的"锦绣中华""世界之窗"推出的"一步跨进历史，一天畅游中国""您给我一天时间，我给您一个世界"的宣传促销口号，就充分显示了策划师深厚的文化知识涵养和对游客文化心理的准确把握。

9.3.3 旅游景观设计

旅游景观设计是旅游策划和旅游开发规划中的硬件内容，它需要景观学、文化学、美学理论的支撑，是文化在旅游开发中的用武之地。优秀的旅游策划师、规划师，除要求具有较扎实的专业知识功底外，还要求具有较高的旅游文化素养与美学修养。作为一名合格的中国旅游策划师、规划师，应该了解我国"天人合一"等优秀传统文化，甚至包括建筑风水等知识，并自觉地将其精华部分运用于旅游景观设计之中。"天地人和"是旅游景观设计的最高境界追求。缺少旅游文化素养的策划师、规划师很难策划、设计出有创意的有生命力的旅游景观。此外，旅游项目策划与组织如旅游节庆、会展等，文化也大有用武之地。

总之，旅游策划与旅游开发离不开文化。搞旅游开发，做旅游策划，从某种角度上讲就是请一批独具慧眼的高手用"文化"来放飞思想、演绎旅游，用"智慧"来"指点江山，激扬文字"。

9.4 不同类型旅游地的文化策划

9.4.1 自然风光旅游地的文化策划

与人类文明创造的人类文化相对而言，人类在认识自然的过程中发现的自然界固有的形态、品质、结构、规律、运动变化与相互联系以及审美特征等应属于自然文化的范畴。自然风光为人类所发现、所认知、所审美，自然景观为人们所开发利用，具有"自然的人化"的特征，也可以称为自然文化。

（1）自然景观的科学内涵发掘

人类从诞生以来无时无刻不在认识自然，也无时无刻不想了解自然之谜。古往今来，人们热爱自然、回归自然，力求与自然谐调统一，除了寻求某种超脱与自由之外，也反映了人类对自然的认知需求。自然科学知识，至少是其一部分转化为旅游产品并不困难。因此，自然景观的开发应注重科学内涵的发掘（如溶洞、石林、天坑、地缝等旅游景观）。

（2）自然景观的美学内涵发掘

自然美学是人类在与自然长期共存过程中沉淀的美学认知结晶。自然美的文化内涵是人类自然审美感受的总结与升华。例如，山水文化就是人类对山水美认知感受的结晶。"天地有大美而不言"，"万物有成理而不说"（见《庄子·天道》），也是说天地万物之美、之理，要由人来总结。虽然自然美是人类认知的产物，但却是自然界美的客观存在，不以人的意志为转移，只是仁智有别（如"仁者乐山，智者乐水"）。

对于旅游者来说，欣赏自然美，依个人的美学素养（或审美素质）、审美情趣、旅游时间及地点等的不同而不同。美学素养或审美素质与知识结构、美学修养、处理信息和调动情感的能力等个人素质有关；审美情趣由个人的参与意识（即是否将身心投入于自然，与自然沟通、对话)、人生观、胸怀志趣、心境等方面的因素构成，不同情趣与境界的人均会触景生情，借自然以抒情怀，有的言志，有的明理，有的喻情，有的逸世等。而旅游时间一则为时相的选择，如一日之晨昏，一年之四季可有不同景色；二则为时机的选择，如不同的天气状况下可见不同的景色；三则为时段的长短，匆忙浏览和长时间地静心游赏的感受自然不同。

旅游策划与开发规划应当注意审美的需要，发掘有助于审美的要素并予以审美引导。审美要素即景观的视点、视角、距离、时间的安排，以求把最美的侧面和最美的瞬间留给游人。审美引导即是发掘景物的审美价值与美学特点，以不同方式传递给旅游者，作为审美导向，引发其审美思维，变化成其自身的审美感受。相反，不加引导或引导有误，则削弱其审美价值。

(3) 自然景观的附会文化资源的发掘利用

附会文化是指那些本不是自然所固有，而是人的意志所赋予自然的一种文化现象。即人类将自然事物作为某种精神理念或情感的载体，从而使自然人格化、理想化或神化。

附会文化的产生可以认为是人类认识自然的一种初级形态。在人类不能解释自然现象的早期阶段，自然事物往往被认为是某种意志的产物或化身，从而许多事物被神话，并随历史演变其神秘性有增无减，许多延续至今。其中比较典型的如自然崇拜、风水学说、自然事物的宗教色彩等，有相当一部分品位高雅或有一定的积极意义，演变为优美的传说或故事，从而使自然事物带有灵性，丰富了自然文化内容。

中国旅游文化有着浓厚的附会传统，其主要种类有：因形而附会(如三峡的"神女峰")、因音近而附会(如黄州赤壁原名赤鼻矶)、因神似而附会(如安徽采石矶旁的捉月亭)、因误解空间而附会(如山西汾阳的"杏花村"原址在安徽贵池县)、因误读古书而附会(如南京的"莫愁湖"，莫愁女的真正故乡在湖北钟祥)。这些附会做法虽然为某些文化人士所不齿，但在普通的旅游者中间却大有市场。对自然景观的附会文化资源的发掘利用是很有必要的，但要注意科学、合理适度。

9.4.2 人文景观旅游地的文化开发

人文景观是地域文化的历史沉淀，是人类文明创造的物质文化与精神文化的直接表现。如历史胜迹、建筑艺术、宗教文化、文学艺术、民俗风情等。但是围绕着人文旅游区和旅游点的建设，能否真实于它原有的传统文化特色成为其能否保持生命力的关键所在。人文景观旅游地的文化策划应突出以下特性。

(1) 民族性

民族性是区域文化异向发展的产物，形成区域文化的差异性。旅游者决策行为研究表明，与旅游者所在地文化差异越大的区域往往越易于被选择。文化开发的民族性就是以发掘民族的个性文化为目标，营造一种异域、异族风情。

(2) 艺术性

艺术的生命力超越了时空限制，不仅古老的艺术遗产受到人们青睐，现代的艺术之作也将获得持久的生命力。不论何时，旅游文化的开发都应重视其艺术品位的提高。例如，桂林的《印象刘三姐》，杭州的《印象·西湖》，大理的《蝴蝶之梦》，威海的《神游华夏》，宜昌的《梦·三峡》《楚水巴山》《盛世峡江》《巴山舞》等旅游文化产品开发的成功，与艺术品位较高有一定关系（图9-2、图9-3）。

图9-2　《印象·刘三姐》旅游演艺

图9-3　《印象·西湖》旅游演艺

(3) 神秘性

神秘性不完全是宗教文化的范畴，诸如阴阳五行、太极八卦、风水学说等东方神秘文化遗产，在相应的载体上都具有旅游开发价值。中国许多人文景观或多或少渗透着神秘文化成分，这种神秘性也是一种永恒的旅游吸引力（如道教文化等）。

(4) 特殊性

特殊性是文化个性，旅游的生命力在于特色，因此旅游文化开发强调个性的塑造。文化开发应体现"特化"思想，即将其原有的特色通过一定的策划与建设使其更"特"。尤其是随着社会发展，趋同的地域文化更需要"特化"。

(5) 传统性

传统性是文化历史价值的体现，能形成传统则说明其历史文化的生命力，旅游开发中更应保持其传统性，防止内容策划的从众化、趋同化和过份时尚化。

9.5　旅游区域的文化策划

区域发展是文化内容层层积淀的过程，特色景观是时代进程的标记，反映某个时代特定地域、特定文化土壤和社会经济条件下生产方式、生活方式、思维方式、风俗习惯以及社会心理的需要，因此做好旅游区域的文化策划对于提高旅游开发质量与品位具有重要作用。

9.5.1 特色发掘与主题定位

地域特色的发掘和文化主题的提炼以及旅游形象的定位是区域旅游文化策划与开发的关键。这方面比较成功的例子，如江西：红色摇篮，绿色家园；湖北：神奇江山，浪漫楚风；洛阳：千年帝都，牡丹花城；神农架：神；武当山：灵。

9.5.2 文化资源转化的可行性识别

文化资源向旅游产品转化的过程，实际上是旅游区文化设计的实施过程。旅游文化策划与设计必须考虑文化资源的可开发性，即这种资源转化为旅游产品的可能性与程度。湖北的楚文化资源十分丰富，但能转化为旅游产品的不一定很多，这就需要进行旅游文化的识别。

9.5.3 文化旅游产品的开发策划

（1）产品打造

本着尊重事实、尊重历史、传承文化、锐意创新的原则，根据旅游需求和创造名牌的目标，对地域文化资源去粗取精、提炼升华、加工制作，使其地方特色进一步"特化"，并加以良好的"包装"，这是将旅游文化资源开发转化为旅游产品的必要手段。

（2）文化融入

旅游文化策划与开发主要是进行文化包装，把地方的民间文化、民俗文化、历史文化以及建筑艺术、园林艺术、工艺美术、装饰艺术、环境艺术等融入旅游区建设之中，全方位强化旅游区的文化因素。区域文化旅游产品的开发策划应将文化有机融入。

（3）氛围营造

氛围营造就是营造区域旅游文化氛围。如利用音乐文化、饮食文化、宗教文化、营造黄土高原、青藏高原的旅游文化氛围。旅游文化氛围营造对旅游产品的消费体验起着相当重要的作用，但这是目前我国区域旅游策划与区域旅游产品开发工作中普遍比较忽视的问题，今后应加强这一薄弱环节。

9.5.4 旅游区域整体形象的塑造

旅游区域的文化策划中的一项重要工作是进行旅游区域整体文化形象塑造，做好文化包装策划工作。其工作步骤是：一是把握好旅游区域的文化导向，即确定旅游区域的文化主题，旅游开发应尽量围绕这个主题服务；二是深入发掘旅游区域的文脉和旅游形象的文化内涵，选择合适的形象定位方法（如领先定位法、比附定位法、空隙定位法等），做好旅游区域形象主题定位；三是进行旅游区域形象的创意设计，旅游区域形象策划的核心在于创意，创意是区域旅游文化开发与建设的关键；四是运用多种手段对旅游区域的形象进行全方位展示，将旅游区域形象的创意设计付诸实施。

9.5.5 旅游区域文化品牌的打造

品牌是旅游竞争制胜的法宝，区域旅游的文化策划应注重旅游品牌的打造。区域旅游文化策划的最高境界是品牌策划。目前区域旅游已进入品牌制胜的时代。策划专家陈放等人曾经对品牌做过这样的阐述："品牌的基础是产品，品牌的本质是创新，品牌的表现看包装，品牌的前面是形象，品牌的背后是文化，品牌的上面是广告，品牌的下面是服务，品牌的内部靠管理，品牌的外部靠营销，品牌的关键是特色，品牌的未来是性格。品牌打造应起一个好名字，有一个好的标识，一个经法律注册的商标，找对一个管道，有一个好的定位，制定一个好的目标，导入一个核动力，提出一句响亮的口号，具备一个优秀的文化。"这对旅游区域文化品牌的打造具有启发和借鉴意义。目前，我国旅游区域策划和旅游区域规划工作已经开始重视文化品牌打造，以发挥旅游文化品牌的辐射效应、龙头效应、整合效应、提升效应（图9-4）。

图9-4　品牌诠释

【思考题】

1. 为什么说文化是旅游的灵魂？
2. 文化在旅游策划中应用领域有哪些？
3. 试述不同类型旅游地的文化策划方略。
4. 如何进行区域旅游的文化策划？
5. 试对你熟悉的旅游景区(点)进行文化策划。

【案例分析】

三峡车溪民俗风景区的旅游文化策划与开发

三峡车溪民俗风景区位于宜昌江南的土城乡，距城区18km，总面积20km²，由石仙谷、巴楚故土园、蜡梅峡、农家博物馆、水车博物馆、天龙云窟、三峡车溪奇石馆、三峡民俗村、风洞、忘忧谷十大景区组成。

车溪原本是三峡地区很不起眼的一条偏僻的峡谷，其峡谷景观、天然溶洞、生态植被等自然景观在三峡地区算不上优势资源。策划者与开发者考虑到若仅仅以此为卖点，则必定无法形成差异化竞争力。只有将山水田园风光与三峡民俗风情结合在一起，从文化上做文章，才能取得成功。策划者与开发者从人性的角度出发，根据人们的"追忆、回归、寻梦"心理和当今游客回归自然、追溯历史、体验文化的旅游心理需求，提出"梦里老家"这一文化主题，策划了吊脚楼、石板屋、水车、磨坊、榨坊、槽坊、水磨、造纸作坊、酿酒作坊、制陶作坊、民俗歌舞表演、农家餐饮等项目，使游客在参观这些似曾相识的景观的过程中"重拾野趣，返璞归真"，通过积极参与来感受"梦里老家"的特殊韵味，体味三峡民俗文化。

围绕"梦里老家"这一文化主题，车溪风景区每隔一段时间重点推出一个新的项目。1997年开发了石仙谷等自然景观。1998年推出了"巴楚故土园"，该项目浓缩巴楚民俗遗风，汇集了古造纸作坊、酿酒作坊、制陶作坊。在这三个作坊中，有用竹子造纸、用泥巴制陶、用苞谷酿酒的全套工艺过程。整个生产过程的各个环节清晰可见，而且游客也可以参与生产，亲自领略古老制作工艺的精美与神奇。1999年推出"蜡梅峡"等植物景观，2000年，公司在收集游客反馈来的意见后完善了"巴楚故土园"，使之更具历史保护价值，从而也提升了这一产品的竞争力。2001年，景区又推出"农家博物馆"。该项目以"家"为形式，以"农"为题材，是反映土家文化的全国首个农家博物馆，同时也是全省第一家民办博物馆，更是全省第一家民俗博物馆，具有很强的艺术欣赏与历史研究价值。2002年，尝到了"博物馆"甜头的车溪开发者又重点推出"水车博物馆"。水车博物馆是全国第一家以水车为题材，动态展示水车演变历史的博物馆。水车博物馆中的展品允许游客触摸和使用，这一举措迎合了中青年游客追求个性、崇尚自由的需要，提升了产品的层次。2003年，推出了"人民公社旧址馆"，真实地再现了人民公社的历史。同年，景区还适时地推出了"三峡民俗村"。该项目再现旧时三峡地区的农村生活，是弘扬和传播三峡民间文化的窗口，也是三峡民俗文化研究的一个重要基地。而且，该项目也给车溪景区带来了丰厚的经济利益。

车溪景区由75万元起步，经过几年的接力开发，稳扎稳打，步步为营，经济效益持续攀升。在取得经济效益的同时还取得了良好的社会效益，为三峡文化的弘扬也做出了巨大贡献。现在车溪景区的市场竞争力日益增强，客源市场拓展至海外，景区的特色文化品牌越做越大。

三峡车溪民俗风景区的旅游开发很好兼顾了当地居民的利益，景区的20多户居民没有被迁出，而是融入其中，参与景区的经营，如开办家庭旅馆、农家乐餐馆、出售旅游商品等，旅游开发做到了造福地方百姓，兴地富民。

三峡车溪民俗风景区的旅游开发能较好地处理人与自然的关系，注重景区的生态设计和环境保护。景区的民居建筑都是清一色的具有山村传统民居风格的土木砖瓦房，严禁修建钢筋混凝土的小洋楼，建筑风格与环境十分和谐，乡村田园风光浓郁。

三峡车溪民俗风景区还非常注重景区旅游形象"窗口"——导游的文化培训和导游队伍建设。车溪的导游是清一色的三峡妹子，身着统一的地方特色服饰，纯真质朴，活泼可爱，能歌善舞，服务热情，是车溪景区的一道亮丽的风景线。

在正确的开发思路与理念的指导下，车溪景区已接待游客数百万人次，公司员工发展到 200 余人,而且为周边城乡居民创造了很多的就业机会,产生了巨大的经济效益、生态效益和社会效益。2000 年,车溪民俗风景区被评为"宜昌市旅游新十景";2002 年,湖北省民间文艺家协会授予车溪全省第一家(仅此一家)"民俗旅游点";2003 年车溪在中国网友节评选活动中荣获"新三峡十景"的光荣称号;2004 年,车溪被评为 AAAA 级旅游区。

【案例思考题】
1. 三峡车溪民俗风景区的成功开发对旅游景区开发建设有什么启示?
2. 民俗文化旅游资源开发策划应遵循哪些原则?
3. 三峡车溪民俗风景区开发的策划思路是什么?
4. 三峡车溪民俗风景区成功的关键是什么?

参考文献

包子. 2004. 深度聚焦旅游赢销[M]. 广州：广东旅游出版社.
保继刚. 1999. 旅游地理学[M]. 北京：高等教育出版社.
曹诗图. 2012. 新编旅游开发与规划[M]. 武汉：武汉大学出版社.
曹诗图. 2010. 旅游文化与审美[M]. 3版. 武汉：武汉大学出版社.
曹诗图. 2013. 哲学视野中的旅游研究[M]. 北京：学苑出版社.
曹诗图，袁本华. 2003. 论文化与旅游开发[J]. 经济地理(3)：405-408，413.
曹新向，等. 2005. 论旅游的体验化设计[J]. 郑州航空工业管理学院学报(社会科学版)(3)：43-45.
陈放. 2003. 中国旅游策划[M]. 北京：中国物资出版社.
陈南江. 1997. 从"百艺盛会""欧洲之夜"谈旅游景区娱乐走向[J]. 旅游学刊(2)：44-47.
EDWARD I. 2004. 旅游规划——一种综合性的可持续的开发方法[M]. 张凌云译. 北京：旅游教育出版社.
冯若梅，黄文波. 1999. 旅游业营销[M]. 北京：企业管理出版社.
冯钟平. 2000. 中国园林建筑[M]. 北京：清华大学出版社.
郭来喜. 2005. 大生态旅游引导中国创建世界旅游强国[R]. 首届中国生态旅游产品创新与旅游目的地规划研讨会. 2005-01-09.
韩勇，丛庆. 2006. 旅游市场营销学[M]. 北京：北京大学出版社.
何宇牧. 2006. 怎样增进你的策划能力[M]. 北京：科学出版社.
贾玉成. 2004. 风景区旅游线路的创新与设计[J]. 发展战略(10)：54-57.
蒋三庚. 2002. 旅游策划[M]. 北京：首都经济贸易大学出版社.
李维冰. 2004. 旅游项目策划[M]. 北京：中国商业出版社.
李庆雷. 2013. 旅游策划——理论与实践[M]. 哈尔滨：哈尔滨工程大学出版社.
李齐放. 2004. 群峰一线开——三峡地区企业管理案例[M]. 北京：中国财政经济出版社.
李振新. 2005. 对旅游产品开发的探讨[J]. 河南理工大学学报(社会科学版)(1)：33-35.
林峰. 2005. 绿维创景网. 旅游策划与旅游规划的区别 D/OL[2005-08-06]. www.lwcj.com.

刘汉清，刘汉洪．2003．策划为王——经典旅游策划实战范本解读[M]．长沙：湖南地图出版社．

刘友林．2002．实用广告写作[M]．北京：中国广播电视出版社．

刘振礼，王兵．2001．新编中国旅游地理[M]．天津：南开大学出版社．

罗长海．2003．旅游企业形象原理[M]．北京：清华大学出版社．

马勇，周霄．2003．WTO与中国旅游产业发展新论[M]．北京：科学出版社．

[美]苏姗．2002．现代策划学[M]．北京：中共中央党校出版社．

彭华．1998．关于旅游地文化开发的探讨[J]．旅游学刊(1)：42-45．

PHILIP K．2002．旅游市场营销学[M]．谢彦君译．北京：旅游教育出版社．

全华，王丽华．2003．旅游规划学[M]．大连：东北财经大学出版社．

沈祖祥．2005．旅游文化概论[M]．福州：福建人民出版社．

沈祖祥，张帆．2000．旅游策划学[M]．福州：福建人民出版社．

沈祖祥，张帆．2013．现代旅游策划学[M]．北京：化学工业出版社．

沈祖祥．2007．旅游策划——理论、方法与定制化原创样本[M]．上海：复旦大学出版社．

石美玉．2006．旅游购物研究[M]．北京：中国旅游出版社．

孙文昌．1999．现代旅游开发学[M]．青岛：青岛出版社．

王雄伟．2005．文化旅游产品开发策划的主客体设计方法[N]．中国旅游报，2005-09-19．

王衍用，宋子千．2007．旅游景区项目策划[M]．北京：中国旅游出版社．

王志纲工作室，屈波．2003．城市中国——城市经营策划实录[M]．成都：四川人民出版社．

王志纲工作室，屈波．2006．找魂——王志纲工作室战略策划10年实录[M]．北京：东方出版社．

吴必虎．2001．区域旅游规划原理[M]．北京：中国旅游出版社．

肖歌．2002．旅游规划备忘录[N]．中国旅游报，2002-11-22(15)．

肖星．2004．旅游策划教程[M]．广州：华南理工大学出版社．

谢凝高．2003．国家重点风景名胜区若干问题探讨[J]．规划师(7)：21-26．

徐舟．2005．旅游节庆活动的策划规划方法初探[J]．平原大学学报(1)：7-10．

杨正泰，张帆．2000．旅游景点景区开发与管理[M]．福州：福建人民出版社．

叶仰蓬．2002．市场需求与重庆都市游特色纪念品的开发[J]．资源开发与市场(6)：54-56．

张德，吴剑平．2000．旅游企业文化与CI策划[M]．北京：清华大学出版社．

张广瑞．2004．旅游规划的理论与实践[M]．北京：社会科学文献出版社．

张建涛，刘兴．1998．风景区旅游接待建筑布局的原则与方法[J]．新建筑(4)：16-18．

赵黎明，辛长爽．2001．旅游商品开发探讨[J]．北京第二外国语学院学报(3)：36-39．

钟旭东．2007．市场营销[M]．北京：机械工业出版社．

邹统钎．2005．旅游景区开发与管理[M]．北京：清华大学出版社．